植物，

不说话的邻居

Plants,

Silent

Neighbors

餐书客

陕西新华出版传媒集团　陕西人民出版社

图书在版编目（CIP）数据

植物，不说话的邻居 / 祁云枝著 . -- 西安 : 陕西
人民出版社 , 2022.8
ISBN 978-7-224-14383-6

Ⅰ . ①植… Ⅱ . ①祁… Ⅲ . ①植物—普及读物 Ⅳ .
① Q94-49

中国版本图书馆 CIP 数据核字 (2022) 第 028303 号

出 品 人：赵小峰
总 策 划：刘景巍
出版统筹：关 宁 韩 琳
策划编辑：王 倩 武晓雨
责任编辑：晏 藜 张启阳
插图绘制：祁云枝
整体设计：王 倩

植物，不说话的邻居

作 者 祁云枝
出版发行 陕西新华出版传媒集团 陕西人民出版社
（西安市北大街 147 号 邮编：710003）
印 刷 陕西隆昌印刷有限公司
开 本 880mm × 1230mm 1/32
印 张 12.75
字 数 250 千字
版 次 2022 年 8 月第 1 版
印 次 2022 年 8 月第 1 次印刷
书 号 ISBN 978-7-224-14383-6
定 价 69.80 元

如有印装质量问题，请与本社联系调换。电话：029-87205094

序言

人间草木，说不出的深情

楚　些

奥尔森《低吟的荒野》一书中，有几个场景细节颇令人思量。在"春之章"中，作者对马尼图河这条荒僻之河的私享之想被一位垂钓的老人打断，原来，钟情于这人迹罕至之处的不止作家一人。这位已届耄耋之年的老人特意在八十岁生日这天历经辛苦来到这里，只为站在溪流中最后一次甩竿，为自己的晚年画上一个句号。与作者一样，这位老人对于水流、鳟鱼、树木、石头、鸟鸣等原野的事物有着特殊的感情，这种情感并非一时的兴趣，而是经年累月不断灌注后形成的幽幽深井。在"最后的绿头鸭"一节中，奥尔森匍匐前行，越过枯树和冰块，潜心接近被冰面封锁的绿头鸭，为的是用突然的惊吓，使得这只落单的鸟能够一飞冲天向着南方疾行。而在"冬之章"中，作者有一次在德国南部的美因河边散步，身后是大轰炸后的城市废墟，直挂眼帘的则是河上被炸毁的桥梁以及河中生锈的船只，河水嘤嘤，荒凉的场景令人心酸。恰在这时，头顶上候鸟迁徙发出的鸣叫声及时拯救了作家低落的心情。自然秩序能够平复、治疗一切人为伤害，作者相信这一点。

人们应该注意到，从爱默生、梭罗直到缪尔、奥尔森等人，北美大陆长盛不衰的自然主义文学传统里一代代作家对"荒野"的钟情。而在东方尊崇自然的观念体系下，草木和山水成为"荒野"的对应物。从神农尝百草的传说到《诗经》中大量植物的宣示，从屈原、陶潜笔下的菊花到唐诗中摇曳的花木，再到集博物学之大成的《本草纲目》，草木文化在传统中国花开两枝：一枝指向格物，承担"多识于鸟兽草木之名"的功能；一枝则指向审美和信仰，"江南草长，杂花生树"照应了审美，而神话中的扶桑木和传说中的大槐树则指代信仰的内容。

近代之后，随着人口增长，再加上科学技术作为舶来品涌入国门，国人与草木的亲缘关系几乎被连根拔起，被洪流裹挟着进入工具理性下极端实用主义的通道里。柔弱的草类尚可以保全，刚直的树木则几乎遭遇了灭顶之灾，从华北、黄淮到江南的丘陵低山地区，成片的原始森林很难寻见，而在田园乡村世界，样数不多的速生树种取代了繁多的杂木。在这场单向掠取式的征伐中，人类的双手看上去无坚不摧，完全可以控制树木的命运，删改它们的种类。事实上，万物互联的地球生态系统中，单向的运动并不存在，人们在摧毁树木森林的同时，很快遭遇了生态系统的快速反击，溪流断流、山体滑坡、臭氧层扩大、沙尘暴肆虐、水体污染……各种生态恶果接连出现。空气污染、水污染、食品污染，这困扰人类生活的三大常见污染形式中，前两种污染就与人们对草木植物的伤害有着某种程度的关联。人作为思想和行动的主体，按照哲学家的定义，自我审视与批判性内容构成了人性的核心要素，生态恶化的结果倒逼着人们观念上的改变。正因为如此，经过数十年的反思，我们已经由单纯的环境保护进入生态修复与建设的层面，有更多的人转换角色，成长为生态行动主义者。

今天，文学尽管已从社会中心话语旁落，但其观念生成作用仍不可小觑。《寂静的春天》的出版，对杀虫剂和农药的滥用起到了直接的遏制作用。1949 年，利奥波德的《沙乡年鉴》问世，他所提出的土地伦理议题如今成为生态共识的重要成果。而更多的生态作品在催生人们的反思之外，还引导着现世之人在价值理念上走向极简、绿色、内省、和谐的生活。价值观的塑造是一种润物无声的形式，也因此，生态主题的写作在当下可谓恰逢其时。当然，成长为一名生态文学作家并非易事，且不言北美文学中荒野生活的条件和传统，就国内而言，如同苇岸、胡冬林那般遵从内心的召唤，进入田野和山林，将隐居生活与现代性思考结合在一起，如此这般，仍需要特殊的机缘。总的来说，就自觉、系列性的生态写作而言，专业背景和田野经历仍然作为其必要条件而存在。

供职于陕西省西安植物园、陕西省植物研究所的祁云枝可谓幸运，兰州大学生物学专业的学业背景加上近三十年与植物打交道的经历，为她的生态散文写作打下了坚实的基础。此前，学科背景加上业余形成的绘画兴趣，又使得她的科普创作得心应手。她的第一部科普作品集《趣味植物王国》于 2004 年出版，自此之后，她勤奋耕耘，躬身力行，十余年间又相继出版了《我的植物闺蜜》《低眉俯首阅草木》《植物智慧》《枝言草语》等十余本作品集。生态类科普作品虽然与生态文学难以在形式层面得以共振，但其自身的意义一点都不弱于生态文学的价值观建设。

多年的科普作品写作的积累，加上自身实地调查的经历，另外加上时代风气的浸染，以上多种因素综合在一起，推动着祁云枝转向生态散文创作。《植物，不说话的邻居》这部作品集就是其转向后的一个创作小结，其中一些篇章在结集之前就已经亮相于生态散文相关报刊栏目。《红豆杉，灾祸与福祉》曾刊发于《广西文学》2020 年第八期，也是笔者主持的生态散文系列联展中的第八篇作品，这篇作品之后被《散文选刊》选载。从中可见祁云枝由科普作品写作转向个性化的文学创作的快捷攀登的身影。《回味甘草》一篇曾获得生态赛事主题的奖项，后发表于《绿叶》杂志，《与植物恋爱》一文在《黄河文学》生态散文特辑中推出，后入选《2021 年中国生态文学年选》，如此等等，皆显示了作家在生态散文写作之路上稳健扎实的步履。

程虹教授在溯源生态主义写作之际，提到散文与纪实文学为生态文学写作的典型范式。生态散文作为生态文学的分支，其基本理念统摄于生态主义之下，而生态主义的核心是观念，是在科技和生活发生巨变的当下，如何去重新思考人与自然的关系、人学的新内涵、人的自由意志与环境间双向塑造的关系。一方面，我们遭遇了詹明信所言的"第二自然"；另一方面，人类作为地球生命系统的产物而存在，如何弥补其间深刻的分裂，成为生态写作的关键。因此，去除人类中心主义的思维模式，超越人与物之间的功用关系，进而构建生命共享的通道，便成为生态写作的核心观念区域。从这个意义上讲，利奥波德的土地伦理并不完整，更准确地说，生态写作呈现的是一种崭新的生命伦理，即生态伦理的确立。其基本内容包括：关心他人和后代，为后人留下一个可生存的环境，超越狭隘的人类中心主义，扩展我们伦理关怀的范围，关心动植物的命运，热爱所有的生命，尊重大自然，对养育了人类的地球生态系统心存敬畏和感激。

回到生态散文的话题上。尽管生态文学写作成为近两年文学现场的聚焦点，但关于生态散文的特征内涵，代表作家及典型作品的指认，生态散文与自然主义写作间的区别与联系，生态散文在中国的兴起之路与基本脉络等问题的认识，如同改革开放初期口岸城市的建设一样，皆存在一定的无序性，尚需批评研究界进一步厘清。就笔者的阅读与批评经历而言，王族的西北动植物系列，李娟的阿勒泰书写，李青松的东北山林系列，祖克慰的鸟类系列，以上几位作家或自觉或本然的写作，距离生态散文的内核尤为接近。对于祁云枝而言，《植物，不说话的邻居》这部散文集就构成了某种标志，标志着其系列写作的成型以及对生态散文典范性的趋近。

《植物，不说话的邻居》内分四个小辑，每一小辑收录的作品在主旨上相对接近。比如第一小辑的文章主旨细分为二，一为作者自我与植物亲缘关系的建立，每一次与植物的珍贵遇见中，目光皆会生长出根系，进而驻扎在内心情感的河流之中；二是对植物习性的准确切脉与再现，尤其对于那些在自然界具备独有的生存、繁殖之道的植物，生存法则与自然之道如此贴近，它们不仅值得人类学习，其生存秘密更值得人类敬畏。第二小辑主要集中于生态忧思之上，与男性作家不同的是，作者并没有直接举起观念作为武器，批判人的欲望如何切割植物的命运，而是从事例、数字出发，从人与树木命运交集的细节出发，呈现那些失衡的关系内容。行文中藏着母性的感伤与低语，情感的沉浸使得其笔下的树木生发出柔软而悲伤的色调，无论是红豆杉、甘草，还是崖柏与杜仲，它们急速损伤的命运，无不令人陡生同情之心。第三小辑和第四小辑中的散文，多短章。或者书写植物的自成一格，如同瓦雷里的贝壳一样，它们即使离开人类的目光，也是自然美的构成部分；或者书写植物带给人们的抚慰，它们是人类目光下的美感和观感，尤其是那些与日常生活贴近的花木，尽管与人之手息息相关，但它们并非为了讨好人类或者为了生存得更好演化出功用的特性，它们依然是独立的，人类和其他动植物一样，终归是它们的邻居。这两小辑的文章由于形制和主题的制约，行文的语调更加轻柔，作家个人经验的带入也更多。比较而言，这部散文集的第一和第二小辑收录的文章分量更重一些，毕竟，生态散文对观念的质地和硬度也有特殊的要求，作家的生态自觉在这两部分表现得相当充分。

植物生而不是为了让人类爱怜的，而是让人类尊重并爱护的。爱默生曾经说过："商人和律师从街道上的喧嚣和奸诈中走出来，看到了天空和树林，于是又恢复为人了。"启蒙时期的重要思想家卢梭曾经说过："由自爱产生的对他人的爱，是人类正义的本源！"两百多年过去了，对于追慕生态文明的人们来说，卢梭笔下的"他人"应该加以扩容，在他人之外，这世界上还有与我们共享一个地球的动物和植物。只有在伦理关怀外扩的情况下，人类的正义才会逐级而上，走向高格。

（楚些，本名刘军，文学博士，河南大学文学院副教授，散文批评家）

Contents

目

录

把心交给草木

新绿涌动

出家门，向南步行八分钟，抵达唐城墙遗址公园，再向东步行十分钟，就到了曲江南湖。

这些年，我已经习惯了每隔几天就去南湖边走走。最初，只是为了接近那片水域，慢慢地，演变为一种习惯。北方缺水，我偏偏喜水。

我把脚印一次次印在李商隐、杜甫留下的脚印里，把思绪丝丝缠绕在亭台楼阁上，把眼睛交给湖边的草木，把鼻子交给风。

只要来到这片熟悉的园林，就会被这里的静谧感染，视觉和心底有关安宁的管道，会情不自禁地开启。如一片雪花在空中飘飘摇摇后，终于落在了林子里，开始享受一段静时光。

这个周六，我又一次置身于南湖。清冷的阳光穿过云层，悄无声息地洒落在居于城南的园林里。竹林，国槐，垂柳，轩榭，廊舫，石碑，一切都静默无声。这里，曾经是曲江流饮、杏园关宴、雁塔题名、乐游登高的所在地。"笙引簧频暖，筝催柱数移"。恍若一场梦，千年的苍茫云烟，卷走了盛唐的繁华，唯余寂寂的风，轻轻晃动着湖岸上的草木。

已经是三九天了，白天的气温在零下 5 摄氏度徘徊，如报上所说，是近年来最冷的一个冬天。有点儿奇怪，这里的湖水竟然没有结冰，几十只天鹅、鸭子、鸳鸯和叫不上名字的水禽，在水面上自在巡游。

爱人说，湖面没有结冰，大概是因为南湖水是活水。嗯？听说过"流水不腐，户枢不蠹"，没听说过流水不结冰，河流都会结冰呢。正说着，一辆破冰船呼啦啦开过，混合着冰块的波浪，几乎要冲到我俩的脚面上。哈，原来如此。湖岸边游人稀少，偶尔擦肩而过的人，都面无表情，仿佛脸已被寒冷冻僵。

我停在一大丛芦苇身旁。

枯黄颀长的身影，齐刷刷地站在水边。灰白的苇花，顶在黄褐的枝叶上，如猎猎的旗帜。这些芦苇已然褪去了身着绿裳时的柔媚，像一幅色调泛黄的油画，多了几分苍凉，更接近于《诗经》里的画面："蒹葭苍苍，白露为霜。"

不远处，一群绿头鸭在水面上嬉戏，更远处，有两对鸳鸯。空中，时有喜鹊、灰椋和麻雀等叽叽喳喳地飞过。这些坚韧的生命，都比人更耐严寒。

这些年我在近处旁观，南郊的生态环境一天天变得越来越好了。

遥想 20 多年前的夏天，当我怀揣大学毕业证和派遣证，坐公交车一路颠簸来到南郊的单位报到时，心头所有的诗意，在路旁低矮破旧的民房和缺少绿树的马路上，一点点消失殆尽。

无数次流淌在我梦里的"曲江",连个影子也没有——没有江水、河水,甚至连湖水也很少见到,留下的,只是一个诗意的、令人向往的地名。

那时的南郊,像一个散漫的乡村老人,斜靠在大雁塔的墙根下,慵懒地晒太阳。

改变,是从道路开始的。那些有碍观瞻的破旧,一天天土崩瓦解,道路开始拓宽,绿色多了起来。公交车增加了四辆,不远处有了地铁。楸树、国槐、苦楝、樱花、无患子、红叶李、女贞、栾树、紫荆和法国梧桐等挺拔的身姿,日日现身路旁。如一把把葱翠的绿伞,去了马路的桀骜,让我的眼睛润泽;牵引我的双脚,和绿一步步靠近。

当700亩的水域现身"曲江留饮"的旧址上时,我对着"曲江"说,我在唐诗宋词里见过你,你,一直住在我的梦里。我再也不用去江南看水了。

古城南郊的空气,因了南湖,一天天滋润起来。清清湖水、萋萋芳草和苍林翠木,筑成了新的生态系统。这座古城,也拥有了"国家级森林城市"的称号。

春、夏、秋三季,这里的鸟儿很多,远远近近地飞来,在温润的空气里飞旋、鸣叫。白鹭、翠鸟、乌鸫、赤麻鸭、小鸊鷉、斑鸠以及许多叫不上名字的鸟儿,还有水里的鱼虾、树上的松鼠、无数昆虫和微生物,都在这里安了家。

我蹲下身子,试图用芦苇、漂浮着碎冰的水面和绿头鸭在手机相机里构图,我想把眼前的冬天,定格成一幅新的"岁寒三友"画。

拍完照片,我真的有了新发现。我的脚前,好几颗尖尖的小脑袋，似乎刚从冻土中顶出来，如同大地微小的血管，那是芦苇暗红的嫩芽——看似遥远的春天，也急不可待地把春的气息，借芦苇幼小的生命，透露给我。

单独看，一棵芦苇是脆弱的，一把镰刀、一场大寒，就能了却芦苇的青葱岁月。但芦苇的整体与脆弱无缘。在我看不见的地下，芦苇发达的匍匐根茎，全然不去理会季节。

显然，这个时候，芦苇已经闻到了春天的气味。会思考的芦苇，忍得住什么也不做么？

我不满足，用眼睛继续在地上逡巡。我又看见了好多绿色的小脑袋，不仔细看，根本发现不了。它们，或许是小草，或许是野菜，虽则顶着白霜，都露出了尖尖的绿芽。

我似乎听到它们在密谋，在讨论，在互相鼓励。新绿涌动，暗流涌动。它们在酝酿一场起义，只等春风一来，就会齐心协力把头顶的泥土掀翻，给眼前枯黄的大地，穿上绿衣裳。

一股清新、熟悉的味道钻进鼻孔，也钻进了心里，内心一颤，热热地跳起来，和新芽一样，怀了莫名的悸动。

是春的气息吗？我皱起鼻子，着意去闻时，那气味又倏忽不见。环顾四周，依然是万木枯槁，依然天寒地冻。

我站起身，走到一株垂柳跟前。柳叶尚包裹在绛红色的叶苞里，像一只只攥紧的小拳头，待春姑娘赶来，就鼓起噼里啪啦的掌声。

我用指甲轻轻地抠了抠柳条暗褐的表皮，一下子露出鲜嫩的绿。春天，已不声不响地藏在柳条子里。抠出来的鲜绿，似要给我证明一句诗："侵陵雪色还萱草，漏泄春光有柳条。"

即便是三九天，古城西安的户外，依然有鲜花盛开。

蜡梅就不用说了，千百年来，它一直坚韧地绽放在寒冷里，用生命葳蕤的光，给看到它的人以温暖和惊喜。

说说羽衣甘蓝吧。

一群五颜六色的羽衣甘蓝，参禅入定般端坐在曲江大大小小的花坛里，组成艺术的图案。搭眼一看，一朵羽衣甘蓝就是一朵出浴的牡丹。花瓣上的花边是天工，再巧的裁缝也裁剪不来。

街头没有羽衣甘蓝之前，它一直飞翔在我的渴望里。我渴望冬天的北方户外有花，有真正耐寒、坚韧、美艳的大花。我一直对元旦春节时满大街的人造花不满，人能造出花朵的形貌，却造不出花朵的精气神。真实的生命，才可能拥有灵性和神性。

梦想一旦确定，不断努力并持之以恒，基本上都能如愿。几年前，当我们第一次在大西北的冰雪中选育出牡丹花一样盛开的羽衣甘蓝时，每个人的脸上，也绽开了花一样的笑容。

我很荣幸参与了北方冬季耐寒花卉的研究工作，感受到了草花面对严寒表现出来的力量、智慧与顽强。和羽衣甘蓝一起选育出来的耐寒花卉，还有角堇和地中海荚蒾等。

组成色块的羽衣甘蓝，如一道道光，照亮了行人的眼睛，也照亮了冬日里灰扑扑的街道。

还有更亮眼的。前天，我看到了一张图片，心中无比欢喜。是20年间陕西省植被覆盖度的对比图。

如果把陕西版图比作一个跪射俑，2000年时，该俑只穿了件浅绿的衣裤，头、肩和胳膊都暴露在外面，是枯黄的颜色。2020年，他的衣裤变成了深绿，戴了绿围脖，系了绿纱巾，只有部分脸和手臂暴露出来。

用官方的数字说，陕西省森林覆盖率，从2000年的

33%，提升至目前的45%以上，已初步建成了绿色陕西。我知道，这看似简单的数字背后，凝聚了无数人的心血和付出。

忍不住看一眼，再看一眼，那绿，在"跪射俑"的身上，河流般聚集、涌动，由下而上。涌动的绿色河流，覆盖了荒漠和黄土，赶走了冬天的寒冷。

陕西变绿了，中国呢？我在百度里键入"中国植被覆盖度对比图"搜索，没找见最新的。倒是发现了中国珍稀濒危物种"十三五"图鉴——2021年1月5日，国家林草局发布了我国拯救珍稀濒危物种的数字图谱：

五年来，大熊猫野生种群增至1864只；

朱鹮野外种群和人工繁育种群总数超过4000只；

亚洲象野外种群增至300头；

羚羊野外种群恢复到30万只以上……

植物方面，开展了德保苏铁、华盖木、百山祖冷杉、天台鹅耳枥等近百种极小种群野生植物的抢救工作。建有近200个植物园，收集保存2万多个物种，野外回归约120个物种……

这已不仅仅是让人瞠目的数字，仿佛浩荡的野生动植物大军，正在皇天后土里萌动。像地下涌动的芦芽，像枝条上孕育的叶芽，像无数正在冻土底下协商起义的绿，生命的暗流，在涌动，在澎湃。

喜悦，在我心底弥漫。有那么一刻，我甚至感觉到已经窥见了人与自然美好相处的精魂。

寒冷，依然氤氲在枝丫间，但我知道，春姑娘正走在归来的路上。

1

晨曦中，当我睁开眼睛的时候，我栖身的竹林早就醒了。潮湿的空气里，还留有月光的味道。一粒露珠从头顶的竹叶上滑落，滴到我的脖颈上，稍做停留，骨碌碌滚了下去。

麻雀在枝间跳跃，用啼鸣拨亮了天色。新的一天，在丹江水哗啦啦的行走中开始了。

活着真好！

像往常一样，我伸展双翅，在林子上空盘旋了一圈。快过春节了，树叶依旧青翠，江面亦未结冰，水清林静，芳草未歇。这些往日里熟视无睹的美好，因了昨日的生死劫难，今天，竟一一进入我的眼帘。

就在昨日，我被一根渔线挂在了高高的线缆上，差点儿没了性命。

2

我是一只白鹭，家住丹江岸边。这里天蓝、山青、水秀，吃喝不愁。

只要愿意，我展开双翼就能抵达任何一处山水。当我在河道里翱翔时，目之所及，我的绿色邻居——两岸的草木，在风中掀起层层绿浪。那些姿态万千的树叶，在我经过时沙沙作响，像耳畔滑过的风，似江河里潺潺的水流。

从高空俯视丹江，是一条熨平的淡蓝色飘带，镶嵌在深深浅浅的绿色里。

春天，飘带两旁，黛色的山峦上，杏花率先皴染出粉白的写意画，蜜蜂醒了，蝴蝶来了，川道里逐渐诗意起来。不几日，河岸边相继涌动起桃花、山茱萸、油菜花和紫荆花的海洋。小写意，日渐成为大泼墨——花朵们挤挤挨挨、密密匝匝地漫卷起粉红、亮黄、紫红的波浪，澎湃出神奇的力量。飞临花海，春心荡漾。

这个季节，名叫大自然的"村长"，让生活在它怀抱里的山石草木和飞禽走兽，都自带光芒。

夏天的川道上，到处氤氲着绿。我喜欢这种颜色。绿，在这里从来不是单调的颜色。丹江两岸，水的润泽让绿的丰富性得以充分延展，生动地浮现在一句诗里："烟波不动影沉沉，碧色全无翠色深"。

绿，也是我生活的底色，它早已渗透到我的房子、食物、床铺和餐具里。不断地飞临各种绿，是我的日常。

进入秋天，川道里、缓坡上，红彤彤一片。先是亮晶晶的红柿子和滴溜溜的山茱萸挂满枝头，紧接着，黄栌、红枫、乌桕、槭树、无患子等色叶树种，相继穿上华服，层林尽染。

红叶、红果，包括这里有名的特产——板栗与核桃，其实都不是我的菜，然而我离不开这些美丽芳邻。我喜爱家乡，有一半源自树木。

树木，是这里清新空气的缔造者，也是我好多同类的口粮。树上的果实，未入仓前，既是农人的，也是鸟雀、猴子和田鼠的。动植物包括人类，都是"系在一根绳子上的蚂蚱"。这根绳子，人类邻居称之为"生态链"。

偶尔，我会栖息在一棵树的枝丫上，吸收负离子，享受阳光浴。有意思的是，白鹭亮翅，白鹭栖息，在人类的眼里竟是一幅幅画。诗人郭沫若就曾经这样描述：在清水田里时有一只两只站着钓鱼，整个的田便成了一幅嵌在琉璃框里的画面。田的大小好像是有心人为白鹭设计出的镜匣。

我钓鱼用餐的地方，不是清水田，是丹江河畔。丹江水清澈甘甜，据说北京人喝的每一杯水里，有半杯多，都来自这条江。在岸边的岩石上，写有"一江清水送北京"的字样，所谓的"南水北调"。

我清楚，这如画的景色，其实来之不易。在父母的记忆里，2010 年 7 月 23 日，是一个可怕的日子，这里的一个镇子，就在这天，在特大暴雨的袭击下，被泥石流吞没。

灾难，让河岸两边的人们意识到生态治理的必要性，关停了产生污染的大小企业 100 多家。人们在山石间栽苗添绿，不留白一寸荒山。石缝里终于长出了树，石头上开满了花，从此山美，水清。

3

说起邻居人类，一言难尽，五味杂陈。

在奶奶的告诫里，人，是这个世界上可怕的动物。这些能直立行走的庞然大物，聪明绝顶。一小部分人也可怕透顶，他们凭借智慧脑袋，设计出各种奇形怪状的工具，千方百计猎鸟。

奶奶说，上世纪80年代以前，一些人一辈子就靠捕猎鸟为生。我可怜的同类，只不过是他们养家糊口的食物。那时候，人们捕鸟就像摘野果子一样寻常，在他们的意识里，鸟是上天送来的荤腥野味。最恐怖的事件，是1958年麻雀被人列入"四害"，在枪打、网捕、毒饵、毁窝的全民剿雀大战里，几亿只麻雀，命丧黄泉。

围剿麻雀的恶果，第二年就显现了出来。一些城市的树木发生了严重的虫灾，树叶被吃光。蠢蠢蠕动的虫子，爬满了枝条，晃荡在半空里，落在人的头发上，衣领子里……严重的生态灾难使麻雀得以平反，天空里才又有了褐色的翅膀，虫害也得以控制。

是1988年颁布的《野生动物保护法》，拯救了鸟类。捕鸟，是犯法的呀！猎鸟人这才惊醒——鸟，原来是人类的邻居。它们，和人一样，有喜怒哀乐，是生态圈里不可或缺的一员。

鸟类从此高枕无忧了吗？也不尽然。我们身边，仍然有自私自利之徒，有可怕的偷猎者。父母常说，法律，像一把锁，只锁君子，不锁小人。危险，依然像江心里的暗流，是时时刻刻需要提防的。

但是，昨天发生的一件事，彻底改变了我对人类的看法。

　　昨天，我像平常一样，在丹江河畔用餐。吃饱喝足，我拍打翅膀，准备飞到江对岸高高的槲栎树上享受阳光浴，忽然，我感到右边的翅膀一下子被什么东西拽住了。我使劲儿拍打左翅，曲颈，扭头，发现从高高的线缆上，垂下来一根一米多长的渔线。顿时，我明白了，挂住我翅膀的东西，是人类钓鱼用的鱼钩。

　　见鬼，这该死的鱼钩，它是怎么跑到七八米高的电缆上的？而且，偏偏就让我遇到了，偏偏，它就挂住了我的翅膀。明天和意外，真的不知道哪一个先来。

　　我只能扇动左翅进行自救，尝试用嘴巴往外啄鱼钩。然而，事与愿违，我感觉鱼钩钩得更深了。我的右翅几乎就要断裂，它可怜地挂在鱼钩上，又承载了我全身的重量。我挣扎一次，翅膀就锥心般痛一次。几度挣扎后，我已精疲力竭，连扇动翅膀的气力都没有了。

　　我像一只待烤的鸭子，倒挂在离江面六七米高的空中。我的身下，是波光粼粼的丹江水。

　　天空阴得厉害，呼呼的北风穿过我的羽毛，发出毕毕剥剥的声响，像是来自另一个世界的咒语。绝望，从心底一点点蔓延开来。

　　我见过鱼钩，这种有倒刺、钩尖和钩腹的钓鱼工具，一旦深入肌体，除过人类，单凭白鹭或者鱼的力量，永远也摆脱不了。想到这里，我痛苦地闭上了眼睛。我感觉自己已经滑入一条充满疼痛、恐惧和寒冷的隧道，死神，就在隧道的尽头等着我。

　　我会像奶奶一样过早地奔赴黄泉吗？

在奶奶最不愿意触及的回忆里，她的妹妹就是因为翅膀受伤被人掠走，成为饕餮者的牙祭。那一年，奶奶和她妹正在河岸边的湿地里觅食，突然，嘭的一声闷响后，妹妹发出了凄厉的哀鸣。一旁的奶奶看到了安全无比恐惧的一幕，妹妹的一根翅膀倏忽间耷拉了下来，再也飞不起来了。一个手持弹弓的壮男，得意扬扬地奔过来，抱走了妹妹……每次说到这里，奶奶就泣不成声。

那些在餐桌上大快朵颐的人，有没有想过，一盘鸟肉的背后，在鸟儿身上，究竟发生过什么样的惨案？从此，有多少鸟儿妻离子散？又有多少"子在巢中望母归"？

当然，奶奶说的已是很久以前的事了。

呼呼的北风流水一样冲刷着我的身体。我想在自己的弥留之际，还是用一些令鸟儿欣慰的人事温暖自己吧。

4

这些年，我的邻居人类已经意识到保护鸟类的重要性了。鸟儿间流传着很多人鸟和谐的段子。人类爱鸟护鸟是自发自觉的，没有谁对他们说该这样不该那样，也没有谁给予过他们奖励。甚至，一些人连白鹭是不是国家保护动物，是几级保护动物，都不清楚。

他们的行为，源于他们的善良。

我想起了闺蜜吉吉。

当吉吉从黄鼠狼嘴巴里侥幸逃脱时，右腿几近断裂，鲜血淋漓。

吉吉的惨状，铁钩一样把一位过路阿姨的心拉扯碎了。她赶忙取下脖子上的丝巾，给吉吉包扎伤口。鲜血止住了，可吉吉的孱弱却没法包扎，它根本站不起身。显然，一两天里，它也无力自己找到食物。生与死之间，距离其实很近。

　　阿姨决定带吉吉回家。好几处市场里都没有小鱼小虾，索性买回一条鲤鱼，把鱼肉切成丝，一点点喂它。见吉吉狼吞虎咽，阿姨笑了，紧绷的神经松弛下来——之前，真怕它绝食呢。

　　第二天，阿姨带吉吉去了人类的骨科医院，拍 X 光片后进行了手术治疗。回家时，阿姨买了中药愈伤灵胶囊，给吉吉口服，还给它的伤处涂抹。

　　吉吉后来对我说，被阿姨照料的每个瞬间它都记得。那时，它觉得自己因祸得福，竟希望自己的腿伤晚点儿痊愈。它甚至说，阿姨要是白鹭家族里的一员该多好，这样，我们就可以天天在一起，一直到老。说这话时，吉吉的眼睛亮亮的，每根羽毛上都闪烁着爱的光芒。放吉吉回归山林的那天，阿姨也哭了。朝夕相处，人与鸟，都有了情感。后来，吉吉一直喜欢用回忆涂抹素简的日子。

　　我想起的第二只鸟，名叫祥祥。

　　那是个夏天，一场暴风雨掀翻了树杈间的鸟窝，啪唧一声，雏鸟摔到了地上。一只羽毛未丰的白鹭，从天堂坠入地狱。粉色的身体缩成一团，颤抖着发出叽叽的哀鸣，死亡近在咫尺。

　　一位大叔偶遇了它，从此，充当起了鸟巢和母亲。

　　大叔心细，一天内便摸索出适合小不点儿胃口的食物——鱼虾用搅拌机搅成糊状，掰开鸟嘴用勺子喂进去。

　　小白鹭羽毛渐丰，洁白，乖巧，模样讨喜，大叔给它取名祥祥。顺理成章地，祥祥认大叔是妈妈，大叔走哪儿，祥祥跟哪儿，生怕把自己弄丢了。

人类的宠物小猫小狗，会在固定地点大小便。鸟儿天生随性，便意来了就地解决。大叔的地板上、桌椅、床铺上，都有了祥祥的杰作。大叔没嫌弃它，似乎很乐意当个铲屎官。

祥祥一天天长大，大叔倒担忧起来。它的生活空间就是自己的斗室，饭来张口，没有丁点儿野外生存本领，连最基本的野外觅食与飞翔能力都没有。那怎么可以？

大叔在自家门前挖了一方池塘，模拟自然湿地栽种了水草，放进小鱼，领祥祥步入池塘。起初，它胆怯，拘谨，嘴笨，脚也笨，那些小鱼儿倒显得机灵，一次次从祥祥的嘴边溜走。祥祥垂头丧气，向大叔寻求帮助，这次，大叔没答应。

大叔也没袖手旁观。他给祥祥指点鱼儿的行踪，手臂挥动示范它抓鱼。当祥祥逮到第一尾小鱼并吞进肚子里后，开心得手舞足蹈，蓑羽甩出美丽的弧形水珠。它终于学会了抓鱼，它得到了大叔的掌声。

许是与生俱来的本领，祥祥练习飞翔时，没费什么周折。大叔一次次把它抛向天空，从踉踉跄跄到完美飞翔，祥祥的表现超出了大叔的预料。

是时候让祥祥回到白鹭的世界了。一天，大叔带祥祥出门，即将抵达河岸边的竹林时，大叔抱起祥祥，指着竹林对它说：那是你的家，有你的家人。祥祥看向竹林，青翠的叶子间，无数白鹭扇动着翅膀起起落落，音符一般。它的眼睛里闪过一丝光芒，若有所思。随后，它用嘴衔住了大叔的手指。大叔心知肚明。

犹豫过后，大叔还是下定决心：大自然，才是祥祥的归宿。野生动物保护中心的工作人员也建议大叔与祥祥分开，让它先去适应一下白鹭族群的生活。

　　祥祥来到了野生动物保护中心。刚步入池塘，祥祥便感受到了敌意。这里的白鹭合伙儿排挤它，强悍点儿的，直接用嘴啄它。大叔看在眼里，自语着转身离去。这鸟的世界啊，与人世间一样，都是先入为主，会欺生，有霸凌，正常。

　　困境，是成长的必经之路。不经历这些，以后怎么面对大自然里的其他危险呢。

　　几天后，大叔来到保护中心看望祥祥。池塘边，大叔轻唤它的名字，正在觅食的祥祥一下子愣住了，待看见大叔后，立马飞奔而来，曲颈，伸脖，双翅开合，嘴里叽里呱啦，那音调，居然百转千回。

　　祥祥动用了全身的语言和妈妈说话，像个受了委屈撒娇的孩子。

　　大叔抚摩着祥祥，眼里，有了莹莹泪光。像以往一样，他伸出手，把小拇指递给祥祥，祥祥衔住、放开，又衔住、又放开。

5

现在，轮到我讲自己的故事啦。

"……看着挺让人心疼，它在空中挣扎半天了……"似乎一个世纪后，我听见一个声音从河岸边爬了上来，清晰抵达我的耳朵。他口里的它，分明说的是我！

隔了10米，我听得清清楚楚。男人声音浑厚，每一个字，都铿锵悦耳。

我心一热，使出全身的气力，开始拍打左翅，我想证明自己还活着。

扑腾了两下，尖锐的疼痛，从右翅开始快速席卷了全身。哦，我没有做梦，真有人来救我啦。

"我在河边散步，远远看到河中央电线上挂了个白色的东西，开始，我以为是一个塑料袋，走近后才发现，是一只雪白的大鸟。它的翅膀被高压线上的渔线挂住了，好可怜……挂在六七米的高空，我没法救它，你们快来想想办法吧。"

没错，他是在说我。他的身边，陆续聚拢了五六个人。他们抬头看着我，你一言我一语，正在商量如何解救我。有个人跑步回家，又一路小跑着拿来了自家的鱼竿。可那根鱼竿分明太短，即便他踮起脚尖，用双手举过头顶，鱼竿的顶部离我还差了一两米。唉，就算够得着，又能怎么样呢？鱼竿又没长手，自然解不开鱼钩。

不一会儿，一辆红色的消防车开了过来，人群开始欢呼雀跃，我的心也扑通扑通地狂跳起来，我看到了隧道尽头的曙光。

只是,这喜悦持续的时间太短。人们很快就发现了消防车的短板,陆地上所向披靡的消防车,面对江水一筹莫展。是啊,消防车又不是轮船,它怎么开进水里?

救援工作又一次搁浅。河岸边一下子安静下来,几声叹息,落进哗啦啦的水里。

突然,我听见一个声音说:"我给朋友打电话,让他把吊车开过来试试。"

"可以试试。"

"是个好主意!"

大约十几分钟后,真有一辆吊车轰隆隆开到了江边。一名身着橘红色黄条纹服的消防员,手脚麻利,三两下,就把自己绑在了吊臂的绳子上。起吊,旋转,消防员悬空向我靠近,仿佛传说中那个长着红黄色羽毛,善于解救黎民百姓的神鸟——太阳鸟。

瞧,"太阳鸟"裹着一团吉祥的云雾,款款飞了过来。

当一双大手捧住我的身体时,一股暖流,一下子流遍了我的全身。我看到了一双清澈的眼睛,眼里布满了怜爱,这眼神,俨然一剂止疼药,瞬间让我心安。我从喉咙里挤出"谢谢"二字后,才意识到,人类与鸟之间,根本无法用语言交流,消防员或许以为我刚才只是长长地出了一口气吧。

语言不通,可否用目光交流?当我用满含谢意的眼神看他时,他却不再看我,一心一意地查看我的伤口。

他用一只手环抱住我,另一只手轻轻安抚我那只已经失去了知觉的翅膀,一下又一下。手到之处,如一泓温泉轻轻漫过。等我的翅膀稍稍能够合拢后,他才剪断了渔线。感受着暖暖的体温，我们一起从六七米高的河中央，缓缓回落到地面上。

在一阵掌声里，一位面容白皙的消防员走了过来，开始帮我擦拭血迹。消毒患处后，用镊子取出了那个莫名挂住我的鱼钩。又从随身携带的药箱里，拿出一小瓶药水，用棉签轻轻涂抹到患处。这些动作，一气呵成，既专业又温柔。

"翅膀无大碍，没伤到骨头。只是挂得太久，它的体力消耗太大，又受了惊吓。休息休息就好了。"声音悦耳有磁性。

暮色一点点降了下来，我感觉自己已从濒死的阴影里走了出来。

僵硬的右翅，全然恢复了知觉，身体又恢复到元气满满的状态。环顾四周，我想起自己后来一直待在河岸边温暖的消防车里。那个救我的消防员和给我处理伤口的消防员，都在。河岸边，还有几位给我提供食物和水的男男女女。他们，都生得英俊美丽，是一群可敬可爱的"太阳鸟"。

天空依然阴沉。可我分明看到有光从人群里升腾，升腾，阴霾与寒冷正簌簌融化。丹江水哗啦啦唱着熟悉的歌谣，我听到了父母的呼唤。

我用喙梳理好羽毛，起飞，盘旋。返回，立定。

美丽的丹江河畔。我站在一群"太阳鸟"中间，伸展双翅，扇动，扇动，再一次扇动。

在一张张笑脸上，在潮汐般的掌声里，我的邻居，读懂了我的谢意。

1

太阳离西山一尺多高的时候，汽车泊在一片金黄的沙丘上。

钟老师说，再有半个小时就到驻地了，大家在这里先感受一下沙漠。从明天起，我们要进入荒漠，正式开始毕业实习。

夕阳下，沙漠像被人撞翻了颜料罐，橘黄的釉彩，染得满天满地都黄澄澄、鲜亮亮的。沙丘，在风与时间的雕琢下，荡起厚重的波纹，逶迤至大漠深处。有诗句在耳畔响起："广漠杳无穷，孤城四面空"，"大漠孤烟直，长河落日圆"……

不知道谁第一个脱掉了鞋袜，呼啦啦，全班同学很快都变成赤脚大侠，在细沙里踩踏、蹦跳。滑溜溜的沙子，了无灰尘，沙粒从脚趾缝里一点点溢上来，淹没了脚背，淹没了脚踝，痒痒的、酥酥的。拔脚，迈步，沙粒在趾缝里穿梭，摩挲着我们的欢喜。

这是上世纪 90 年代初，兰州大学生物系 16 人刚抵达沙坡头的一个场景。隔了 20 多年，初夏傍晚沙漠的质地和我们当时的欣喜，依然清晰。

我们到沙坡头毕业实习的内容，是协助中科院沙漠植物研究所的钟老师，完成他们课题组承担的部分治沙项目，面对面了解荒漠植物。实习的具体任务，是在钟老师选定的荒漠地段，画出一个个一米长一米宽的样方，统计样方内植物的品种和数量。

早上七点，同学们准时抵达荒漠。晨曦，正把金色的光线斜抹在米黄的沙粒上，习习凉风中，稀疏的梭梭，微微颔首，像是在迎接我们。

太阳一步步爬高，荒漠开始变脸。热浪，从脚下的沙子里冒出来，在荒漠的地表上冲撞，很快颠覆了我对沙漠一早和一晚的印象。鞋底越来越烫，像是站在逐步加温的烤箱上。我不得不隔一会儿便站起来走两步，或者，轮番把腿脚抬起来，甩两下，给鞋底降温，之后，再蹲下来工作。没有树荫，环顾前后左右，最高的植物梭梭，还不及我的身高，它们都是稀疏的灌木，在太阳下蔫头耷脑，自顾不暇，哪里顾得上为我们遮阴。

在这个由黄色主持秩序的荒漠里，绿色，稀有且弱小。

早上十点，我开始在第九个样方里工作。热气从沙子里升起来，又随太阳的光热，一同压下来。汗水，开始从毛孔里往外渗，不一会儿，便濡湿了衣服，黏糊糊的，成了我的第二层皮肤。汗液在脸上聚集、滚动，我能感觉出汗珠流动的速度和线路，却擦拭不及。大部分汗珠从下巴滚落，滴在黄沙里，滴在衣襟上，少量汗珠流进了眼里，火辣辣的。仿佛汗液就排队等候在肌肤的毛孔里，喝下去的每一口水，都让同等体积的汗液，快速从毛孔里溢出来。没有一丝风，风，很可疑地在太阳出来后就不知了去向。

这一天，沙漠兀自掀开了神秘的盖头，向我们同时展示了它的美丽和残酷。

我头戴草帽，圪蹴在样方里，左手拿着记录本，右手执笔，一个一个统计眼前植物的品种和数量，生怕漏掉什么，也怕踩坏它们。样方里的植物品种，无非是沙蒿、花棒、柠条和梭梭等有限的几种，没有超过十种的样方。和秦岭同等大小样方里动辄几十上百种植物相比，少得可怜。

钟老师说，这里的年降雨量仅有180毫米，蒸发量却高达3000毫米。听罢，心訇訇地颤了几下，眼睛停留在低矮的植物上，无法移开，心痛又钦佩。难怪这里的绿，总有厚重的感觉，叶子表面，也大都覆有一层闪闪发光的纤毛。同样是生命，在这令人绝望的生境里立足，需要多么强大的勇气和毅力哦！究竟是什么东西照进了它们弱小的身躯，方可以发出那么宁静无畏的光芒？

除过恐怖的蒸发量，这些弱小的生命，还要忍受大尺度的昼夜温差、高盐碱、严寒、酷暑、飓风等的胁迫，生活，对它们来说，实在是太多灾多难了。

十一点，按计划打道回府时，沙漠地表温度升到40摄氏度，已无法继续工作。进到班车里，同学们差点儿认不出彼此，一个个满脸通红，嘴唇开裂。男生暴露在外的胳膊，多半被晒得起泡暴皮。无论男生女生，头发都耷拉下来，一绺绺的贴着头皮，全都缀着汗珠，形象尽毁。

钟老师说，中午一点的时候，沙漠地表温度会攀升到五六十摄氏度，最高时达到六七十摄氏度，可以焐熟鸡蛋。

实习一个月返校时，沙坡头的风沙和阳光，给我们赠送了最为醒目的礼物——每个人，都比刚去的时候，黑了好几度。

2

在荒漠里实习一周后，钟老师带领我们见识了黄河。

和沙坡头的黄沙相似，流经这里的黄河，也是黄色。沙在河里，河在沙中。

咆哮的黄河穿过腾格里沙漠，进入宁夏中卫的沙坡头后，突然改变姿势，拐了个"S"形的大弯，原本桀骜的步调，陡然舒缓起来，全然失去了太白笔下"天上来"的气势。腾格里沙漠，也戛然停下了飞沙走石的狂躁，静卧在黄河岸边。黄沙黄河，似一对浪迹天涯的伙伴，商量好似的，一起在沙坡头小憩。

一班人站在黄河岸边观望时，一位壮硕的西北汉子，扛着一架用羊皮吹制的筏子，缓缓走了过来。钟老师和壮汉打过招呼后，叫同学们都坐到羊皮筏子上去。这是钟老师特意在周日安排的福利，他要犒劳在沙漠里忙碌了一周的学生。

羊皮筏子由十多个充满气体的羊皮囊组成，据说这羊皮囊来之不易，只能用公羊皮，母羊皮因为有奶子，会漏气。最好的皮囊，是冬天宰杀的羊皮，脂肪多，皮厚，结实耐用。羊皮的四肢、脖颈和尾巴，都用细麻绳牢牢扎紧。往里吹气后，羊皮便鼓胀起来，紧绷绷的，如同一个个浑圆的羊形气球。用手一拍，啪啪作响。扎筏子用的木棍，也不是普通树枝，都是水曲柳，横着扎几排，再竖着扎几排，平放在皮囊上。人就坐在这些经纬交织的木棍上。

我们鱼贯坐到了筏子上，最后发现，这只据说是这里最大的羊皮筏子，竟然超员了。就在我们商量着让谁留下来时，筏子客朗声说，不怕裤子湿的话，都上。呼呼呼，十多人包括钟老师，都坐了上去。一声"坐稳了"，篙子使劲一点，筏子移进河道，打了一个转后，便稳稳地顺流而下。超员后的羊皮筏子，吃水很深，水面上几乎看不到羊皮囊，我们的屁股蛋和脚丫，与浑黄的河水来了个亲密接触，像是坐在水面上，鞋子裤子全湿了。

大伙儿虽正襟危坐，又都忍不住在心里祈祷，千万别出什么岔子。筏子客似乎看出了我们的担忧，安慰道：娃们家不怕，这羊皮筏子稳当着呢。我喝黄河水长大，十来岁就风里来浪里去，这段水路，我闭着眼睛都能撑好。钟老师也帮衬说：同学们别怕，这位是沙坡头有名的"排把式"（当地人把羊皮筏子称作排子），常年漂在水上，他熟悉这段黄河里的每个漩涡、暗礁和险滩，就像熟悉他的手掌纹一样。

筏子客四十开外，面庞黝黑，口音里有浓重的黄土地气息。我们都没有想到，看上去有些拙朴的黑脸汉子，还是一位唱家子。筏子行至水面宽阔处，只见他左手搭在耳旁，扯嗓子漫开了花儿："葫芦儿开花树搭架，上了高山打一枪。獐子吃草滚石崖，这山高来那水长……"浪花起起伏伏，跳跃着飞快后蹿，发出低低的拍打声，仿佛给花儿伴奏。筏子客声音粗犷、高亢，回荡在宽阔的河面上。多年后想起黄河，耳畔便荡起花儿的腔调，余音绕梁。

羊皮筏子在花儿声中摇晃着向前，大家逐渐放松下来，开始用眼睛捕捉黄河沿岸的风景。视线里布满流动的黄色，黄色的河水，黄色的沙丘，一一向后奔去。不一会儿，岸边出现了绿色。那绿，逐渐变大。对，绿是一点点变大的，就像快放镜头下，春天黄土地里萌发的绿芽，吸引了一羊皮筏子的目光。大约半小时后，我们漂流到有一片绿树的河对岸。

走近岸边的大树，突然就有种见到久违亲人的狂喜。忍不住细细打量，目光在树叶上一一抚过。每片叶子，都是一个绿色的音符，阳光恰当地落在每一个音符上，契合出完整的节奏，如天籁，如《圣经》里的话语。这里的枣树、核桃、槐树、白杨也伸展臂膀，拥抱了我们。这些清凉的绿意，天鹅绒般柔化了黄沙黄河的桀骜，艺术地修补了单调的黄。坐在树荫下，听风从沙漠里赶来，穿过黄河，再拂过树叶，莫名的感动漫上来，又甜蜜，又忧伤，真想一直这么坐下去。

某一天，当我回顾和植物的渊源时，想起20多年前的这次实习，相对弱小的绿色植物，就在这一天，从黄沙黄河中挣脱出来，直接住进我的心里。

3

钟老师蹲在一丛三芒草旁，左手捏住一根三芒草的茎，右手拿着游标卡尺，眯起双眼，正在测量三芒草的根系，长度精确到小数点后一位。身旁，是一把闪着亮光的小镬头，一本填满数据的实验记录本、两支铅笔和一大瓶水。测量登记完，他要把三芒草重新埋进沙土里，浇上水，让它继续在这里安家。

带领我们实习的钟老师，河南开封人，眉清目秀，一双眼睛总是满目含情的样子。硕士毕业后，钟老师进入兰州沙漠植物研究所工作，一年里有大半年时间待在荒漠里。当钟老师专注地看一棵草的时候，在我们看来，那分明是在和草谈恋爱。沙坡头大部分草，一定让你都有过心潮澎湃的记忆吧。

第一次和钟老师去荒漠里工作，我很好奇，同样是在高温烘烤下做实验记录，钟老师脸不红，极少流汗，像是置身于沙漠之外。问原因，钟老师笑说，用进废退吧，在荒漠里待时间长了，我已经变成了一株耐高温的植物。

没错。在荒漠里研究植物六年，沙生植物的韧劲和执着，一点点融入了他的身体，怎么看他，都是一株帅气昂扬的植物，玉树临风。

谈起沙生植物，钟老师的眼睛里旋即闪现出细碎的光芒。对他来讲，荒漠是他的后宫，荒漠植物，就是他的三千佳丽。他对沙坡头的众多佳丽，都了如指掌。

钟老师说，植物和人一样，一生面临的最大的不公平，是出生地的不公平。不是这些植物选择了荒漠，而是荒漠选择了它们。求生，是每个生命的原始欲望，植物为了适应荒漠恶劣的生存条件，需要不断演化出相应的生存对策。比如，叶子越来越小，直至退化掉。你看梭梭，它身上的绿色，不是树叶，是枝条。梭梭之所以让叶子退化掉，是因为这样可以减少蒸腾。不仅如此，梭梭还拥有世界之最的种子萌发速度，一旦遇到雨水，两三个小时之内，就能迅速生根发芽，快速长成一株小梭梭。而发芽最快的蔬菜种子白萝卜和小青菜，需要三天的时间出芽；草莓种子，需要半个月到一个月，才能发芽。

说完，钟老师又一次向他身旁的一株梭梭投去深情的注视，那是看恋人的目光。

有的沙生植物，会使劲儿长根，譬如两米高的黄柳，它的主根，可以钻到沙土下三四米深，水平根能伸展到二三十米开外，不仅能更好地站稳脚跟，而且可以多方位捕捉稀有的地下水资源；还有，生存在荒漠里的植物，还学会了抗碱排盐，种子在土壤含水量不达标时，会长期处于休眠状态，等等。这些强化了生存能力的植物祖先，假如有幸生于富饶之地，肯定是枝繁叶茂、花团锦簇的模样，但它们不幸生于荒漠，领略了荒漠生存的艰辛，才造就了这些特殊的生存能力。

我看向一株黄柳，眼神里除过怜惜，更多的是尊敬，甚至是仰望，这些植物，给这片荒漠带来了多么可贵的生机。生命顽强坚韧的故事，在它们的根、茎、叶、花、果上，徐徐绽开，有了最具象的注释。遥想2000多年前的汉武帝、一代天骄成吉思汗，他们在沙坡头屯兵戍边、勒马回首时，想必也在漫漫黄沙里，用这些植物的葱茏，喂养过他们的乡思和希望。

沙坡头，沙漠曾以每年七八米的速度蚕食着村庄和耕地，我们实习时依然黄多绿少。钟老师说，如果我们真正掌握了这里每一种植物的生存技能，因势利导，与黄对峙的绿，就会越来越多。

为了帮绿色一把，寻找到更多优良的固沙植物，钟老师他们课题组像候鸟一样，夏秋飞往沙漠，冬春在研究所里分析处理数据。夏秋，是荒漠植物发生爱情的季节，它们会抓住沙漠里难得的雨季，拼尽全力，把生命中精华的部分绽放出来。

对于沙漠植物专家来说，这就像是一个游戏，一个与时间与沙漠奔跑的游戏，很有挑战性。在荒漠里，钟老师最开心的事，是发现一片新鲜的茂密的绿。

钟老师说，我在荒漠里发现它们时，它们也在看我，它们会想，我要不要把生存的秘密告诉这个人。这是钟老师的原话。他走过去，俯下身来，甚至是跪下，他觉得这样充满了仪式感，也更能表达他的欣喜。他伸出手轻轻抚摩叶子，触摸花瓣，深情地注视它们，或者，凑近鼻子去嗅。最后，小心翼翼地用镢头取样，做成标本后，把它们的生境复原，浇上水，行最后的注目礼，告别。

许多实验设计，都是钟老师在荒漠里面对新绿时，迸发出来的。

我曾经问他，您觉得沙漠里什么最美？

他说，当然是正在开花的沙漠植物。那时，他的手里就握着一支红柳花，花穗上米粒大小的红花，正次第开放。钟老师说，这红柳，不仅花长得美，对付流沙还有自己的高招。若流沙把植株全部掩埋，过不了多久，红柳会自己往上蹿一两米，重新露出头来。红柳枝条柔韧性好，大风刮不倒它；针形的叶子，风沙打不掉，却不影响光合作用。这种"一寸山河一寸血"的顽强，让风沙也没脾气。

钟老师把沙漠里的植物是当作人来看的，他觉得沙生植物也有帅哥或美女，那些细细高高的植物不好看，矮矮壮壮的才美。至于真的好不好看，还要参照生长状况、抗逆性、生态效益等几个方面全盘考虑。他甚至给荒漠里的植物构建了一套美学评价体系，包括生长量、根冠比、叶片厚度、成活率、更新能力、耐寒性、耐旱性、耐瘠薄、耐盐碱、耐高温、抗风性等十七八个指标。

年复一年，钟老师在漫漫黄沙里，逐步构建起一个属于自己的植物王国——荒漠植物群落，他用这个绿色的生态群落，修复漫漫黄沙。钟老师相信，至少在沙坡头，这些绿植，能逐步打破黄沙一统的秩序。

4

2016 年 5 月 18 日，兰州大学生命科学院（原生物系）的冯院长邀请我回母校的"萃英大讲坛"，给学弟学妹们讲植物。当飞机缓缓降落在兰州机场时，夕阳，正把金色的晚霞，涂抹在雕像"黄河母亲"的身上。四年兰大生活的点滴，穿越时空，从记忆里苏醒。

兰大毕业后，我被分配到西北最大的植物园里上班。一晃，在这座绿色植物的挪亚方舟里，我已经工作生活了 20 多年。我的工作，用一句话总结就是，和形形色色的植物打交道，研究记录植物的生死嫁娶和爱恨情仇。

讲座结束后，我和留在兰州工作的老同学颖儿，专门拜访了黄河上的中山大桥。上大学时，我们不止一次来这里游玩。河对岸白塔山的轮廓和山顶的白塔，依稀可辨，桥，却早已不是当年的桥了，它变得高大、结实、气派。河道两旁，增设了宽阔的绿地。颖儿说，2004 年，兰州投资了 500 万元，对始建于 1909 年的黄河第一大桥进行了大规模维修加固，禁止车辆通行，至此，这座桥变成了一座步行桥和景观桥。沿河道拓宽了绿地，黄河两岸，现在都变成没有围墙的公园了。

桥下流淌的黄河水，依旧从天际涌来，沿着自己的轨迹，以固有的形态静静流淌。远处有漂移的小点，待能看清的时候，我发出只有自己才能听见的叹息，因为，它们是汽艇，不是羊皮筏子。来之前听说，从2000年开始，兰州黄河段重新出现了供人游玩和怀旧的羊皮筏子。在古代，兰州的交通工具除了车马，就是羊皮筏子。那时的羊皮筏子，似一枚枚纽扣，缀在犹如两块衣襟间的黄河上，让南岸北岸融为一个整体。

滨河路上的石雕"筏客搏浪"，弥补了桥上没看到羊皮筏子的遗憾。石头雕琢的巨浪上，斜飞着一架羊皮筏子，筏子客跪在船头，目光如炬，奋力挥桨，一门心思要在波涛浪尖上划出一条路来，鼓胀的肌肉蕴含着力与美。筏子客的身后，还跪着一个女子，女子右手拢鬓，眺望前方，平静安详。我忽然觉得自己像是在看黑白电影，时间，重新在羊皮筏子上打开，消逝的光阴，透过奔涌的黄河水复活。当年的黄沙、梭梭、钟老师和沙坡头，似一阵花儿的旋律，从岁月深处，纷至沓来。

大学毕业后，我没有见过钟老师，关于钟老师的治沙研究及其成果的消息，却也没有断过。好几次，我在行业期刊上，看到钟老师发表的沙生植物新种的论文；大学同学群里，知晓了钟老师的科研项目"包兰线沙坡头铁路固沙防护体系的建立"获得了林业部科技进步等一等奖和国家特等奖，等等。

也陆续关注沙坡头的消息，知道因了钟老师以及许许多多的治沙人，沙坡头的黄沙逐步沉淀，绿植逐年增长。

去年秋天，坐飞机经过腾格里沙漠，在飞机下方，我看到包兰铁路的两侧宽达十几公里的黄沙上，飘荡着两条壮观的绿带，是翠生生的碧绿，像一部翻开的书，每一株绿，都是鲜活的文字，在黄沙主导的语境里，书写着生命的故事。铁路旁，树林的外侧，灌木和草本植物葱茏茂盛；用麦草建成的方格沙障，成片向沙漠深处延伸，方格里，绿色星星点点，绿纱般蔓延成片。

看过一串数字：60年，253万亩的造林面积，人和沙的距离从6公里扩大到20多公里，包兰铁路开通以来，60年从未被流沙阻断……昔日，黄沙主持的荒漠秩序，如今已遍布柠条、花棒、梭梭等植被，开启了沙坡头由黄绿变成绿黄的沙漠新秩序。

一句诗，在心底苏醒："萧瑟秋风今又是，换了人间。"

我明白，这些绿色，目前依然不能构建起沙漠的主导秩序，然而，绿在逐年增加，此长彼消。还有千千万万和钟老师一样的治沙人，会用汗水浇灌绿色，扶持绿色，帮助绿色，一步步在这里建起新的秩序。像在做数学题，0加1，再加1加1，无止境地加下去，绿色，一定是最后的答案，也是最后的画卷。

飞机继续飞翔，我却一直沉溺在那片绿里，触摸旧日的梭梭、沙蒿和红柳，以及那些逝去的往昔。

飞机上很静，静得只留下回忆，在那片绿带上盘桓。

給
树
让
路

1

车行至学府大道中段时，目光开始被前方一棵大树锁住，它突兀地站在马路中央，树冠庞大，枝叶婆娑，像是路中间撑起的一把大绿伞。目测树的冠幅，足以将我们向前行驶的三车道揽入怀中。

新铺的沥青，洁白清晰的隔车线，路两旁行道树稀疏的枝叶，尚未拆掉的木支架，都表明这是一条新近面世的双向六车道柏油路。

快到树跟前时发现，站在路中间的，并非只是这棵十六七米高的大树，它的身旁，还有一棵三四米高的小树，像是大树的孙辈。爷孙俩一起被围在一个船形的树池里。池子里铺了绿草，草坪上点缀着小叶女贞球和石楠球。

这船形的树池，是宽阔笔直的双向车道，沿树各自绕了个弯后，空出来的地形，是滔滔车流里一叶绿色的小舟。

显然，像双手圈起来的小舟，是道路为大树的一次让路。

突然间有点儿感动，这是一棵幸运的树，也一定是一棵有故事的树。

见惯了以往市政修路时"逢山凿路，遇水架桥"的莽撞，这次，人们对待这棵"拦路树"的做法，是理性的，渗入了生态思维。谁都知道，两点之间，直线最短。宁愿让两边宽阔的三车道同时拐个大弯，增加了施工难度和成本，仅仅是为了一棵树，这点，就值得我对筑路的决策者竖大拇指。

那天秋阳高照，蓝天上白云朵朵。头顶的天空，足以媲美记忆里的乡村蓝。开车行驶在郊外，像是行驶在儿时的梦境里。

陪爱人去一家单位办事，我顺便问了一位当地人："您知道学府大道中间的树，是怎么回事吗？"

"你算是问对人了。那是一棵皂角树，今年 262 岁，是挂了牌的古树名木。以前一直长在我们水磨村口，后来村子里建了小学，树一直在学校门口。那时候我们上学，天天从树跟前经过。天旱的时候，我们还拿盆给它浇水。这棵皂角树是我们村子的标志，虽然那里的老房子没有了，但大伙儿都记得这树。

"学府大道原本是条断头路，商议打通后，接了好几所大学和公园。最早的方案是把树移走，移走的话，这条路肯定和其他路一样，直截截的。后来考虑到村民对皂角树的感情，就修改了图纸，让路绕行。就是你们看到的那样，皂角树在路中间被保护起来，修了围栏，还进行了绿化。"

在他越来越大声的话语里，我听出了欣慰。那棵皂角树也该是欣慰的吧，被因势起景，存古留绿，它怎会不欣慰呢？

想起之前读过的一篇课文《路旁的橡树》，文末，作家苏霍姆林斯基是这样写的：一条宽阔的沥青公路从北方延伸到南方。它像箭一样笔直，但只在一个地方弯曲成马蹄形。坐车过往这里的人不约而同地赞叹道："筑这条路的人，一定有一颗高尚的心。"

返回时，再次经过皂角树。远远地，我居然看到了这棵树的"表情"，树冠上的四根枝丫一起微微向左倾斜，与最下边一根斜向上的枝丫衔接，恰好构成一个绿色手势"OK"，皂角树是在用这手势表达欣慰吗？

就在我们的车经过这棵皂角树时，我举起右手，用食指和拇指合围成圈，其余三指伸直，向它也做出一个 OK 的手势。我想，皂角树一定会看到我的欢喜。

2

10 年前，我获得国际植物园保护联盟（BGCI）奖学金，去香港嘉道理植物园学习。

一个周末，我拜访了香港"最贵"的树，那时，我对它心心念念已久。

多年前，湾仔大搞基建，老榕树连同它生长的山坡，都在规划区里。一些市民不忍心看到相伴多年的老树被一把把砍刀吞噬——即便是让它挪个窝，他们也于心不忍。就自发组织起来和开发商谈判：想在这里大兴土木，就要答应一个条件，老榕树既不能砍，也不能移，最好是原地养护起来。

最后，开发商的做法也让大家满意。他们因势在原地造了一个直径 18 米、深 10 米的超级大花盆，用来给榕树安家。再把花盆下数万立方的山石全部掏空，用来建大厦。直到大厦落成，老榕树始终没有挪窝，就盘踞在大厦的楼顶。

造超级花盆花费了 2390 多万港币，据说，是全世界保育支出最高的一棵树。

如市民所愿，森林般屹立在商厦顶部的榕树，用它两米粗的主干、千条万缕的气生根和千余平方米的树冠，捕捉身边的阳光和微风，为脚下的水泥建筑，投下片片阴凉，递送清新的空气和啁啾的鸟鸣……仿佛，它原本就驻扎在商厦的楼顶。当我走到一侧的围栏处眺望香港街景时，才一下子惊觉，自己正身处大厦头顶的高台上。

那天，我坐在独木成林的树荫里，"情怀"一词一直在眼前萦绕。最贵的，自然不是这树，而是这棵树折射出的情怀。是决策者、施工者尊重自然、尊重历史的情怀，是香港人创造奇迹的情怀……赞叹感慨之余，心想，什么时候，我们对待树，也能有这样的态度呢？

记忆中，那些"宛转蛾眉马前死"的树木着实可怜可叹，眉宇间写着伤痛——为了拓宽一条路，把路两边早期的居民杨树全部砍倒，还振振有词：树龄短易染虫害；那么多乡村大树，被人剁手斩脚后，被迫远离故土，去装扮城市的街景；有人为方便获取树上的果实，把野外生长了数十年的大树腰斩……每每想起这些"花钿委地无人收"的惨景，便让人恨得牙根痒痒。

人时刻处在与他人、与周边事乃至与自己内心的矛盾纠葛里，能否与之和谐相处，关系到自己能否快乐。香港人对待这棵古老榕树的做法，让我似乎触及了处理世间矛盾的脉络。

寸土寸金的香港，开发商只是多花了一笔钱，一棵古老的大树便免遭挪窝，免于被刀砍斧凿。大树当年的邻居，可随时回来拜访，看当年的鸟窝是否还在，忆当年树荫下的流年，寻挂在枝头的美梦。树在，情就在，念想也在。古老的大树与时尚前卫的商厦亦相处融洽，甚至是互惠互利。世界各地的人们，争相前往目睹世界上"最贵"大树的姿容，商场里因而人丁兴旺……

3

重庆，给我留下深刻印象的，不是轻轨穿楼，而是一棵大树洞穿三层小楼后，依然强劲有力，闪耀出生命葳蕤的光。

若是小楼背后的窗口，也伸出同样的枝叶，我一点儿也不怀疑，眼前颇具古风的青砖小楼，随时会飞翔起来，因为它们就像是楼房长出的绿色翅膀。

长了翅膀的楼房，或许，真适合生长在童话里。

我们进去查看大树的时候，已人去楼空。唯余小楼的新任主人——一棵400岁高龄的黄葛树安居在此。进入一楼的一个房间，盘根错节的主干，从地下涌出，盘旋扭曲着穿过二层楼板，向上伸去。委身一楼的树干，雄浑粗粝，需四人合抱。像一件巨大的木质艺术品，用沧桑之手，编织着光阴的故事。

据说，30多年前，楼房的前主人汪先生，担心娃娃们贪玩爬树时摔伤，担心村人剥取黄葛树皮治病养生要了树的老命，于是，他在楼房扩建时，毅然把房子一旁的黄葛树整个包了进去。

安居在楼房里的黄葛树，如鱼得水，伸胳膊伸腿，好不惬意。汪先生也娇惯它，随时满足树的需求，为树开疆拓土。仅楼板和窗户上的树洞，隔两年便要用榔头和电钻打磨拓宽。当地人讲，30年前，黄葛树的主干只需三个人拉手就能环抱，而我们去的时候，至少要四个人才能将它抱住。

从青砖灰瓦的窗户伸出去的枝叶，遮天蔽日，携来凉风阵阵，鸟鸣声声。夏天，从上到下，整个三层楼的屋子里，根本用不上空调。

然而渐渐地，根系发达并生有气生根的黄葛树，在楼房里生长的弊端显现出来。大雨天，雨水会顺着枝干漏下来，把屋子打湿。除了漏风漏雨，气生根含有的水分，树皮上逡巡攀爬的小虫，对住户、室内墙体和家具也产生了影响。发达的根系，很可能已影响到楼房的地基。

在树屋里居住了20多年后，汪先生一家人从中搬了出来。有不舍，更多的是无奈。当地政府颇有远见，把这独特的树屋景观适时保留下来，供人参观。

汪先生让大树住进屋子里，与人共处，看起来很美，想起来让人感动，然而几十年后却发现，结局并非如初心般美好。

古人造的一个字，似乎早已隐喻了屋子与大树结合的悲凉。屋子四四方方，是一个大大的"口"字，屋里栽一棵树，就成了一个"困"字。

《说文解字》说"困"：故庐也。从木，在口中。《六书本义》里讲：木在口中，木不得申也，借为穷困、病困之义。如此这般，在先人的经验与智慧里，屋子与大树，是难以共存的。

时间的灰尘纷纷落下，时移世易。现代设计与技术，早已将"困"字的字面意思做了完美颠覆——所有的建筑，都可以和树木相容共生。

土地上早期的居民、树木，不用挪窝，既可成为建筑的一部分，亦可为之增辉，一起演绎"你中有我的苍老，我中有你的微笑"。

4

听过一个故事。说100多年前，作家马克·吐温要在郊外盖一栋房子，他把图纸画好后，让工人施工。一天，他发现有位工人正在砍一棵小树，作家马上过去把斧头抢过来扔了，大声说，我宁可不盖这房子，也不要毁一棵树。

我无法判断这个故事的真假，若为了一棵小树，连房子都不盖了，似乎有点儿矫情。难道，作家在设计图纸时没有实地勘察？没看见那棵小树么？

或许，吐温先生那时不知道，盖房子和尊重一棵小树的居住权，并不矛盾。有颗善良的心，再用点儿心思去设计，鱼和熊掌，是可以兼得的。

意大利罗马一间名叫KOOK的餐厅，2012年开业后宾客盈门。一棵长在餐厅正中的橄榄树，就像是一本启示录。皲裂的灰色树皮，粗壮的腰身，写满厚重的年代感，悬挂了许多故事。为了这棵先于餐厅好几百年居住于此的橄榄树，餐厅给它专门设计了一个明亮的玻璃房子。房子一直顶到餐厅的天花板上，顶部留有玻璃机关，可以开合。雨天适当关闭，天气晴好时，机关打开，鸟儿可以落在树上，停在枝头放歌，风儿和白云，也可以在橄榄树上歇脚。

侧视 KOOK 餐厅，就是一个大大的"凹"字，橄榄树，就住在这个玻璃圈出的凹陷处。自然，这里"凹"字底部的两横，是合二为一的。橄榄树的根系，早已伸到横线下深远的地方。

阳光下，古老的橄榄树静静地舒展着，那一抹葱翠的身姿、美妙的季相，让许多干涸的心灵获得滋养。夜晚，透过枝叶的间隙，可以看到紫色的天空，像小船一样的月亮，会忍不住把酒轻唱："不要问我从哪里来，我的故乡在远方。"不必担心树身上爬上爬下的小昆虫冷不丁会撞进红酒或是餐盘里……

这几年，我的身旁，在半封闭的空间里，建筑给大树让路，也越来越常见了。

一所小学的教学楼，为了给一棵大树让道，让四层露台全部穿洞。这棵幸运树，长着"Y"形的树干。一层二层的露台处，各自凹进去一个大圆洞，以容纳主干。三层露台上，洞穿了两个圆洞，那是两个枝丫的过道。四层露台为树更改了形状，由方形变成半圆，让其中的一枝洞穿，另一枝自由伸展，于是，三层露台上，洒满了阴凉，俨然大树就生长在这层露台上。

看那一大丛悠悠绿意停泊在教学楼里，就觉得日子清润，书香雅致。整个校园，氤氲着平和、友爱、睿智。

一家酒店的游泳馆旁边，一棵合欢树从回廊的地基里拔地而起，主干穿越廊顶，擎出巨大的绿荫。从下面看，树身是回廊里有生命的柱子。在远处望，大树的冠幅几乎包裹了整个回廊。游泳累了，坐在回廊下休息，该是怎样的神清气爽啊，有清风明月，有花香袭衣。

给大树让路，让我无比清晰地理解了一句话：凡事相互效力，爱树就是爱己。

电影《没事偷着乐》里，张大民在生活最困难的时期，搭建了一间树屋。无处居住的困难，像冰一样融化了。

与树共存，居住者愉悦，树，没事也偷着乐。

他是绿色的烟花

是明信片里的天空呢。湛蓝的天上，洁白的云朵悠悠然漫步。墨绿色、羽毛一样的大叶子，从一个点向四面八方舒展开来，在风中，摇曳成一朵绿色的"烟花"。

我头顶的天空，被两朵巨大的"烟花"切割成蓝、白、绿相互漫卷的画。

那些从无垠天际吹来的风，也拂过躺在沙滩上听涛看海看天空的我。风儿推动空中的白云列队，一会儿是奔马，一会儿变群山，过会儿，又成了河流……风，亲吻我头顶上的大叶子时，叶子们"烟花"般四溅，飘荡出一朵又一朵绿色的花。

这大绿花，是海南岛上的椰子树。

头顶的椰子树，是我熟悉的模样。从最早我听觉里的形象，到明信片里第一眼看到的样子，从椰树的单身照、群照，再到后来由椰树构建的景观视频，这么多年，椰子树和我熟悉得几近亲切。可是，像这样躺在椰子树下，听风看树，还真是第一次。

时光，回溯到 20 多年前我的大学时代。

新生报到第一天，我拖着沉重的箱子走向女生宿舍。

"你好，我帮你拎箱子。我大三了，我们是一个系。"阳光的声音，颀长的身影，那一天格外美好。

课余，他喜欢聊家乡，聊家乡海南的椰子树。每每说起椰树时，他的眼睛里都会闪出熠熠的光。他说，自己选择植物学专业就是为了回乡，用植物装扮自己家乡的土地。

从此，海南椰子树，谜一样长进了我的心里。

两年后，如他所言，他毕业回乡种椰树去了。

不久，我就收到他从家乡邮寄出的一张明信片——一株颀长秀美的椰树，在蓝天白云下傍海而立，玉树临风。

我从小生长在大西北，第一次看见了椰子树，也感受到了椰子树的气质："日南椰子树，香袅出风尘。"一如当年的他。后来，陆续收到他的明信片、照片还有文字。激情洋溢在图片上、文字间，他常常会在信末写上：来海南看椰树吧，我等你。

慢慢知道，他成立了一家园林公司，几乎天天与椰树为伴。他像一位技艺精湛的绣工，椰树，是他的针线，村庄、海岸、天涯海角，都是他的绣场。那些年，绣场里的椰树，一簇簇、一片片，风光旖旎，它们潮水一般沿照片涌向我，对地处大西北的我，微笑。

阴差阳错。他离不开椰子树，而我，大学毕业后要回到母亲身旁。懵懂的爱，搁浅在毕业分配的港湾里。然而，同学情谊依然伴着椰树的枝干摇曳。

大约 10 年后，他的公司拥有了城市园林绿化企业的二级资质，站在椰林边上的他，依然青春俊朗，笑颜如花；他的绿

化项目，多次获海南省园林绿化优质工程大奖……当我回忆起
20多年来和他的交往，突然发现，他所有的成绩和快乐，几乎
都离不开椰树。我们每一次交流的文字里，也都有椰树的身影。

生长在海南的椰树，出现在我眼里和心里的频率，比我周
围的任何一种植物，都要多。

毕业后，我留在了自己的家乡西安工作。这些年，我多次
去南方开会，在香港、云南和厦门等地，我见过不少椰子树，
但它们，似乎都缺点儿什么，我心目中的椰子树，只生长在海南。

这个春节假期，我从大西北飞往海南，把自己置身海滩的
椰子树下。我没有告诉他我来了，我想独自看看海南的椰树，
触摸这种让一个人一辈子引以为荣的植物的气息。

从冰天雪地的西北突然降临椰树葳蕤的海南，场景神奇得
犹如幻灯片切换，一下子竟不知今夕何夕。我不想让海岛上的
椰树看见我的慌乱，所以我一边脱掉厚重的羽绒服，一边调整
心绪，好让自己尽快适应，适应这个椰林环绕、阳光充沛的海岛。

扑面而来的是海风，温润舒爽，因为有风，阳光并不热辣，
没有雾霾，天地豁然开朗，心也开阔敞亮起来。坐在行进的车里，
看一棵棵椰树迎面涌来，又不断向后退去。它们宁静，它们不语，
似在不动声色中和我一同追忆，追忆那些呼呼逝去的光阴。

眼前的椰子树，明显不同于北方植物。北方的树，主干大
多低矮，从下到上、由粗而细的主干上，枝干旁逸斜出，更像
是一个纵横交错的大网。椰子树则修长挺拔，主干上下几乎一
般粗细。羽状的树叶，仅在树顶像烟花那样"炸裂"，在高空
轰然定格成一朵绿花——丝丝缕缕，参差有序，渐长，渐短，
宛如工笔画家精心描摹出来一般。有时候，在"花"心的位置，

会看到圆圆的椰果你拥我挤，那是这朵大花甜蜜的报酬，是它献给这座岛屿的爱。

传说中，椰子树是孔雀变的。它看到大地上干旱贫瘠，民不聊生，于是用嘴巴深入地下吸吮泉水，然后把甘甜的水，通过树干送到树顶的大果子里存储起来，让人们摘下来解渴，用美丽的尾巴为大地遮阴……导游这么说椰树时，我的脑海里立刻浮现出他——我的师兄，分明就是这座岛屿上一株行走的椰树呢。为了改变家乡曾经的贫瘠，他一心一意在这天之涯开疆拓土，遍撒绿色。

我知道，正是因为有无数椰树，有无数和师兄一样的海南人，他们不舍昼夜的辛勤耕耘，才使得这曾经的流放之地，变成了现如今多少人梦寐以求的花园海景城市。

和椰树接触久了，我发现，椰树，才是这片土地上的智者。从外貌到精神，椰树很接近庄子所谓的不才之大智。台风劈头盖脸撞过来时，椰树细细长长的枝叶，化作绕指柔，滤掉狂风的撕扯；椰树拥有的维管束茎干，永远做不了板材，却最适宜对抗台风。在树干大起大落的摇摆中，你看不到卑微，倒是有一份搏击长空的潇洒；飓风中飞扬的绿色，闪耀出生命柔韧的光……或许，只有椰子树明白，有些强大，其实并不在于外形，有些价值，也并不需要在硬碰硬中显现。

走进海南，也就走近了椰树的谜底。

不觉间已日暮西山，禁不住想，此刻，我的老同学还在栽植椰树么？岛上满目的椰树，这一棵，那一棵，肯定有许多，都是他栽的呢。

临走，我伸开双臂，拥抱了身边的一株椰树，那一刻，我希望自己也是它们中的一员，万种风情地站在椰岛上，爱这片土地，也被爱。抬起头，墨绿色的"花朵"，在晚霞的幕布上绘出了一幅明信片一样美丽的画。忍不住看一眼，再看一眼，许久，不愿离去……

上飞机前，我给他的微信留言：我已来过你的家乡，也看望了你栽种的椰树。椰树，它是绿色的烟花！

花招

1. 美人计

绿油油的枝叶间，栖落着两只大个儿苍蝇，像温婉曲调里嘎吱出来的几声噪音，突兀，别扭。伸手一挥，苍蝇置若罔闻，没有理我。忍不住再伸手，第二次挥赶，两厮照旧四平八稳，气定神闲地无视了我。嗬，这美国的苍蝇难道比中国的苍蝇胆儿肥？

低头细看，不禁乐了。哪里是苍蝇，分明是长成苍蝇的花朵。

这是2016年春天的一幕。我和国内植物园的几位同仁，沿美国东海岸植物园树木园调研植物，在芝加哥植物园的玻璃温室里，我第一次遇见了花朵拟态大师。

给我们讲解的美国人约翰见我两眼放光，走过来端起盆花，说它有个恰当的名字，叫角蜂眉兰——顾名思义，是一种兰花，拥有角蜂的相貌。

　　我还是有些蒙，对约翰说，很遗憾我没有见过角蜂，我倒是觉得它远看像苍蝇，像那种大个儿的绿头苍蝇，无论体态还是大小，都像。约翰笑了一下，露出一排洁白的牙齿，他让我看放在一旁的角蜂照片。只一眼，我便石立，继而惊呼，天呐，太像了。

　　细看花朵，可不就是图片里的角蜂。两相对照着看，我根本分不清哪个是花，哪个是虫。花朵最大的那一枚花瓣，是角蜂的下半个身子，圆滚滚、毛茸茸、浑圆的肚子，滑溜溜的后背，肚子边缘生长着一圈褐色短毛，密集，厚实，有着毛发的质感。

　　两对唇瓣，对称地从腰部伸出，颜色和外形，对应着角蜂、胡蜂或是苍蝇的两对翅膀。头部的设计，看来是重点，也是眉兰花心思最多的地方。它让花柱和雄蕊结合长成合蕊柱，模样从外形上看，是角蜂的头部，有鼻子有眼。

　　单看外形，已让我喟叹。接下来，约翰的一番叙述，给长成角蜂模样的兰花，镶上了一圈神谕般的光芒，似乎身上的每个细胞，都被它照亮。听罢，先是愣怔，继而摇头，真有这么神奇？太难以置信了。

　　这种兰花，会对雄性角蜂施展美人计！

　　角蜂眉兰会因生长地的不同，在植物版角蜂的后背上，涂抹上醒目的蓝紫或棕黄相间的斑纹，好让花朵更接近当地雄性角蜂眼里的大美人形象。

　　眉兰似乎觉得仅做到形似，还不够，于是，又分泌出类似于雌性角蜂荷尔蒙的物质。这模拟的性信息素，让雄性角蜂毫无抵抗力。角蜂眉兰设计的花期，也恰到好处。当眉兰梳妆完毕，恰逢角蜂的羽化期，一些先于雌性个体来到世间的雄性角蜂，正急于寻找配偶，在眉兰散发的雌性荷尔蒙的引诱下，急匆匆赶来赴约。

看来，在"食与色"的终极目标上，动物们几乎没有分别，一辈子不外乎完成两件大事，食，保存自我，色，延续后代。雄性角蜂心里眼里燃烧的"色"，其实也验证了《孟子》的观点："食色，性也"。

恋爱中的雄性角蜂，一旦看见草丛中摇曳的角蜂眉兰花朵，庆幸自己这么快就交上了桃花运，迫不及待地凑上前去。拥抱亲吻间，它的头部，正好碰触到角蜂眉兰伸出的合蕊柱，雄蕊上带有的黏性花粉块，便准确地沾在雄蜂多毛的头上，完成了生物学上的"拟交配"。

嗯？这怀中之物，何以冷冰冰不予回应？定睛细瞧，雄蜂幡然醒悟，大呼上当。无奈，只好悻悻飞走。然而此时，背负花粉块的雄蜂，已经被爱情冲昏了脑袋，求偶心切的它，再次闻香识"女人"，被雌性荷尔蒙完全吸引，就像受酒香勾引的醉汉，毫不迟疑地再次冲向酒杯——另一朵眉兰，又殷勤献媚。角蜂头上沾着的花粉块，便准确无误地传递到这朵眉兰的柱头穴中……可怜无数痴情的雄性角蜂，为了一只只酷似爱侣的花朵，神魂颠倒，前赴后继。

在雄性角蜂集体的不淡定中，眉兰们眉开眼笑，它们不用付一分钱的工资，就彻底搞定了异花授粉。

人类的三十六计里，美人计派上用场的时候应该是最多的，王朝的兴衰，总也离不开美人这个筹码。西施助越灭吴，貂蝉引董卓吕布父子反目，夏亡以妹喜，殷亡以妲己，周亡以褒姒……只是，在我眼里，人类的美人计，和角蜂眉兰的套路相比，还要逊色一些。

角蜂眉兰诱骗雄性角蜂传粉，俨然一出精心策划的戏剧，眉兰自导自演，有造型，有特效。剧情一波未平，一波又起，结尾，还有脑洞大开的高潮——成功受粉的角蜂眉兰，立马释放出一种让雄性角蜂作呕的气味。这气味在雄性角蜂闻来，犹如花季少女的体香，一下子变成了老奶奶的汗臭，避之唯恐不及——好一个纯粹的精致的利己主义者，目标明确，手段犀利。

没有腿脚，无法移动的植物，用计谋向能飞会动的昆虫宣战，它，居然成功了。

回国后，当我铺开画纸，对着照片，仔细临摹一只雌性角蜂时，它那复杂的头部构件，鳞片细碎的腰身以及状如艺术品的双翅，常常让我陷入画功欠佳的沮丧中。想要把它画好，真的很难。我纳闷，角蜂眉兰没有眼睛，没有手脚，却能够从颜色到形态，从神情到气味，全方位、多角度把自己的花朵长成一只只活灵活现的雌性角蜂的模样，它，究竟是怎么做到的？它都经历了些什么？它和角蜂之间到底发生过什么故事？

角蜂眉兰为什么不遵守自然界物种间早已达成共识的互惠法则，偏要鼓捣出比生产花蜜和花粉更消耗能量的生物拟态和性谎言？

站在受害者一方，被骗的雄性角蜂，为什么不长记性，一而再再而三地甘于被骗？雄性角蜂之间，难道不就此事进行交流或采取对策吗？这种在人类眼里明显的欺骗关系能够延续，一定有它存在的理由，这理由，又是什么？

面对我一连串的疑问，约翰耸耸肩，摊开双手，表情是夸张的不明所以。

"别说我说谎，人生已经如此的艰难，有些事情就不要拆穿……"

莫非，雄性角蜂也懂得"花艰不拆"的道理，从而怜香惜玉，甘愿被骗？

2. 鸿门宴

那次美国东海岸之旅，我还见识了另一种善于耍花招的兰花——水桶兰。

对照着植物看，这花名，亦取自外形。深黄色的花朵唇瓣，异化成一只圆溜溜的水桶形状，也好似一挂婴儿摇床，看上去不像是花朵部件，倒像是过日子的家具。金黄色的花瓣还算醒目，像一面明艳的旗帜，在风中飘摇。

水桶兰的狡黠，是从花瓣打开的那一瞬开始显现的。

伴随花瓣舒展，从花中心腺体的位置，会溢出一滴滴透明的蜜汁，竖直落进水桶状的唇瓣里。蜜汁掉落的刹那，有无叮咚弦乐我无缘听到，但这蜜汁的气息我凑近闻过，不似蜂蜜那样的甜香，有一股食用香油的味道。

蜜汁的气味，随着花瓣的张开，逐渐氤氲在水桶兰周围的空气里，把四周的植物邻居、小昆虫和水域，全都笼罩在这奇怪的味道里，很是霸道。甚至，连8公里之外的雄性尤格森蜜蜂，也吸引了过来。

在气味路标的指引下，雄性尤格森蜜蜂急匆匆地从四面八方赶来。

说来非常有趣，这帮小家伙来到花里，并不是为了满足口腹之欲，而是怀了期盼情欲的心思。它们，竟然懂得借助于催情剂春药，来赢得雌性尤格森蜜蜂的芳心，这真让我大跌眼镜。

这春药，就是水桶兰花朵分泌出来的蜜汁。

约会前，雄性尤格森蜜蜂先要飞到水桶兰的花朵里，先后两次给全身上下涂抹上蜜汁"香水"来装扮自己，这步骤不可或缺。只是，这蜜汁获取不易，雄性尤格森蜜蜂每每为了乔装打扮，差点儿丢了性命。

飞奔而来的尤格森蜜蜂，绅士般要为自己做一个全身蜜汁SPA。它栖落在水桶兰花桶的边缘，先扇动翅膀休息片刻，待它喘匀了气，便开始用后爪紧紧地抓住桶沿，慢慢地倾斜身子，朝花桶里伸出前爪，蘸上蜜汁后，站直身体，像我们涂抹护肤品那样，仔仔细细地把蜜汁涂抹到头、颈、肩、背和胳膊等处，一下又一下，耐心而又仔细。然而，大多数时候，它的半个身子还没有涂完，顺胳膊腿滑落的蜜汁，就使得花桶的边缘溜滑起来，涂抹在上半身的蜜汁，似乎也让它头重脚轻。此时，站稳脚跟，对它来说已经变得很是艰难。一不小心，尤格森蜜蜂便失足滑入水桶兰的蜜汁里。

蜜蜂终于上钩啦，水桶兰高兴得几乎要叫出声来。请君入"桶"，才是水桶兰不惜工本鼓捣出如此浓郁液体的真正意图。

身陷蜜池里的蜜蜂，在花桶里拼命挣扎。花桶的倾斜度和黏滑的桶壁，都令蜜蜂的绝望一点点加剧。这种茫然而绝望的舞蹈，眼看着就要以蜜蜂的精疲力竭而画上句号。

到这个时候，水桶兰觉得时机已经成熟，方才大度地协助蜜蜂踏上逃亡之旅——给它展示唯一的一条活路。水桶的一侧，有一个通向花粉管的喷嘴状开口，当然，这开口，也是为尤格森蜜蜂量身定做的。

慌不择路的蜜蜂，一旦进入这个花粉管，便深深切切地体会了一个名词——身不由己的含义。水桶兰的花粉管开始像弹簧那样不断紧缩，以阻止蜜蜂的快速逃离。花粉管的终端，是水桶兰的花粉囊，雄蕊就藏在里面。在蜜蜂被困在花粉管内挣扎的大约十分钟的时间里，水桶兰从容地分泌出了一种胶水，把雄蕊上的花粉，牢牢地沾在了蜜蜂的背上。

10分钟后，背着花粉的蜜蜂终于爬了出来。待晾干翅膀，又可以重新飞翔时，尤格森蜜蜂似乎已经忘记了自己刚刚经历过的垂死挣扎。它还有重要的事情亟待完成，它必须再涂抹一次春药，才有资格去约会情人。于是，它伸展双翅，在空中开始遛弯搜寻。

不久，它又闻到了水桶兰蜜汁散发出的独特气味，这气味像灯塔一样，把它领到另一朵正在绽放的水桶兰花朵前。它又一次非常投入地开始了全身的蜜汁SPA。和第一次一样，最后也跌落进这"桶"蜜汁里。于是，重复上演滑入、挣扎、小孔逃生等一系列由水桶兰设计的动作剧。

不同的是，这朵水桶兰花会用花粉管顶端的一种特殊设备，来获取蜜蜂背上携带的花粉，并将它完整地搬运到雌蕊柱头上。至此，水桶兰圆满完成了异花授粉。

待传粉大业完成后，水桶兰即刻把曾经亮丽的花瓣，一点点收紧，最终，变成了一块类似于抹布一样的暗黄色组织。之后，关门谢客。

雄性尤格森蜜蜂，似乎也很开心，它在前后两次经历了全身心的春药SPA后，颠儿颠儿地约会情人去了。

过程虽有曲折，结局还算美好。

我相信，这场花心里的较量，一定还有许多不为人知的心理角力，可惜我的认知粗浅，无法准确去解读。它让我想起了楚汉之争的鸿门宴，项庄舞剑，意在沛公。水桶兰发出邀请函、捧出蜜汁、收缩花粉管、分泌胶水、获取花粉等一系列计谋与手段，可谓环环相扣，步步紧逼，俨然运筹帷幄的刘邦。尤格森蜜蜂被情欲冲昏了头脑，多像当年被颂歌和崇拜蔽塞了聪慧的飘飘然的项羽。植物与人，在某些方面，竟然如此神奇的一致。

年复一年，水桶兰在自家花心里开设鸿门宴，是看家本领，也像是一本醒世箴言。蜜汁滴落间，芳香弥散时，相对弱小的植物，也可以是掌控动物于手掌心的强者。

作为另一个物种，我们，其实也都是这幅画卷里的角色，为了生存，有时候我们充当水桶兰，有时候，却是桶里的尤格森蜜蜂。人为刀俎，我为鱼肉。

利用别人时，也有可能被人利用。

而其中所有的不幸，皆源自心底的欲望。

3. 出其不意

在深圳仙湖植物园里，我见到了外表柔弱而内心强悍的花柱草。小小的身躯，能够忽然间发力，甩昆虫一个嘴巴子。

在溪边的岩生植物区，几株灰绿色的小草支棱着细瘦的身子，在和煦的春光里摇头晃脑。10厘米高的花茎上，顶着米粒大小的花朵。如果不是植物园的同行指给我，我是绝对不会发现它们的。

春天，处处荡漾着植物的欢歌笑语。在花儿美妙的歌声里，蜜蜂、蝴蝶、苍蝇、甲虫等摩拳擦掌，它们，要进入这一季与花儿美妙的合欢了。哪里有花朵，哪里就有昆虫们兴奋忙碌的身影。植物争相用艳丽的花朵引诱媒婆，用香甜的花蜜招待媒婆。作为回报，蜜蜂、蝴蝶、甲虫们一路小跑帮助植物传授花粉，促使雌雄花朵完婚。

在成千上万场看似喜气洋洋的嫁娶中，没有谁在意少数媒婆的郁郁寡欢——前后被两朵花打了两巴掌，却始终不明所以。

暴打昆虫的细小植物，名叫花柱草。

单看花柱草的外形，你怎么也不会把它和强势这个词关联起来。茎秆和花朵都很纤细，花朵，甚至显出柔弱无依的样子。

可就是这林黛玉似的花儿，却有着令人惊讶的暴脾气。一旦她感觉到昆虫落在自己的花瓣上，便会以迅雷不及掩耳之势，抡圆了胳膊，给昆虫一巴掌。

弱小植物向动物挥动巴掌这一幕，在春风里稍纵即逝，却让另一个物种的我看得惊心动魄。我无法在宽泛的适者生存中获取答案，只能对不走寻常路的花柱草报以久久的注目。

花柱草是精明且有远见的。如果它像其他花儿那样制造出香味和花蜜，用食品来换取花粉传播的话，无疑需要耗费体力和精力。聪明的花柱草，让自己的两枚雄蕊和花柱长在一起（合蕊柱），从花中心伸出来，又向下弯曲成一个 U 形的长手臂，手掌上沾满了花粉。这个装备的神奇之处在于，它的手臂能够像扳机那样快速出击，人称扳机植物。前来觅食的昆虫，被花柱草巧妙设计为扳机的触动者。

一只小昆虫刚一落脚花瓣，花柱草即一巴掌抡过去，快速准确地将自己的花粉，拍洒在昆虫的背上。被这一巴掌打蒙了的昆虫，受惊吓后会立即起飞，乖乖地带着花粉，飞向另一朵花柱草。在这只倒霉的昆虫又挨了另一巴掌后，花柱草完成了异花授粉。

可怜昆虫，给花柱草做媒时，似乎只有挨打的份。

植物无法走动，在香火传递大业上，唯仰仗与动物合作。

大多数植物清楚，有付出才有回报。植物分泌花蜜、生产花粉，给昆虫提供信息素，提供营巢的树脂材料等行为方式，对于植物本身，并无多大用处，这些，都是交给传粉动物的酬金。你为我干活，我给你付工资。花粉和花蜜，在蝴蝶的翅膀上，在蜜蜂的嘴巴里，显示了植物的诚意，也完成了植物的心愿：让中意的媒人，心满意足地为自己传花授粉，传宗接代。

花柱草，显然是植物里的另类，是铁公鸡，它只愿意享受昆虫的传粉服务，到头来却不给传粉者任何报酬，不仅不给报酬，还要出其不意地打它一巴掌，真的很颠覆我的认知。

"狡诈"一词，是我在小学语文课堂上学到的词语。由于这个名词总是和刁钻、奸邪、诡诈、自私自利、阳奉阴违等贬义词相伴，所以，从认识它的那一天开始，我就对它很鄙夷。"庆父不死，鲁难未已"的庆父，挟天子以令诸侯的董卓，请君入瓮的来俊臣，口蜜腹剑的李林甫，以"莫须有"罪名杀害岳飞的秦桧，宦官魏忠贤等，历史上这一张张面孔，都让这个名词的面目更加狰狞。

然而，面对狡诈的花柱草，我却恨不起来，我情愿用"出其不意"来总结花柱草对待飞虫的欺诈行为。

不仅不鄙夷憎恨，当我看到花柱草神奇地向昆虫抡巴掌时，心里，禁不住为它喝彩。不会移动的弱小植物，原来也可以这样居高临下，让能跑会飞的动物，免费为自己效力。

喝彩之后，心里还是稍稍替莫名挨打的小飞虫鸣不平。我很希望听见花柱草摇晃着柔弱的身躯，对昆虫说句抱歉：对不起，我没有力量制造花蜜和花粉，只有靠这种不怎么厚道的方式来传宗接代。

或许，我还可以这样为它开脱，花柱草不强大，也不鲜艳，更不芬芳，想要在贫瘠的环境里生存和繁殖，它就必须使出奇招，以奇制胜。所以，聪慧如它学会了奇袭虫媒，还学会了用花茎和花萼上的腺毛黏液，驱赶吓唬其他小昆虫，以确保拥有扳机功能的花朵，正常地发挥效用。

若站在昆虫的立场上，那些被动挨打的小昆虫，到底输在了哪里？在这场昆虫与植物的博弈中，处于相对劣势的昆虫，似乎一直没有好好总结过，我来试着替它们总结一下吧——请不要以貌取"人"；不可以轻视向来柔弱娇媚的花朵，它们的花蕊，威力堪比枪炮，不仅可以攻城略地，还能够打击你们的盲目自大。

纤细弱小的生命，关键时刻，也会扣动扳机。

"啪——"花柱草又甩出去一个巴掌，姿态如此潇洒。

4.挂羊头卖狗肉

世间，做母亲的心思，大约是相通的，都希望自己的下一代，一出生就能过上丰衣足食的生活。黑带食蚜蝇妈妈在产卵前，会精心挑选一处蚜虫的聚集地，作为坐月子的产房，它当然希望自己的小宝贝打出生之日起，就衣食无忧。

从名字上看，食蚜蝇，便是吃蚜虫的苍蝇。但是，据我后来的了解，长相像蜜蜂的食蚜蝇，成虫和蜜蜂一样，是以花蜜、花粉、树汁为食的，只有部分种类食蚜蝇的幼虫，譬如黑带食蚜蝇，才以蚜虫为食。

有需求的地方就有交易，有交易就会滋生骗术。长瓣兜兰不知道从哪里获悉了黑带食蚜蝇准妈妈会寻找蚜虫产房的软肋，于是，多个月高风黑的夜晚过后，它酝酿出一个上不了台面的诡计——挂羊头卖狗肉，把自己身体的一部分乔装打扮成食蚜蝇准妈妈中意的产房。

花开后，长瓣兜兰开始着手在自己的花瓣和唇瓣的基部，描摹出一粒粒黑栗色的突起物。它不是画家，却胜过画家，它描摹蚜虫的手法老道而娴熟，搭眼一看，那一粒粒突起物，可不就是星星点点的蚜虫群？活灵活现，足以假乱真。

在黑带食蚜蝇准妈妈看来，这处产房非常合她的心意。这里集中了一群胖乎乎的蚜虫，非常难得。过不了多久，这个产房就会变成小宝贝撒着欢吃的蚜虫餐厅呢。食蚜蝇的孩子们刚出生时还不具备远距离移动的能力，准妈妈只能选择在蚜虫聚集区产卵。

一位准妈妈欢天喜地地飞来，想要落脚"蚜虫"区，长瓣兜兰早已料到准妈妈的这步棋，蓄意让这里的花瓣变得光滑且扭曲。这位准妈妈在尝试了几次无法降落后，突然发现不远处还有个平整的"停机坪"，它兴冲冲刚一落脚，不承想，哧溜一下，就掉进了兜兰唇瓣特化的兜兜里。

失足滑落的食蚜蝇自然不清楚，这"停机坪"是长瓣兜兰用退化的雄蕊，为准妈妈专门设置的第二重机关。

食蚜蝇开始自救。兜壁内除合蕊柱所在的内通道外，全部光滑无比，想突围出去比登天还难。这期间，它也尝试过其他的自救方法，譬如往外蹦跳，无功而返后，只好乖乖沿着由唇瓣和合蕊柱构成的传粉通道往外爬，别无选择嘛。

食蚜蝇沿这条通道爬行，正合长瓣兜兰的心意，存放在通道口的花粉块，已等候多时了。可想而知，成功逃脱的食蚜蝇，在爬出通道的那一刻，背上，一定被长瓣兜兰沾上了花粉。而当食蚜蝇在下一朵花上重复受骗时，便正式晋升为长瓣兜兰的红娘。

再来关注一下那些在"蚜虫"堆里产下的食蚜蝇后代。当这些小宝贝从卵壳里伸出小脑袋后，即刻发现母亲为自己准备的食物，只是一堆形似蚜虫的植物附属品，完全不能食用。而此刻，它们的妈妈早已不知去向，可怜刚刚来到这个世界的食蚜蝇幼虫，只能活活饿死。

至此，不得不说长瓣兜兰的做法，太过冷血，它的手段真实演绎了萨特在《存在与虚无》中提出的观点：他人即是地狱。

按说，长瓣兜兰传宗接代的军功章里，有一半的功劳，归功于黑带食蚜蝇的辛勤帮助，可食蚜蝇在长瓣兜兰这里获得的待遇，却是令人绝望的断子绝孙。

自然，黑带食蚜蝇妈妈也好不到哪里，它不仅粗心大意，而且是个虎头蛇尾的家伙。准妈妈生下孩子，孩子出生后住得怎样，有没有吃食？这位妈妈全然抛诸脑后，不闻不问，它早已忘记了之前寻找产房时的初衷。这位妈妈的做派，也应了人类的那句老话，"可怜之人必有可恨之处"，难怪它总被长瓣兜兰利用。

在美国一家树木园里，我还见过另一种长瓣兜兰，其扭曲的花瓣足有两米长，就像少女头上梳就的两根长辫子，姑且叫它超长瓣兜兰吧。

超长瓣兜兰直接拖到地面上的让人惊讶的长花瓣，是它专门为一些不会飞的小昆虫搭建的天梯。小昆虫循着兜兰发出的气味，踏香而行，沿着并不十分光滑的天梯往上爬，末了，也会落入超长瓣兜兰设置的机关里，重复起黑带食蚜蝇准妈妈背花粉的经历，演绎着一幕幕天梯红娘的悲剧。

长瓣兜兰鼓捣出的这套复杂的传粉系统，看似高明，却也让自己陷入了脆弱的境地，聪明反被聪明误。因为并非所有种类食蚜蝇的幼虫，都以蚜虫为食。可叹的现实是，黑带食蚜蝇的群体正在逐步萎缩，除过环境因素，长瓣兜兰"釜底抽薪"式的花拳绣腿，断送了无数媒婆接班人的小命，这无疑加快了黑带食蚜蝇群体缩小的速度。结果，只会进入一个恶性循环，黑带食蚜蝇的后代越来越少，长瓣兜兰行骗的概率变小，传宗接代的能力下降……

世事无常，花事亦无常。受骗群体数量的萎缩，加之近年来人类掠夺式的采挖，长瓣兜兰目前已经处于濒危状态。时光荏苒，兴尽悲来。许多事情，冥冥中似乎自有轮回，长瓣兜兰设计的花招，也让自己落入了"四面楚歌"的境地，这有点儿像小学课本上的另一个成语：请君入瓮。

所谓的花中君子，不过是心机深重的伪君子。

趋利忘义，让自己成为他人的地狱，其结果，也令自己陷入地狱，陷入越来越孤独的深渊。

长瓣兜兰的花招，实在让人无法原谅和高看它。

5. 画地为牢

有一阵子，我常去园子东南角的那堵花墙前转悠，那里，生长着几株藤蔓植物马兜铃。心形的叶子间，慢慢地会长出烟斗状的小花，花后，悬挂出拳头大小的果实。果实成熟后开裂，裂瓣牵挂的细丝，在头顶聚合一处，像古时挂在马脖子底下的铃铛。自然，这便是花名的来历。

马兜铃的花朵很不起眼，有人说它们长相丑陋。它的确无色无姿也不香，不仅不香，大部分都有臭味。美丽马兜铃甚至会散发出死老鼠的气味，令闻者作呕。

马兜铃花朵的长相，并不是传统意义上的合瓣花或是离瓣花，我喜欢用怪异二字来形容它们：拥有一个布满斑点的喇叭口，一个长长窄窄的花被筒，外加一个圆球形的空腔。搭眼一看，这鼓起来的空腔，活像一个盛放东西的兜子。

尽管貌不惊人，但假如挨个儿给园子里的植物做 IQ 测定，马兜铃的智商，绝对是爱因斯坦级别的。马兜铃花朵的形状、内部结构、气味乃至雌蕊与雄蕊的成熟时间，都显现出深谋远虑而又聪明的智者形象。

夏秋时节，像铜管乐队里大喇叭状的马兜铃花，纷纷探出头来，开始彰显它们无与伦比的智慧脑袋。

第一个知晓马兜铃开花的生物，必定是蝇类。因为马兜铃一旦开花，就会用气味招呼蝇类："赶快过来，我这里有好吃

的了。"这气味，对人来说，臭不可闻，但对潜叶蝇来说，却是上等美味。

踏味而来的潜叶蝇，在有着怪异斑点的喇叭口周围稍事飞舞后，便迫不及待地一头钻进马兜铃长长窄窄的花被筒里。如果说香味只是一封邀请函的话，花朵身上的斑点，就是饭店的招牌，代表着这里有食物。

当潜叶蝇从斑点处爬进花朵下面膨大的艄部时，空间豁然开朗。是的，好吃的多浆细胞都集中在这里。艄部是一个近圆形的空腔，空腔底部有一个淡黄色的突起物，这个突起物的顶部，就是雌蕊的柱头，柱头六裂，在柱头下面，环绕着六枚雄蕊。

马兜铃为一朵花设计了两天的花期。花朵大都选择在清晨开放，第一天，马兜铃让雌蕊率先成熟，第二天清晨三点半左右，才让柱头下方雄蕊上的花药成熟、开裂。

无论潜叶蝇愿不愿意，从钻进马兜铃的喇叭口开始，便正式升级为这朵花的媒婆。这个媒婆角色，潜叶蝇必须扮演一整天。

兴冲冲的潜叶蝇在马兜铃花朵里左闻闻右叮叮进食时，它身上沾着的从另一朵花上带来的花粉，肯定会涂抹在这朵花的雌蕊柱头上。不知不觉间，媒婆为马兜铃完成了异花授粉。

当潜叶蝇吃饱喝足，打着饱嗝，想要出去的时候，才发现刚才进来的花被筒，被肉质的刺毛堵得死死的。这刺毛的生长方向是斜向里生长的，顺着肉质刺毛的方向爬进来可以，但现在要逆向爬出去，简直比登天还难。

潜叶蝇也意识到，自己被这个花笼子禁闭了。在大兜子里转悠了无数圈后，潜叶蝇终于放弃了想要越狱的打算，既来之，则安之吧。

花被筒里守卫的刺毛，在喇叭筒处肉眼可见。我曾经用手触摸过，能感受到潜叶蝇当时的无可奈何。

成熟了的马兜铃雌蕊柱头，在接受了潜叶蝇带来的花粉后，很快萎缩——花粉快速萌发出花粉管，向子房内管的胚珠伸去，柱头这个时候便失去了再度接受花粉的能力。翌日清晨，花笼里柱头下方雄蕊的花药，成熟并开裂，轻而易举地将花粉洒在还在四处转悠着的潜叶蝇身上。

待潜叶蝇多毛的背腹沾满了马兜铃的花粉粒后，马兜铃方才给潜叶蝇派发解禁令。花被筒里的肉质刺毛，开始神奇地变软并萎蔫，长度变得只有之前的四分之一，最后软趴趴地贴在花被筒的内壁上，就这样，马兜铃为潜叶蝇主动开启了一条可以爬出去的光明通道。

潜叶蝇背负着这朵花的花粉粒，轻松爬出花被筒，它终于结束了一天的禁闭生活，展翅而飞。空气多么清新，阳光无比灿烂，媒婆潜叶蝇开心地唱出声来：山重水复疑无路，柳暗花明又一村……呵呵，这世间之事，只要生机不灭，终有苦尽甘来的日子。

奇怪的是，尝过禁闭滋味的潜叶蝇，似乎很快就忘记了曾经被一朵花禁闭过。或许，它很贪恋那种囚徒生活，或许它又饿了，或许，马兜铃花朵的气味诱惑力太强，总之，潜叶蝇刚刚恢复自由身飞不多久，便被另一朵刚刚开放的马兜铃花吸引，在花笼的喇叭口上转悠了几圈后，再一次钻了进去。

好几次，看着即将钻进马兜铃花朵里的潜叶蝇，我忍不住对着它喊：小傻瓜，你不知道这是马兜铃设的禁闭室吗？可惜，小虫子听不懂我的语言，就像我不懂马兜铃的智慧来源一样。

马兜铃只简单地运用气味为诱饵，就招来了潜叶蝇，让一种能跑会飞的生物，乖乖进入它布局的传粉牢房里。这听起来像个神话传说，却实实在在地存在于我们身旁。

据说，马兜铃酸对人和动物肾脏的损伤是不可逆的，但站在马兜铃的立场上考虑，这其实也是它的初衷——少来骚扰我，我可不是好惹的。

人与植物相安，万事大吉。

薄伽丘说，人的智慧是快乐的源泉。马兜铃听到后大概会说：我的智慧，是我快乐的源泉，更是我生存繁衍的保障。

夏日的风里，马兜铃牵藤，蔓延成满墙满眼的绿色，模糊而又真切，弱小而又伟大。

花事如棋，局局新。目标明确、手段高明的植物花招，多到不胜枚举，只是平时大家没有机会关注，或者不愿意去关注罢了。

萦绕在花朵和枝叶间的神奇力量，是植物自带的光芒，总是吸引我去靠近，去探究。在花朵的一招一式里，我看到了植物焕发出来的生命潜能，感受到了它们努力的姿态。

和人相似，这姿态里，植物的一厢情愿，不无焦虑的欲望，甚至没有腿无法移动的无奈，也被我一览无余。

这些颇有趣、颇令人回味的花拳绣腿，让我对植物，对植物生存的智慧，有了特别的认知；让我俯下身子，用平视乃至仰视的目光，重新打量植物，并认真思索眼前的世界。

我不仅仅是一棵小草

"没有花香，没有树高，我是一棵无人知道的小草"，这歌词委实小瞧了草。

草，一样可以模样俊俏，可以五彩斑斓，可以比灌木高大，可以散发出馨香，可以让人细细品味。草，不仅可以营造"苔痕上阶绿，草色入帘青"，也可以拥有"叶舒春夏绿，花吐浅深红"。这些风度翩翩、姿色婀娜的草，有个共同的名字：观赏草。

专业点儿的定义是：具有个体观赏价值的单子叶草本植物，以禾本科植物为主，还包括莎草科、花蔺科、灯心草科、木贼科、菖蒲科、黑三棱科、天南星科菖蒲属等草本植物。

源于山野的观赏草，经过人工选育和驯化，越来越多地现身城市，柔化、美化身旁的硬质地面和水泥建筑，广泛参与生态修复。一些植物园如上海辰山植物园和南京中山植物园等，都开辟了观赏草专类园。

下面这些草，您一定见过，也许当时并不知道它们的名字，但一定驻足观望过，或许，还和它们拍照合影过。它们柔韧，秀美，百搭，无论孤植、丛植、片植，还是与其他植物或山石搭配种植，都尽显形态美、色彩美、韵律美。

1. 墨西哥羽毛草

和名字一样，这种草以它的轻盈柔媚，让我一眼就记住了它。

一阵春风几场春雨后，墨西哥羽毛草的茎叶从种子里缓缓伸了出来，茎秆细弱柔软，叶子纤细如丝。成型时叶子的长度大约40厘米，叶子的宽度却只有0.5毫米。丛植的羽毛草，丝状的茎叶360度自然弯曲，阳光下熠熠发光，像极了绿色喷泉，远观也像是一丛温柔的绿色羽毛。一阵风过，细密柔软的茎叶，即刻成为风儿的形状。

墨西哥羽毛草一名，就源于它的法文名字"细如羊毛的茅草"。植物学名是细茎针茅，它的特点也基本上都包含在名字里，是禾本科针茅属草本植物。

我在好多庭院的小径两旁和岩石边，都见过墨西哥羽毛草的身影。寥寥几丛，就勾画出让阳光和风儿可以自由穿梭的画卷，仿佛通往童话世界的密径。我也见过片植的墨西哥羽毛草，那是一片柔草汇成的大海，一阵清风，会荡出好看的波浪。站立一旁，听得到茎叶摇摆的声音，这轻微的和声，是墨西哥羽毛草用生命进行的帕格尼尼合奏。恰如安德烈·纪德在《沙漠》一书中所述："生长细茎针茅的荒漠，游蛇遍地；绿色的原野随风起伏……在烈日的暴晒下，一切景物都发出噼噼啪啪的声音。"

夏秋时节，墨西哥羽毛草迎来了花季，同样纤细的花蕾泛出淡金色的光芒，像西方少女的发丝，由此获得了形象的昵称"天使发草"。羽毛状的花朵绽开后，"发丝"已不再闪亮，却更加成熟，低眉俯首，散发出朦胧羞怯之美。

别看墨西哥羽毛草纤细柔弱，却拥有强大的生存智慧，它的种子竟然会爬。这种子是一种颖果，下端尖细如针，密生倒毛，还长有一根柔软的长芒，芒下是干燥时螺旋卷曲的芒柱。芒柱的卷曲与舒展，很大程度上受空气干湿度的影响。早晚空气潮湿时，芒柱的螺旋吸水松开，中午空气干燥时，芒柱卷曲收缩。如此，长芒的屈伸运动，成为种子爬行的动力。种壳上密生的细硬短毛，齐刷刷朝同一个方向生长，因而，种子只能前进，不会退后。

尽管一屈一展爬行的距离很短，但它夜以继日啊，长年累月，爬行的距离也是相当可观的。墨西哥羽毛草的领地，就在这种倔强而又坚强的爬行中一步步扩大。

2.粉黛乱子草

印象中，秋天是金黄色的，金黄的玉米棒子，一层层码成金字塔；秋天是橘红色的，橘红的柿子，串成线，连成片；秋天，也是枯黄的颜色，秋虫敛声，落叶遍地。

可是当我站在网红草"粉黛"前面时，我发现，秋天，原来也可以是粉红色的啊。

那是一大片由植物织就的粉色，宛若坠落人间的晚霞，也像层叠的粉红纱巾，轻笼田野，缠绕在水畔。梦幻，唯美，似乎还有一丝丝惆怅。一阵风过，满天星一样细小的花穗，听到号令般，很顺溜地一起飘向左侧，又一起荡向右侧。

其实，在我们单位的新园区里，就生长有粉黛乱子草，它单株站在一丛丛禾本科植物中间，势单力薄，感觉不到有多出色。而当粉黛乱子草连成片聚在一起，嗬，可真让人惊艳！它们灵动娟秀，相伴成景，身上的颜色因群居而叠加，魅力也叠加了。那一片粉红里，有属于它们的细语，也有它们的叹息。风和日丽或者劲风急雨时，这一层粉烟里，一定也上演过或甜蜜或苦涩的戏剧。

粉黛乱子草是禾本科乱子草属家族里的一员，花序呈粉紫色。只是，大部分人有所不知，网红草令人惊诧的秀美，要用一年的寂寞和努力换取。

它在泥土里扎根后，在寒冬蓄好养分，春天萌芽长高，夏季苦练三伏，耐水耐旱耐盐碱，才能在秋风赶来时，露出粉扑扑的笑脸。"三千粉黛，十二阑干，一片云头。"

看见它们，会联想到普罗旺斯的烟霞，会想起童年，想起一个丁香般结着愁怨的姑娘，想起许多往事……如草茎上的小小果穗，晃动着粉红的甜蜜，也晃动着无奈和萧瑟，一如这种草的名字。

3. 蒲苇

在西安植物园新区的观赏草种质资源圃，有一大片蒲苇。

进入秋季，一丛丛蒲苇开始抽穗，它们，将要进入一年中最美的季节。率先伸出的花序是嫩绿色的，慢慢地变黄，继而变白，变蓬松。一个花穗就是蓬蓬的一束，像小时候街边购买的棉花糖。绢丝状的花穗毛茸茸、亮晶晶，伸出手，就可以触摸到近在咫尺的柔情，好想在冬天里抱着它取暖。这天然的大花序，在秋风里摇曳的样子，优雅而浪漫。

最美的画面，是蒲苇与夕阳合作完成的。夕阳西下，橘色的光线给蒲苇洁白的绒花勾勒出金边，与落日构成一幅秋日私语般的油画，让人不由得想起两句诗："落霞与孤鹜齐飞，秋水共长天一色。"

最早知道蒲苇这种植物，是在中学的语文课本上。《孔雀东南飞》里讲，"君当作磐石，妾当作蒲苇。蒲苇纫如丝，磐石无转移"。诗里刘兰芝以蒲苇自喻柔弱的自己，但我之后看到蒲苇，总感觉它的前世，是一位坚贞的女子。

蒲苇因其韧劲，曾经被用来编蒲席，《荀子·不苟》中曾有记载："与时屈伸，柔从若蒲苇，非慑怯也。"称赞了蒲苇坚韧的品质，杨倞注："蒲苇所以为席，可卷者也。"手巧的女人们，还用蒲叶编织草袋、手包、坐垫、茶垫和提篮等手工艺品。

如今，在快节奏的城市里，已很少能见到蒲席和蒲苇手工编织品的身影了，人们多用塑料等工业品来替代。

我曾经剪过一捧蒲苇，插在一个大口小颈凸肚的瓦罐里，放在客厅的一角。它们很适合装扮屋子，有它在，就像是秋天永驻房间。每天一起床，都能看见蒲苇绽开温柔的微笑。

这种禾本科蒲苇属的大型多年生草本植物，高可达三米，雌雄同株。雌株白色穗状花序，绢丝状的毛穗大而蓬松，盛开时大片温暖的绒毛，白色到浅粉色都有，非常惊艳。

4. 柳叶马鞭草

终南山脚下的树花苑里，盛开着一大片紫色的柳叶马鞭草，摇曳生姿。园子里像是笼罩着一层紫色的云霞，置身其中，仿佛踏入唯美浪漫的普罗旺斯，随手一拍，淡紫的背景自带美颜。

可能是水土不服吧，薰衣草在西安虽能成活，但长势欠佳，无法营造出普罗旺斯的神韵。而来自巴西的柳叶马鞭草却可以旺盛生长，成片种植的柳叶马鞭草气势恢宏，足可以媲美法国的薰衣草花田。

柳叶马鞭草的叶片狭长如柳叶，有着四棱形的直立茎秆，高可达 1.5 米，纤细却非常柔韧，很少倒伏。茎秆表皮粗糙，和对生叶子上的毛感一样强烈。紫色的合冠花，花冠管伸出花萼，先端五裂，简洁、纯净而美好。

马鞭草属植物有 250 余种，绝大部分产于温带和热带美洲。其中最有名的，当属马鞭草属的模式种野草"马鞭草"。笼罩在这种草身上的那些神秘的超能力光环，让马鞭草魅力无限。

神奇植物的名单里，一定有马鞭草的身影。马鞭草的拉丁学名为 Verbena officinalis，其中，属名 Verbena 意为祭祀所用的"神圣的枝条"，种加词 officinalis，意为草药。可见，林奈在给马鞭草定名时，也受马鞭草拥有的超能力与药用价值的影响。

传说，马鞭草最初是在耶稣受难的十字架下被人发现的，并且耶稣受难后用马鞭草止血才得以复活。后来的研究也证明了其中蕴含的科学性，因为马鞭草中富含的"马鞭草宁"具有促进血液凝固的作用，可以治疗刀枪刺伤。所以，在战争频发的古代战场上，士兵们多携带马鞭草用于外伤急救，与之前云南人外出打仗必备云南白药，是一样的道理。

美剧《吸血鬼日记》里，魔力无边的吸血鬼只要触碰到马鞭草，瞬间便威力全无。无论是成片盛开的马鞭草，还是加入些许马鞭草的食物或酒水，抑或是马鞭草制成的项链、戒指，均可令吸血鬼胆寒。可见马鞭草是实实在在的"恶魔的克星"。

时至今日，埃及人依然喜欢用马鞭草装点庙宇和住所，认为它能辟邪消灾，能护佑家人。诗人与作家也特别青睐马鞭草，觉得食用马鞭草便会迸发出创作灵感。现代研究亦证明，马鞭草的醇提取物具有滋补大脑、放松神经的作用。可见，马鞭草的这些超能力都不是空穴来风。

传说马鞭草还有一个特别有意思的超能力，恋爱中的人不妨一试——倘若要一个人爱上自己，采来马鞭草在手心里搓揉，边搓边心中默念对方的名字，然后用沾有马鞭草汁液的手去碰触对方的身体。你喜欢的人，就会爱上你。

故此马鞭草被称为"维纳斯草药"，被一些人看作一种神奇的爱情迷药。

5. 荻

读白居易的诗句"浔阳江头夜送客，枫叶荻花秋瑟瑟"时，我尚不清楚这种名字叫作"荻"的禾本科植物，就是家乡小河边那一丛丛长相如小号芦苇的野草。

诗中，作为陪衬和背景的枫叶荻花，暗示送行的时令为秋季。如今，越来越多的荻花，出现在公园和住宅小区里。银白的荻花无声无息，潇潇洒洒地盛放，在风中如猎猎的旗帜，顺溜又雅致，是大自然里美丽的秋词。

荻是禾本科荻属植物，地下茎蔓延，长得恣意。植株高挑，荻花张扬，尽显野性之美。叶鞘无毛，叶子狭长，圆锥花序舒展成一把把倒立的小伞，在风中翻卷出美丽的波浪。主轴无毛，延伸至花序的中部以下，节与分枝腋间生长有柔毛，闪烁着微芒。

秋风萧萧，荻花飘飘。荻花初开时颜色暗紫，快凋谢的时候转为白色，片片洁白，把秋意写满大地。这个时候，单看花絮，几乎分不出是荻还是芦苇。因为长相相似，芦苇和荻花，被人合称芦荻。"蒹葭苍苍，白露为霜"，"蒹葭"指的就是尚未长穗的荻和初生的芦苇。二者的区别是荻比芦苇耐旱，荻的叶子有锋利的锯齿缘。

其实，还有一种名叫芒的植物，也和荻与芦苇相似。芒与荻都是禾本科芒属中的两个近缘种，原来同属，现在则分在两个属中，芒属于芒属，荻属于荻属。二者的外貌很像，就像一对孪生姊妹。

三者最主要的区别是：芒花小穗有芒，而荻花和苇花小穗无芒；芒的茎秆是实心，荻秆上部是实心，中下部是空心，而苇秆则是空心；芒秆无腋芽，不会分枝，而苇和荻的茎秆有腋芽会萌芽分枝。

以前农村人蒸馒头用的蒸屉的箅子，就是用荻做的，做晒柿饼、晾粉皮用的大苇箔，最好的材料也是荻。芦苇强度差，一般用来剖开后压平编织苇席、斗笠等。

世间百态，草间万姿。质朴、聪慧的观赏草，不仅呈现出生生不息、春华秋实的季相美，也是人与自然交通的精神连接。

油菜花儿黄

迎春花在春天里醒来，抖落掉冬日的寒冷，苏醒在尚未展叶的枝条上，同时开始用黄色的小喇叭，一一唤醒草木邻居。玉兰率先脱掉绒毛外套，踮脚、侧腰、卧鱼，那甜丝丝的花香，便一缕缕氤氲在空气里，把我、蜜蜂和四周的廊亭花柱，全都笼罩在它的香味里，很是霸道。桃花接力，未曾开口，已粉面含羞，夭夭倾城；连翘、金钟、棣棠，对镜贴花黄；樱花、海棠、紫荆、丁香，姚黄魏紫，都以最美的姿态，登上了春的舞台。

和这些千娇百媚的春花不同，油菜花向来以群体的方式出现，肩并肩，手挽手，像一群年轻的士兵，兴高采烈地集体大操练。每位成员，都自带光芒。天地间只有一种颜色，大地通体透亮，如片片黄绿色的海。江西婺源、云南罗平、陕西汉中等地，都因了油菜花，成为这个季节令人向往的存在。

这个春天，我突然想近距离看看油菜花，看看它的单朵花长什么样儿，究竟是三瓣四瓣，还是五瓣？是合瓣花，还是离瓣花?

阳光和煦，微风轻摇。当我把目光定格在一朵小花上时，我发现了油菜花的秘密，看到了动植物之间互惠共赢的亲密关系。

指甲盖大小的四枚花瓣，十字形两两相对，围绕在花蕊身旁，如《诗经》里的四言绝句。无数朵十字小花，以总状花序，绽开一嘟噜，连成一大片。说花瓣如诗，只是爱美的人们的看法，在蜜蜂眼里，这花瓣是它进食的餐桌。难以计数的花瓣餐桌，每一桌都铺好了明黄的桌布，等待贵客蜜蜂的来访。

细看，质如宣纸的花瓣上，枝杈形的暗纹像钞票上的水印。这是油菜花给蜜蜂精心设计的路标，箭头直指花心里的蜜汁。四长二短的六枚雄蕊，弯腰凑在雌蕊身旁，它们已商量妥当，接下来，油菜花与蜜蜂，要进行一场你好我好的合作。

尊贵的客人来了。一只蜜蜂，晃动着的翅膀似一团白雾，在我的眼前盘旋了一小圈后，停在一朵油菜花上。蜜蜂身体浑圆，穿着黑黄相间的条纹衣裳，阳光下，泛出金属的色泽，看起来结实有力。它对我视而不见，急慌慌落座花瓣餐桌，享用起油菜花捧出的花蜜。稍顷，为了吸食更多的蜜汁，蜜蜂把整个头部都没入花心，身体弯成了弓形，一点儿也不在意自己的吃相。它那毛茸茸的背部，很快，就沾满了这朵花的雄蕊抖落的花粉。

享用完这朵花里的蜜汁后，小家伙搓搓手，又抹了抹嘴巴，急匆匆飞走，这一次，甚至没来得及遛弯弯，就降落到另一朵油菜花上。它太忙了，马不停蹄地赶赴花儿的宴席，从这朵到那朵，一刻也不停歇。看过一篇报道，说一只蜜蜂，一天要造访几千朵花采蜜，几千朵花哦，可真够劳模的。

在蜜蜂开始又一次进餐时，蜜蜂背过来的花粉，被这朵花中心的雌蕊柱头获取。

油菜花也很满意，它只是交出了一点儿花蜜，就让蜜蜂替自己把花粉准确地传递给另一朵油菜花，使其受孕，结出荚果，缔结了花朵的姻缘，完成了种族传宗大业。

此刻，天地间明艳安详，只有我忙着给蜜蜂和花儿拍照，姿态忙，心绪也忙。眼前的油菜花，一门心思开花，蜜蜂，也一门心思用餐，它们，都没有更多的欲望，因而，也没有更多的烦恼。

我站在油菜花丛中，感受它扑面而来的光芒，久久不愿离开。油菜花和蜜蜂间皆大欢喜的合作，冲淡了这段时间一直压在我心头的悲伤和阴冷，那是关于疫情、感染与治愈、生与死，以及人与动物如何相处的种种消息和情绪。植物与动物尚能够友好合作，位居生态链顶端的一部分人类，何以自私残忍到要将野生动物腹藏？

记忆，在一朵朵油菜花上流转。在我的家乡渭北旱塬，每年春天，绿色的麦苗间，油菜花盛开的明艳景致，真叫人欢喜。仿佛有人用太阳光沾了金粉和露水，一笔一画在乡亲们的责任田里，画出一个个金太阳。那时，年少的我们就在田埂边，尽情演绎"儿童急走追黄蝶"的游戏。

油菜花开的时候，村庄变得热闹起来。追逐花期的放蜂人不知道何时把一排排蜂箱整齐地码放到田间地头，他们就住在一旁搭起的帐篷里。蜜蜂嘤嘤嗡嗡地飞入油菜花地，于是田野上就奏响起了大型交响曲。

在我年幼的记忆里，与油菜花一起出现的，还有油花卷。

油菜花，用色彩照耀过土地后，接下来又用它的果实，滋润我们的胃。蒸油花卷的面粉，是自家地里产的麦子磨的，花卷里的清油，也是自家的油菜籽榨的，麦子和油菜，都携带着劳动的温暖。

一层面饼，抹一层油，撒入盐、五香粉和其他食用色料，折叠，卷起，切成小记子，一扭一拧，便呈现出美丽的花纹和形状。记忆中，油花卷还没有出锅，它的香味就充盈了整个屋子，像是从锅里伸出来一把把小钩子，平日里缺乏油水的胃，旋即疯狂起来。

油菜籽入仓后，一部分置换成我们的衣服和书本费，剩下的，拿到油坊里去榨油。即便是自家地里产的菜籽油，留给我们吃的也不多。那时候我家六口人，一年最多吃十斤菜籽油，盛在一个四四方方的白色油桶里。炒菜油是按勺下锅的，那年月，母亲若认为什么东西稀缺且有价值时，就会说它"金贵如油"。

菜籽油领回家后，除了过年，母亲很少用它炸油饼，我们便扳着手指期盼吃油花卷的日子。裹了菜籽油的花卷，也不是天天都有，十天半月，母亲才会犒劳一次我们肚子里的馋虫。

母亲心灵手巧，她蒸的油花卷，层层叠叠如盛开的鲜花，貌美，暄软，油香。一层面饼，若是抹上辣椒面和菜籽油，便蒸出一屉红白相间的康乃馨；若是抹上紫甘蓝，就绽开紫玫瑰，加了韭菜葱花，又开出绿雏菊……面皮薄厚，菜籽油是否抹匀，食用颜料如何加工搭配等，母亲都拿捏得恰到好处。

艺术品一样的油花卷上，有母亲的手纹，有她的想象力和对于子女的爱。后来，我对母亲的记忆，便是由这些貌美的油花卷串联起来的。

　　刚出锅的油花卷，热气还在蒸屉上缠绕，我的手已经迫不及待地伸了过去，抓起一个就往嘴里塞，花卷在嘴里翻过来掉过去，热气烫得舌头生疼，一边吃一边吸溜嘴巴。母亲每次看到我狼吞虎咽的吃相，总笑着说，别噎着，没人和你抢。

　　工作以后，我在西安的餐馆里多次吃到油花卷，面粉更白，外形更美，有的，甚至加了巧克力——是更精致的样子。但那味道，却怎么吃，都没有记忆中的醇香。

　　又一只蜜蜂飞来，在它日理万机的嘤嗡声中，我的思绪，再次回到油菜花。

　　我伸出手指，轻轻触摸第一只蜜蜂采过蜜的那朵小花，花心里，曾装有生命的琼浆。忽然间明白，关于油菜花金黄的"四言绝句"，只有蜜蜂，才能吟咏出甜蜜的味道。

爱，让美丽重现

1

一朵粉嫩的小花，从羽毛状的绿叶中央探出头来。

心形花瓣，五枚，心尖处聚合，在一个面上铺排成五瓣花，娟秀，禅意，俨然一首呼唤春天的五言诗。

是种名字里自带籍贯的美丽小草：陕西羽叶报春。身世离奇，消失百年后，才出江湖，像一个传说。这是它重生后首次步入一座校园，用一朵花儿盛满春色，盛满惊喜，递到了我的眼前。

1月中旬，古城西安正走在一年中最冷的路上，木叶尽脱。一大早，手机上收到一则消息，是我关注的公号推送的：师生们去年秋天种植的濒危植物开花了。文内附有照片，就是这朵刚绽开的花儿。

看这消息时，我正在家里等候大白上门进行第 19 轮核酸检测。12 月底开始的疫情，使 20 多年来自由出入的家门贴上了封条。那些天，我常站在装了防盗网的窗前，看麻雀灰椋在玉兰树间蹦跳翻飞，眼里心里，满是羡慕。

这个寒冬，我是那么的渴慕自由，渴慕春天。刚绽开的这朵小花，把春的气息，精灵般散发出来，透露给我。感觉屋子瞬间温暖起来，心头的尘霾，丝丝散去。

报春花开了，春天，还会远吗？

2

时光倒退四个月，回到秋天。

阳光穿过法国梧桐的树冠，洒在操场上，橙红的塑胶跑道，像一条浮满金光的河流。一阵风过，树叶儿瑟瑟有声，法桐树下 20 多名学生，小心翼翼地护起掌心里细小的种子，生怕它们被风吹跑。那种子真小，三四粒聚在一起，才有一粒芝麻那么大。

操场边的科学园地"一米菜园"里，植物专家张莹，正把自己培育的濒危植物陕西羽叶报春的种子分发给孩子们。之后，手把手教他们播进一个个种植箱。种植箱由木头搭建，一米长，半米宽，是个长方形池子。

植物专家张莹，男士，20 世纪 70 年代生人，国字脸，清瘦，拥有让女同事无比羡慕的白皙皮肤。即便是经年在阳光下工作，风餐露宿，张莹的脸永远白白净净，这让他显得比同龄人年轻。张莹是我同事，我们的办公室相邻，很方便"把酒话桑麻"。只是大部分时间见不到张莹，他不是在山里，就是在实验田里。

张莹蹲下来，在种植箱里一边用小铁铲熟练地划分出行距和株距，一边给学生讲解种植要点，种子要埋多深，怎样覆土，怎样浇水，怎样施肥……讲完播种讲萌发。他取出随身携带的培养皿和滤纸，开始了又一轮教导。

这一天，有1800粒陕西羽叶报春种子，落户校园。

这些种子，将成长为校园里的生命树。它们由不同的手栽进花池，再被不同的手接力，在一方小小世界里循环生长，向这里的少年展示美丽丰饶，也展示不畏严寒的品质。孩子们从生命的起点开始，观察一株小草在日渐寒冷的天气里如何出苗、展叶、开花、结果，完成生命的轮回。生命树上结出的种子，会被一双双小手带进田野，带进花园小区，或者，进驻到一户人家阳台的花盆里。

时光倒退百年。1904年，德国探险家威廉·费尔西纳抵达中国，他的脚步踏遍了我国北方的大部分山水。陕西羽叶报春，是他在旅途里的艳遇。

2月，秦岭的大部分山脉覆盖着白雪。大雪封山，是秦岭保护自己的策略。秦岭知道自己的宝藏是野生动植物，也知道正是这些丰沛盎然的生命，让山林充满生机。秦岭不想让更多觊觎宝藏的人进入腹地，于是用泥石流、山洪、严寒以及狼虫虎豹等招数，来阻挡人类的脚步。

这天，偏偏有一种看似柔弱的小草，从寒冷里跳脱出来，全然不顾季节，在冬日里美得炫目。冰天雪地里，"被灌木荫蔽的陡峭碎石山坡"上，一株开着粉色小花、花萼膨大成铃铛状的植物，拉直了费尔西纳的目光。花朵轻盈、妩媚、曼妙，似凝集了天地灵气。费尔西纳呼吸急促起来：我是遇上了花仙子吗？中国真乃地大物博啊！他小心翼翼地采集了这株植物并制作成标本。该标本连同植物的线条图，后来一并保存在德国的柏林植物园。

一年后，柏林植物园一位分类学家发表了该种，植物学名里，包含了采集者费尔西纳的姓氏：*Primula filchnerae Knuth*。在植物的模式标本上，写着它的出生地：西安南部的Hsi-ngan（兴安，安康的旧称）和Hsiau-yi（暂无从考证）之间的秦岭南坡。

"陕西羽叶报春"的中文名，是后来才有的。

谁都没有想到，30年后，二战战火袭击了这座植物宝库，柏林植物园标本馆几乎被夷为平地，火焰吞噬了大部分标本，陕西羽叶报春的模式标本未能幸免。此后，长达100多年的时间里，没有人在野外发现过它。

《中国植物志》《中国物种红色名录》都认为陕西羽叶报春已经灭绝了，这也是当时植物界的共识。

时光走到了2015年，陕西师范大学任毅教授在秦岭的洋县采集到陕西羽叶报春的标本，并发表了相关学术论文。

在物种的模式产地重新发现了该物种，对于学界、对于费尔西纳，都是圆满且令人振奋的消息。陕西羽叶报春重现江湖，也表明这个地区的生态环境，明显好转。

3

是在十多年前的《中国花卉报》上，张莹第一次看到了陕西羽叶报春。他还记得那题目："世界五大灭绝物种"，配有照片。是名字里的"陕西"二字击中了张莹，他仔细端详图片中的乡党植物，为那一抹粉色扼腕良久。那简单美丽的粉色花朵，从此烙印心田。每次进入秦岭，他的眼睛都要有意无意去搜寻。

得知它重出江湖后，张莹联系了任毅教授，他俩之前认识。那通电话，张莹本想表达祝贺和由衷的感谢，为曾经"灭绝"的植物，为专家立下的汗马功劳。不承想，任教授说该物种分布区极其狭窄，发现地的植被恰好身处水毁路段。一场大雨过后，听说那段路已不复存在。恐怕，陕西羽叶报春现在也已经没有了。

"现在也已经没有了"，这句话，在张莹心里瞬间掀起了海啸。也正是这句话，把张莹推到了陕西羽叶报春的面前。张莹说他一下子就有了紧迫感、使命感："不行，我得去一下现场，看能否抢救保存它。"

自从人类介入森林后，200多年里，曾经是生物多样性宝库的秦岭，生态变得极其脆弱，野生动植物头顶，都悬起一把刀。盗伐、开矿、建厂、修路，一些人以各种名目粗暴地撕开大山的胸膛。朱鹮、林麝、大熊猫、金丝猴等一度都走到了灭绝的边缘。

还有一些人总喜欢把爱变成占有，把"吻"变成"咬"。动植物在他们眼里，是工具，是食物。每每遇到，最先考虑的是，它对我有什么用？它能吃吗？

那阵子，陕西羽叶报春也牵动着我的目光，一有新消息我就和张莹探讨。张莹决定去洋县前，对我说：我必须去现场找找，如果任教授说陕西羽叶报春生长态势良好的话，我肯定不会参与这件事。毕竟，每个人都有自己的研究领域，陕西羽叶报春又不是我的研究课题。

是的，身为科技人员，所有的工作，都围绕研究课题与项目展开，活动经费、年终绩效乃至职称评定都与之挂钩。张莹这些年一直研究秦岭野生光果猕猴桃，承担着省上的研究课题，也主持省科学院的研究项目，每日里陀螺般忙碌。

出发时，张莹叫了一位刚参加工作不久的博士一同前往。两人坐大巴车直奔洋县的秧田乡翁子沟，这里，是任毅教授采摘陕西羽叶报春的地方。

是2月底3月初。山沟里，寒风不时把薄雪吹散，打在脸上，钻入衣领。尽管穿了羽绒服，依然感觉冷飕飕的。比寒冷更冷的，是陕西羽叶报春的发现地确已塌方，路面豁豁牙牙，融泥结冻。经过此处的寒风，打着旋呜咽。一株植物也没有，哪里还有俏丽的粉色花朵？虽有预料，却止不住寒心。

已经来了，就再找找吧，两人一拍即合。那天，围绕水毁路段，方圆十里的山地上，都印满了他们的目光和脚步。

天色即将暗下来时，他俩决定去一户农家吃饭住宿。张莹说，就在进入院子的刹那，三株开着粉花的植物，一下子赶走了身上的疲惫，黄昏的院子里明亮起来。所谓"行到水穷处，坐看云起时"，说的就是这样的场景吧。他一下子喊出声来：梦里寻他千百度，那人却在灯火阑珊处。张莹说他听到了河水流动的声音，季节在那一刻走得很特别，是冬天，又是春天。

一个人，和花草打交道久了，无论他是什么身份，都有了诗人的气质。

张莹问院子主人这花山上哪里有？那人警惕地看着他俩，顾左右而言他。张莹赶紧说自己是来吃饭住宿的，顺便问问。后面的细节我不大清楚，总之，他们最后达成了协议，张莹给农人100元钱，农人答应领他俩去找陕西羽叶报春。

张莹事后笑着说，他与陕西羽叶报春有缘。

是啊，人的一生总有些意想不到的事情发生。陕西羽叶报春于秦岭深处看月亮看星星，听风听雨，却在不经意间遇到了人的目光，一眼百年。张莹在很久以前就关注陕西羽叶报春，听到它被发现后再遇不幸，即刻放下手头工作，自费前往拯救，仅仅是出于植物从业者对珍稀濒危植物的怜惜。

草木辽阔，人海苍茫，一草一人，隔万水千山却能彼此相遇，以灵犀相通，是多么美好的缘分啊。

4

那是一片疏林地带，陕西羽叶报春站成一条纤细的粉红飘带。

张莹在外围用步子丈量后得出，这条分布区域长100米，宽1米左右。没有人知道，100多年来，在秦岭的环境变迁和气候变化里，它们是如何躲过了物种灭绝，又是如何艰难地生存到今天的。

晨光里，陕西羽叶报春的花朵粉粉嫩嫩的，是种令人心疼的形色。花瓣质如丝绸，瓣顶有从心尖处洇上来的粉红，花瓣基部，泛出心形的橙色光芒，好似阳光盛在花心里。簇生的毛茸茸的羽毛状叶子，恰到好处地托起花朵的娇媚，与不远处的白雪互相映衬，有种洁净心灵的雅致。

岁月流变，陕西羽叶报春在这线荒野找到了生机，也许是一种偶然，但它能顽强地生存下来，才是必然。

　　张莹从植株生长茂密处采集了两株并带回了部分土壤，他要用这两株宝贝，进行迁地保护试验。回植物园后，张莹找了一处疏林地定植，这块试验地，和陕西羽叶报春原生地生境接近。

　　之后的日子，我也常去看望它们。从海拔900多米的山地迁居至海拔430米的西安植物园后，两株小草显然水土不服。离开了原生地的低温度、高湿度、高海拔，离开了伴生它的阔叶林后，它们的失落显而易见，仅缓苗就持续了半个多月。四五月份，按说是植物长势最好的时候，疲惫却始终写在新朋友的叶子上，它们郁郁寡欢。

　　张莹给它们调配了营养液，添加了微量元素。有那么几天，叶子看起来精神多了。然而，进入6月份，随着天气一天天热起来，俩宝贝的长势越来越弱。尽管张莹给它们支起遮阴网，大中午为它们喷雾降温，宝贝儿已无力领情，它们缺乏对付炎热的经验，它们没能熬过夏天。

　　陕西羽叶报春可以忍耐高山上的冰雪，却忍受不了城市里的酷暑。

　　5个月后，也就是2017年夏天，张莹自己开车，又一次前往洋县陕西羽叶报春的老家。

　　这次，陕西羽叶报春用铃铛般的果实迎接了张莹。那片原生地，其实也只剩下一株报春的果荚在盛夏的风里摇摆。他采集了两串，获得了几十粒种子。这种子太过细小，几十粒种子紧挨着放在一起，也不过指甲盖大小。

　　张莹为此天天蹲守在实验田里。那是一段充满无数问号的时光，张莹只能摸着石头过河，不停地变更实验方案。采集的种子是否成熟？能否萌发？出苗后能否长大？能否安然度过西安的炎夏？可否开花、结果？这些幽深的未知，牵动着张莹，他要试探，要征服，要和无数未知博弈。

仅播种一项，张莹就设计了温度、湿度、土壤配比、诱导素等环节的梯度实验；把种子埋进土，每过两天，要轻轻拨出来查看记录它们的物候。他笑着说，当年照顾儿子都没这么用心过。其实，自始至终，陕西羽叶报春并没有立项，张莹所有的付出仅仅出于对野生植物的爱。

好在，陕西羽叶报春似乎听懂了张莹的耳语，用花朵和种子回报了张莹，花无言，花尽知。2017年年底，第一朵陕西羽叶报春花在实验田里绽放，只一朵，便流丽地抚平了所有的辛苦。他开心极了，用相机对着那朵花不停地拍照，远景近景，长焦微距，怎么也拍不够。在长达一年的呼唤里，这朵粉红，是他最值得收留的色彩。那一刻，花已非花，是音乐，是诗歌，是他辛辛苦苦养大的孩子。

2018年夏，张莹用这株植物上获得的种子，在植物园苗圃再行播种。种子顺利出土，叶子间牵起了小手，一丛丛小苗踮起了脚尖，相互比试着长个子，开花了，结果了——陕西羽叶报春的迁地保护，终获成功。

一个人专注做事的时候，会有一种气息，这气息能量很足，他周围的人都会被感染。那阵子，我和我的同事常去苗圃里看花，与花合影，给张莹鼓劲，为报春花献上赞美。

从种子到种子，张莹摸索出一套在城市里繁育陕西羽叶报春的技术。从指甲盖大小的几十粒小种子，到后来收获的两千克种子，濒危植物陕西羽叶报春，再也不会从这个世界上消失了。种子们被安放在种子库里，这里的低温环境有利于种子长期保存，以后可随播随取。

就地保护、迁地保护、建立濒危物种种质库、健全法制管理，是全球生物多样性保护的四大措施。在保护陕西羽叶报春的进程里，张莹一人，就做到了其中的两条。若没有对濒危物种强烈的忧患意识，没有对野生珍濒植物深入骨髓的爱，没有一个植物专家强烈的使命感，这一切，恐怕只是一闪而过的美好愿望。

张莹培育的陕西羽叶报春，花色、花量和花朵大小，都优于其出生地。就在这个春天，我还看到了张莹培育出来的奇特的重瓣花。

2021年初春，4000多盆陕西羽叶报春在西安植物园向公众展示。电视台以《匿迹百年，重出江湖》为题进行了报道。市民的热情被报春花点燃，西安市南三环几乎全成了植物园的停车场。

张莹对着镜头说：一个物种的灭绝，会带来生态环境的系列改变。保护珍稀濒危植物，既要扩大它们分布在野外的种群，也要通过研究利用，使珍濒物种融入人们的日常生活。

无数人知道了陕西羽叶报春，许多人成了它的朋友。曾经的美好正在回归。

2021年仲春，张莹携带30多盆长势强健的陕西羽叶报春，再次回到了它们的出生地洋县，选择林下、林地边缘和农耕地三种生境分别栽种，他要进行整株植物原生地野化回归实验。

春节前才见到张莹，我问他回归实验的结果。"表现不乐观，除过农耕地里的三株成活外，其余的全军覆没。三株之所以存活，是因为农人在给庄稼拔草时，顺带拔掉了报春身边的杂草。"也就是说，回归野外后，那些死去的报春，大多败于杂草的排挤。

在与其他物种抢夺生存资源时，陕西羽叶报春始终处于下风。

在张莹的实验田里，我看到过陕西羽叶报春的根系，没有主根，只有纤细的须根伸进泥土，生存力着实弱小。这，或许就是陕西羽叶报春濒危的主要原因。

从探险家首次发现，到几乎灭绝，再到重新发现、培育，陕西羽叶报春的生命力足够顽强，但也足够脆弱。

5

植物濒危的原因很多，除过自身生命脆弱外，人类活动对于它们的影响颇大，甚至，对于一些野生植物来说，人，是重要的致濒因素。

我国某海岛的天然林覆盖率，1965 年为 25.7%，1974 年为 18.7%，1981 年仅为 8.35%，天然林的持续瘦身，导致"坡垒"等珍稀树种濒临灭绝，导致"裸实"等珍贵药用植物绝迹；我国西北某县野生"甘草"面积在 1967 年为 4 万多公顷，30 年后已有一半被挖没了；我国特有种植物"普陀鹅耳枥"，仅产于舟山群岛普陀岛。因植被破坏，生境恶化，20 世纪 80 年代发现它时，仅存一株孤立于岛上……

人类在"有用"之木上生出的贪欲，不仅大大缩减了物种群体的数量，还改变了地球生态环境。欲望，是推动历史发展的动力，然而对于这些可怜的植物而言，却是促使它们早早灭绝的推手，是辣手摧花。难怪老子要抵制难得之货，庄子要倡导无用之材。

几十年前如此，现在呢？

2021年9月，国际植物园保护联盟（BGCI）向全球发布了《世界树木状况报告》。该工作由 BGCI 牵头，包括中科院华南植物园在内的全球 60 多个机构、500 多位专家，用 5 年时间，对全球 6 万种树木进行评估后，向世人发出警示：30% 的树种正濒临灭绝！其中，400 多种树木在野外的存活个体少于 50 株，至少有 142 种树木已经野外灭绝。受威胁树种的数量，是受威胁动物总数的两倍！

草木，更需要帮助。

面对奔跑着离开这个世界的物种，大部分人会觉得这是距离自己很遥远的事情。即便是那些从事珍稀濒危物种的研究者，多半也会囿于完成自己申报的课题，对于超出部分并不关心，或者，因人力、财力无力顾及。可幸的是，世间还有像张莹这样主动担责的科技人员，在自己的研究领域外，用爱创造奇迹。

20 多年间，张莹为几十种珍稀濒危植物打造了挪亚方舟。它们，在方舟里站成了一个排。排长张莹，负责它们的吃喝拉撒，关心它们的喜怒哀乐，也引导帮助它们开花结实。

轻轻朗读"营员"的名字，就能听出美丽芬芳：银缕梅、刺萼参、秤锤树、中华猕猴桃、紫斑牡丹、鸽子树、山白树、连香树、崖柏……对张莹来说，这些植物已在他的身体里扎下根来，何时萌芽展叶，何时开花结果，只要微微敛下鼻息，就能搜索到它们散发出来的气息。这些植物也不会忘记，是张莹改变了它们生长的轨迹，让它们在这个世间，有了一个美好的备份。

西安植物园里，一共育有七株红豆杉，小的丈许，大的，需两人合抱。这种国家一级保护植物，这些年因体内的紫杉醇被世人熟知，也因此越来越稀少。好多年里，人们在这七株红豆杉身上能看到它们的名牌，却从来没有人看到过它们的"果实"红豆。

为什么不结红豆？游客驻足时，可能会想是不是自己错过了坐果季节；我和我的同事，也曾经探讨过它们不结果的缘由，仅此而已。所有人脑海里的问号，都一闪而过，就像流星划过天际。

张莹与我们不同，他思考了，而且行动了。他逐一调查了这七棵树的性别，发现它们全是雌株。和人一样，在雌雄异株的红豆杉的世界里，一群女株，怎么可能孕育果子？张莹记住了它们的无奈。一次，张莹去西北大学交流，他在胡振海教授保育的珍稀濒危植物小区里，发现了雄性的红豆杉扦插苗。张莹喜出望外，像是遇见了红颜知己。他兴冲冲要了一株回植物园栽植，不承想两年后竟然被盗。张莹又去引种了一株，这次，雄株安全活了下来。只不过它太小了，等它有能力做父亲，尚需时日。

自打张莹知道了红豆杉的尴尬后，一直有个愿望，他要让园子里的红豆杉都体会一次做母亲的喜乐。红豆满枝的场景，想想就叫人开心呢。一个仲春，他受红豆杉雄花的召唤，去了一趟秦岭。

几张报纸平展展铺于雄株树下，轻晃枝条，淡黄的花粉纷纷落下，像下一场小雪，薄薄的，细细的，空气中氤氲起甜丝丝的香。

回园后，张莹把花粉融入水装到喷雾器里，变成另一种雪花。雪花在红豆杉的上空纷纷扬扬后，停在一朵朵雌花上。红豆杉的雌花，开始春心荡漾。张莹还尝试把一些花粉装入纱布袋，绑在高出树枝的竹竿上，让风儿给它们做红娘。

这一年，植物园里的七株红豆杉，全都做了妈妈。

秋风里，青绿的果子逐渐被太阳刷红。袖珍灯笼般的红果，像小口大肚的杯子。润泽的红色杯子里，盛放着一粒褐色尖顶的果实。七株红豆杉齐刷刷举杯，像是在集体庆祝，也像是在给张莹敬酒。

不用说，植物园这一年收获了无数前所未有的种子，此物最相思。

植物园新区里保育的一株紫斑牡丹，是十多年前张莹在山阳县天竺山引种收集的。

没有什么词语能形容他与紫斑牡丹相逢时的震惊与欣喜。张莹说那一刻，时光仿佛凝住，他呆望了好久，忘记了自己站在悬崖边上。是个清早，晨光呈蜜色荡漾。带有紫斑的白色花瓣，从崖缝里伸出头来，像是在吸吮白云时定格了，崖壁因它成为一幅画儿。

已经退缩到悬崖峭壁上的紫斑牡丹，平日里越来越难以见到了。它的本意是要远离人类。因其根皮（丹皮）入药，花朵美艳，人类贪欲的洪水，一次次席卷了它们，美丽的紫斑牡丹被过度采挖，种源地不断被撕裂，加上紫斑牡丹天然繁殖力弱，分布区及种群数量逐年萎缩，野生种群岌岌可危。

这一次，为了能引种崖壁上生长的紫斑牡丹，张莹再次自掏腰包雇请了当地向导。就在他定睛欣赏崖壁上俊俏的紫斑牡丹时，忽然发觉小腿痒痒的有异物，掀起裤腿一看，好家伙，一只会咬人的红蚂蚁，正在他的小腿肚上"攀岩"。登上崖壁前，向导再三提醒张莹要防备它们。张莹有点儿紧张，跳起来跺脚。就在他跳动着驱赶红蚂蚁时，一脚打滑，差点儿从崖畔上摔了下去。幸亏他身手敏捷，一把抱住了旁边的树干，才保住了一条命。

这株紫斑牡丹定居植物园后，年年展颜而笑，像是安慰张莹曾经经受的惊吓。草木虽不能开口说话，它的花朵，其实就是语言。

6

每一天，绿色军营的黎明，在鸟雀的叫声里睁开眼睛。

军营里的关键词是：引种、驯化、播种、萌发、开花、结实……这些词语，被草木的一生串连起来，密密麻麻地构成了张莹的日常。

张莹用了三年时间，解决了陕西重点保护野生植物马蹄香种子的萌发难题，马蹄香从此年年春风得意，黄花灿然，香气飘摇；孑遗物种银缕梅，在张莹引种到西安两年后，绽开了缕缕银丝，白月光般在绿叶间噼啪作响；秤锤树的繁枝茂叶间，悬挂起一粒粒"秤锤"，错落有致的褐色秤锤果，象形象意，俨然在度量生命……这些濒危植物生命里快要熄灭的火苗，被来自人的爱火重新点燃。

植物们无数次记录张莹的安抚，张莹无数次记录它们的绽放。营员们由小及大，由少及多。它们勾肩搭背，交头接耳，环翠叮当。风儿不时掀动累累花果，向排长张莹点头致意。

那位古时的伯牙，历万水千山，只为听一曲钟子期。整日里侍花弄草的张莹，是不是草木的伯牙？

张莹也有力不从心时。譬如，在挽救珍稀濒危植物秦岭冷杉、独叶草、星叶草和绿花杓兰时，张莹发现，它们要么无法适应城市夏天的燥热，要么忍受不了低海拔的气压，要么，怀恋原生地的湿度……换句话说，对于这些濒危植物，迁地保护是行不通的，只能就地保护，而它们原生地的生境，是多么的不容乐观啊，那不是一个人能改变的事情。

就在撰写这篇文章时，我看到世界自然基金会（WWF）公布的《2021年被宣布灭绝的物种名单》，23个物种，包括鸟类、蚌类、鱼类和植物，永远离开了这个世界。以后，我们只能从标本上瞻仰它们。

依然是人祸："因过度农业开垦、牲畜放牧和环境污染，分布在捷克共和国的四种兰科植物评估为已灭绝，其他存余的野生兰科植物也不乐观；自1959年以来，再也没有南美豆科植物 *Arachis rigonii* 的确切野外记录了。2021年，世界自然保护联盟 (IUCN) 受威胁物种红色名录，正式宣布其在野外灭绝。"

读这段文字时，春色正一步步驱赶着快要走远的寒冬。窗外的水杉晃动着光秃秃的枝条，像胸中吐出的长长的叹息。

野生植物承载的姹紫嫣红的美好，对抗恶劣环境的优良基因，还没有来得及被人认识，就已在风中永逝，再也无法复原。并且，一种植物的消失，会带动更多物种的消亡。而这些物种，关乎我们的生存！

恰如霍·罗尔斯顿所说：这些毁灭的物种，就像是从一本尚未读过的书中撕掉的一些书页，这些书页，是用一种人类很难读懂的语言写成的关于人类的生存之书。

7

这些年，张莹似乎和草木生活在一起，它们陪着他老，他照看着它们活。

草木总是有意无意地触碰张莹的神经，他为草木欣喜，也为草木担忧。草木里藏匿着张莹为之着迷的生存密码，草木里也藏匿着危险，人头蜂、蜱虫，还有蚂蟥和毒蛇，常常会突然间出现，防不胜防。张莹在和草木的交往中好几次受伤，命悬一线。

那是个秋天，他和四五个同事在秦岭蒿坪寺附近科考。背着两个大标本夹的张莹，被一种名叫做秦岭米面蓊的植物吸引，他停下来查看它那球状的果实，看是否可以给植物园的种子库里收些成熟的种子，也希望把这种富含淀粉的奇妙植物引种到平原地区。

张莹说他在秦岭米面蓊跟前转悠时，有一只飞虫一直绕着他上下前后飞，嘤嘤嘤，嗡嗡嗡，差不多有五分钟，张莹有点儿不胜其烦了。他以为是蚱蜢，就用手指嘣一下将它弹开。天啦，这竟然是一只人头蜂的侦察兵，自己无意间竟然捅了马蜂窝（人头蜂也叫马蜂）！

"嗡——"的一声，一群人头蜂像礼花腾空炸起，又像黄风一样向他袭来。他拔腿就跑，人头蜂紧追不舍。背上有标本夹，他无法脱衣护头，只能挥舞手臂驱赶。他已经记不清自己是如何摆脱人头蜂的，等那阵"人头风"停息后，他的头、脸和脖子上，鼓起七八个红包，火烧火燎。好在同事们分头工作，才没中招。张莹找到同事让他们帮着拔出了毒刺。晚上回到老乡家的住处，他问老乡要了几瓣大蒜，将其汁液涂抹在被蜇处。大山里没有医疗条件，张莹能想到的自救方法，就是狂喝水。一个晚上，他几乎没有合眼，强迫自己不停地喝、喝、喝。这一夜，张莹说他喝了两大桶水，跑了十几趟厕所。

常进山考察，张莹知道人头蜂的厉害，人头蜂腹部那个可伸缩的蜇针，能释放数种毒液，会导致急性肾损伤肝损伤。那阵子，人头蜂伤人致死的消息满天飞，他清晰地记得一个报道，说安康市仅 2015 年就有十几人因人头蜂而死。那一夜，张莹一直觉得冷，不是气温低带来的冷，而是从前胸后背、从血液中向外蔓延的冷。

第二天晨起，张莹的脸肿得像个脸盆，眼睛肿成了一条缝，几乎无法睁开。好在经历了一个晚上的喝水排毒后，张莹的意识是清醒的。回西安后，去医院挂了一周的吊瓶，配合吃治疗蛇伤的药，身体才转危为安。

这件事还有后遗症，被人头蜂蜇后两年内，他成了蜜蜂袭击的对象。无论在山里、植物园，还是在自家的阳台上，一旦遇上蜜蜂，对方就会即刻端起刺针嗡嗡嗡直奔而来，张莹频频遇袭。被人头蜂蜇之前可不是这样。难道人头蜂把让蜜蜂憎恨的气味留在了自己的身体里？这样的噩梦，持续了两年。之后进山和外出，他学会了戴帽子保护自己。

天气晴好时，站在西安的任何地方，只要南边没有障碍物，都会看见秦岭终南山。绿，几乎覆盖了大山的全部空间，空气里飘满了负氧离子。然而，夏天进入其中就会发现，低矮的草丛和灌木丛里有很多蜱虫。蜱虫比七星瓢虫还小，没有叮人时是半透明的薄片，不易被发现，发现时往往已被它叮咬到肉里了。

蜱虫能持续吸血，短则数分钟，长则吸数天。饮血后，蜱虫身体会膨胀数倍，小的红豆大小，大的，像一粒蓖麻，还有一元硬币那么大的，这情景，多少有点儿恐怖片的感觉。蜱虫的可怕之处是它携带了近百种病毒、细菌和原虫，能传播疫源性疾病和人畜共患的多种疾病。而它吸血时人并无感觉。

张莹被蜱虫咬过两次。一次，是在汉中紫柏山上。白天，他和同事满山采集标本，晚上回到住处后整理标本，一两点入睡，天天如此。一天晚上，他刚刚躺在老乡家的床上，就听见侯哥说："张莹，你背上有个血泡泡。"被张莹称为侯哥的人，是我们单位的司机。侯哥说，你皮肤白，背上的血泡泡太显眼了。侯哥凑近张莹，仔细查看后提高了嗓音：这血疙瘩上还长着腿哩，会动，像个虫子，我帮你拔下来。说着，侯哥一下子拔掉了那个浑身充血的虫子。张莹说当他看见拔下来的是蜱虫时，他就知道有麻烦了，侯哥只是拔掉了蜱虫的身子，蜱虫的口器，留在了张莹的身体里。

我看过一个明星遭遇蜱虫叮咬的采访，可怕的后果让我对这种小虫不寒而栗。加拿大明星艾薇儿说："我简直不敢相信被虫子咬能让我患上如此严重的疾病"，被蜱虫咬了一口，"让我足足在床上躺了五个月，我感觉我自己无法呼吸，我不能讲话，不能移动，我感觉我就要死了……"

所幸咬张莹的是个幼蜱，毒性不算大，然而之后几年，每逢刮风下雨，已变成硬疙瘩的伤口，便以瘙痒向张莹显示蜱虫的余威。我问他你后来怎么不去医院里取出它的残留部分？张莹说自己太忙，也觉得身体还好，可以抗得住蜱虫。

第二次遭遇蜱虫是在巴山，这次，蜱虫叮在了张莹的肚皮上。已领教过徒手拔蜱虫的后果，张莹这回不敢贸然下手。他借来一根燃烧着的香烟对准蜱虫的屁股烤。蜱虫在香烟的炙烤中蹇窣反抗，疼痛从肚皮上传开，脊背上泛起一层层的鸡皮疙瘩。差不多三分钟后，蜱虫才极不情愿地退了出来。

在山里，张莹还遇到过毒蛇。菜花烙铁头吐着长长的信子，慢悠悠地扭动着身躯，从张莹刚刚抬起的右脚下游走，那一刻，若是没有低头查看，他就一脚踩到毒蛇身上了，后果不堪设想。也遭遇过蚂蟥。那些褐色的软体动物，一头吸在石头或是草叶上，另一头在空中舞动着寻找猎物，张莹经过时被它感知，吸在了他的胳膊上。那阵子，他们一直在秦岭的太平峪科考，白天采集标本，晚上整理标本，天天二半夜入睡。过度劳累后，张莹感觉身体的抵抗力明显下降，之前对漆树从不过敏的他，因了胳膊受伤，竟然全身过敏浮肿，那条胳膊差点儿被锯掉……

多年的荒野调查和充满艰辛的植物保育，塑造了张莹。这个下午，当张莹给我说起这些遭遇时，已是云淡风轻，仿佛在讲述别人的故事。

张莹性格里的静气和坚韧，该来自草木的熏染。一个守护草木的人，很像一棵大树。

8

"是谁用带露的草叶医治我，愿共我顶风暴泥泞中跋涉……无问西东，就奋身做个英雄……"张莹一边给陕西羽叶报春授粉，一边哼起歌来。他经常把自己当成一只蜜蜂。

我突然觉得，电影《无问西东》里的这首主题歌，用在张莹身上，实在是贴切。像草木一样默默无闻，在生态保护中做出大贡献的张莹，不就是一位英雄？！至少，是我心目中的英雄。几十年来，为挽救濒危植物，张莹无数次命悬一线。他把自己化作一枚带露的草药，为的是医治物种流失带来的伤。

"英雄？"张莹停下哼唱，笑了笑，摇头，"不敢不敢。我不过是干了点儿实事。近水楼台吧，就是想用自己的专业，力所能及地把一些植物从濒危的边缘给拉回来，让它们尽可能地活着。"

给羽叶报春刷完花粉，张莹退后了几步，像是在赏花，眼睛里泛出细碎的光芒。他说："是花，都好看。我看到它们在我这里活了，能开花、能结种子，比什么都开心。"

想起《无问西东》里的一句台词：这个时代缺的不是完美的人，缺的是从自己心底里给出的真心、正义、无畏和同情。这句话，似乎更适合张莹。

张莹与草木的故事，也常让我想起黄宗英的报告文学《大雁情》。我和张莹到西安植物园参加工作时，作家笔下的科技人员秦官属秦老师已经退休，基本上见不到偶像。

张莹就在我的隔壁，我熟悉他的工作，了解他的想法。他自觉抢救珍稀濒危植物的做法，常常让我非常感动，敬佩。张莹与当年致力中药材栽培的秦官属一样，"似杨枝沾土就活，效丹参红在根本，如桔梗开花漫野，怀远志感报春晖"。

他们，其实都是简单质朴、坚忍不拔、播种大爱的植物工作者。

秦官属期盼的科技之春已到来，张莹期盼的生态春天，还会有多远呢？

为西安城绣花

1

古城西安，是我的栖息地，我在这里工作生活了近30年。我是看着身边的草木从无到有，从小到大的。这里的花草树木，也看着我一天天从青年步入中年。

20多年前，当我怀揣大学毕业证和派遣证到西安南郊的单位报到时，心头所有的诗意，一点点破碎在道路两旁低矮的民房和缺少大树的马路上。夏日中午出门，打着伞，依然能感受到地面的炙烤。走在大太阳下，常常从心底里羡慕隔了几个街区的绿荫。无数次亮闪闪流淌在心里的"曲江"，连个影子也没有，没有江水、河水，甚至连湖水也很少见到。离我最近的繁华地，是小寨十字。当年，没有直达车，我必须穿过陕师大最北边的那条小胡同，步行10分钟至长安路，再坐三站公交车，方能抵达小寨。

在当年，去一趟小寨十字，我感觉才是进城了。

那时，小寨最大的商业中心名叫小寨商场，商场往东往西，都是一抹麦田。绿油油的麦子向东一直铺展到我居住的翠华路上。不只是商场两旁，我所在单位的周边，甚至是大雁塔四周，都是麦田。下班后外出，春绿夏黄，像是回到了乡下。乡下没什么不好，我就是在乡下长大的，我只是有点儿失落，我曾经那么努力地从乡下考进大学，以为跳出农门后，城里的一切都会繁华似锦。

幸运的是，我在繁华外的繁"花"之地上班，这是个北纬34.18°、东经108.56°的植物园，保育了几千种植物，是真正的花花世界。

后来慢慢领悟，花，其实是比华更美好的存在。华，流于表面，是虚幻的，或是仅仅给别人看的。而花，会走心，是真实的，会让人的内心丰盈富足。从小，性格内向的我不善与人交往，我喜欢把心思和愿望寄挂在与我相遇的叶子或花上。童年挖野菜、挑猪草、玩耍，都离不开花草树木，草木给予我的美学和慰藉，比书本上要多很多。

我越来越喜欢我的工作，越来越喜欢花草树木。我没有想到，有一天，我也成长为这座城市的一名"绣花"女。

2

我的左手边，是一本摊开的《西安植物园栽培植物名录》，右手边，是写好的几大摞植物名牌。植物名牌，类似于人的名片。白板纸，长14厘米，宽10厘米，写好塑封后，佩戴在相应的植物上。

101

对照名录，我挨个儿在白板纸上写下植物的身份信息：学名，科属，产地和用途。从大学毕业第一天上班开始，历时两个月，我写完1000多张植物名片。之后每年，我都要用两三个月的时间重复这项工作，直到四年后，植物园启用了金属吊牌。

从给植物书写名牌开始，我逐渐和这里的植物们熟络起来，它们开启了我的职业生涯，与我协同进化，带领我一起飞翔。

我们的园子引种保育了3000余种植物，这三千佳丽，我是跟随王主任和方姐给学生现场讲解时逐一辨认的。那时候没有手机相机，没有录音笔，全凭死记硬背。好在我会画，和学生一起听讲时，我先快速把整株植物速写下来，标注上学名和立足之地，然后再给叶、花、果一个特写。回办公室后，查找资料补充。那时，我们植物园有个小小的阅览室，有报纸，有科技期刊，最多的，是类似于《中国植物志》那样的工具书。我是阅览室的常客。我喜欢看植物志里的插图，线条准确，细腻，构图充满了美感。整理资料时，我会对照插图仔细画一遍，植物的一些个性特征便烂熟于心了。

熟悉当年药用植物展示区里的植物，花了我不少的时间和精力。在那片1.3公顷的土地上，片区区长秋老师栽种了600多种药材，乔、灌、草都有。药盒子上常见的名字，丹参、当归、五味子、绞股蓝、柴胡、甘草、黄芩等，都可以随时拜访真身。秋老师每年都引种新的药材，并且经常变换栽植区域，所以每年我都要辨认好几次才能记住它们。秋老师非常厉害，他看一眼露出地面的小苗，就能叫出名字，详述其药用部位、药效和毒性。

中医中药院校的学生，每年春秋固定来植物园药材区实习，秋老师一人顾不过来时，王主任就会安排我火线救场。从植物小白成长为药用植物区的"药导"，我几乎拿出了当年参加高考的劲头——挨个儿请教咨询，一场不拉地和学生们一起聆听秋老师的讲解，一遍遍去药材区，拿着《中国药用植物志》对比，辨认，记背……恨不得把自个儿长成这片区域里的一株草药。

3

一个夏天的早晨，一男子手持一对人形何首乌来到植物园要求鉴定。他说是他花了1000元从一位工友手里买的。

"工友说他是用挖掘机挖出来的。我们都羡慕他运气好，千年一遇呢，要价3000元。听人说，何首乌在土里修炼了几百年后，就成了精，成精后就长成了人形，药效超好。"

我也是第一次看到长相如此奇特的何首乌——酷似一对卡通版真人。有头、躯干和四肢轮廓，男女性器官分明，让人不好意思直视。叶子，从头顶上长出来，看起来稍稍有点儿蔫吧。

鲁迅先生在《从百草园到三味书屋》里那段对于人形何首乌的描述非常奇妙，看见何首乌，我就想看看根是不真长这样。药用植物展示区的入口藤架上，就爬着两株何首乌。但我从来没有动过这两棵宝贝，不是不想，是不敢，也不忍心。我只在《中国药用植物志》上，看到过何首乌根茎的画像。

看茎叶，的确是何首乌的没错。王主任一时也说不准，叫来了秋老师。秋老师仔细察看后，得出结论：假的。

男子一下子傻眼了："为啥啊？"

秋老师拿出小刀，轻轻在根茎相连处剜掉一小块。两根穿透根与茎的牙签，赫然显露出来。抽出牙签后，何首乌的茎蔓和人形根茎，瞬间彻底分离。显然，这两种植物，被人用拙劣的手段，进行了"嫁接"。

"这人形的根，应该是薯蓣的根茎，或者，是薯蓣科一种植物的根茎。育苗后被移栽到人形模具里生长。这种根很容易塑形，生长中遇到石头或是硬土挤压，都会变形。所以，就算碰巧长成了人形，也没有什么特别的药效……"

这天下午，在王主任的提议下，我把整个事件描述了出来，发表在我们当地的报纸上，之后，再也没人拿人形何首乌前来鉴定了。在植物园工作近30年里，我参与鉴定过许多植物，有和老师们一起鉴定的，也有单独鉴定的。每次鉴定植物的背后，都有一个特别的由头，有浮生百态的故事。

一次，当地公安局缴获了十余株罂粟，种植者却说他种的是观赏罂粟（东方罂粟）。听名字，罂粟和东方罂粟，仅两字之差，而种植它们的性质，却天壤之别。在我国，非法种植罂粟不满500株或者其他少量毒品原植物的，按照《治安管理处罚法》七十一条规定，处10日以上15日以下拘留，并处3000元以下罚款；情节较轻的，处5日以下拘留或者500元以下罚款。

事关重大，鉴定结果直接关乎种植者是否违法，是被拘留还是被罚款。

我仔仔细细查看了警方提供的标本的茎叶形状、色彩、叶子抱茎方式以及叶面有无覆盖白粉等细节，像一个尽心尽职的大夫，生怕误诊。当我在鉴定结果上签下自己的名字时，我知道，这是我熟悉的植物，给予了我自信，也消除了一起植物的冤假错案。

直到现在，几乎每天都有人通过各种媒介发来植物图片，让我鉴别，询问相关信息。只要我在线，只要我不忙，我都一一回复。更多的时候，我是用文字加漫画的方式，在我的报刊专栏《科学画报》的"植物秘语"、《科普时报》的"花草祁谈"、《今晚报》的漫画专栏"自然而然"以及《西安晚报》的"枝言草语"里述说它们，潜移默化，提升大家对于花草的认知。

让我感动的，是一些市民思想的转变。身边好多读者对我说：自从看了你的文字和漫画后，发觉平常的草木竟然很了不起，它们既努力又有智慧，还有很多让人借鉴的品质。

4

为古城绣花，始于西安市科技局的一项研究项目。

我和我的五位同事花了一年多的时间，按照乔、灌、草、攀缘植物、地被植物分工，大致摸清了西安市园林植物的家底。之前，我和这座城里的好多人一样，晨起因匆忙上班忽视它们，傍晚闪烁的霓虹灯覆盖了它们，草木，一直是我们身边最熟悉的陌生人。但经过这一年的调研后，站在街头的草木，在我心头被一一唤醒，它们美丽端庄，坚韧顽强，充满了生存的智慧。

项目开始时是个初夏，绿肥红瘦，草木葳蕤。晨光里，我们头戴草帽，装备好照相机、地图和笔记本后，开始出没于古城的主干道、盘道、中央绿化带、公园以及公共绿地。

那时，我们更像是一群记者，有时采访高大的乔木，有时采访花灌木，也会采访攀缘植物和地被草本。用镜头和文字记录下它们的性格和长势，在地图上圈出采访领地。我们手里的西安市地图，因为不停地翻动和标记，很快就四分五裂了，不得不用透明胶带在其背后固定，横七竖八，像一张特制的渔网。

采访也是有提纲的，譬如，这爿绿化带上生长有哪些草木？是啥？有多少株？与周围的街景适配吗？对立地环境适应吗？整个采访过程，花草不知做何感想，我们却是愉悦的，常常沉醉在被采访对象的美貌或者芬芳里，忘记了不远处小河一样的车流和它们制造的尾气。

之后的两年，项目组对这些草木的适应性及其生态风险，也做了全方位的研究，筛选出60多种适于西安气候和立地环境的园林绿化植物，在西安街头建立了多个样板区。

红花草莓是在一个深秋，裹着蛇皮袋子从东北老家赶来西安的。被我们课题组引种前，西北没有人见过它。它的远房亲戚，开白花可以食用的草莓，倒很是常见。

红花草莓当初是以地被观赏植物的身份接受了我的邀请。我希望它能很快融入西北，打扮北方冬季的街景。担心它水土不服，我在两种不同郁闭度的实验田里分栽了一些，在我家阳台上也栽种了好几盆，分放在阳台内外。想着一旦遭遇严寒，至少，放在阳台里的草莓，还有机会活下来。

像是要考验红花草莓的耐寒力，当年，西安迎来了最严酷的冬季。12月下旬，一场西伯利亚寒流裹着鹅毛大雪席卷了大地，气温曾降至零下12摄氏度。60年一遇的严寒让无数草木丧命，地面积雪有一尺厚。忐忑中我天天往白雪覆盖的实验田里跑，心里满是霜雪。从第13天开始，有零星地皮裸露出来。在一小片薄薄的积雪下，绿莹莹的叶子透过白雪映出来，瞬间照亮了我。另一片冰雪消融处，一朵粉红色的小花，像一位遗世独立的公主，看着既心疼又欢喜。只这一朵，竟让我红了眼眶，一颗心终于安稳。

大田里的红花草莓扛住了耐寒试验，翌年，我家南阳台上的盆栽佳丽，也顺利从炎夏炙烤中毕业。从这年秋天开始，红花草莓广袖舒绿，用娟秀的叶子和摇曳的红花，一点点绣满我身边的广场和绿地。冬日，寒风中娇俏的绿叶红花，泛出神圣的光芒，这生命葳蕤的光，能瞬间照亮心情。西安冬日的街头，从此不再只有枯黄的颜色。

像这样，我的同事们也在古城不同的片区，相继"绣"出了驯化后适应古城气候的园林植物：天目琼花、王莲、猬实、八角金盘、含笑、紫珠、金丝吊蝴蝶、四照花……我知道，这座古城一直活跃着和我们一样的无数的"绣"花人。

这些经由我们的汗水绣出的草木，走上街头后，用柔和的外形色彩，对坚硬的路面和呆板的楼房，日日进行艺术修补。草木纳秀吐芳，把西安当故乡，古城因此多了精气神，多了季相的变幻。

5

我居住的南郊，一日日繁华起来了，那些鼎鼎大名的建筑和网红打卡地：大唐芙蓉园、大唐不夜城、曲江南湖，大雁塔广场……梦幻般从片片绿荫和鲜花里冒了出来。

似乎在一夜间，低矮的房屋消失了，道路宽阔起来，公交车增加了好几路，不远处有了地铁。法桐、国槐、红叶李、栾树等挺拔的身姿现身街道，这里一排，那里一片，和这座城里的人一起演绎着生长的故事："我已亭亭，不忧也不惧"。葱翠的身姿，众多花儿，让古城拥有了华彩，西安也晋升国家级森林城市。

王主任已退休多年，85岁了走路依旧大步流星。他在抖音上开了个账号取名光头老王，已有上万粉丝。几乎每日更新作品，主角永远是花草树木。光影灵动的视频画面里，有王老精心制作的植物科普知识。打开抖音时，我会在王老发布的画面里漫步一会儿。王老是名牌大学的毕业生，植物学科班出身，一生一事，一事一生——绣花植绿，播撒科学知识，传播生态理念。

有时候想，城市的绣花针，其实不仅仅是草木，有时，是一篇文章，有时，是一本好书，也有时，只是一段视频。以人心为绣布，美化的，是心思意念。

一日，我在抖音上刷到一首老歌，是西安人郑钧演唱的《灰姑娘》。记得听这首歌时，我刚大学毕业，淡淡忧伤的旋律非常吻合我那时的心境。20多年后，我竟从这首老歌里听到了自己。想起刚参加工作时面对周边环境的失落，想起当年渴望奉献又不知从何开始的迷惘，想起多年来与草木耳鬓厮磨，想起在古城街头树影里奔忙的脚步，想起无数日子里用一支笔在纸上耕耘绣花……此时此刻，我竟也成长为一名拥有专栏作家和漫画家等多重身份的研究员。

突然间明白，歌声里的灰姑娘，就是我始终在"绣花"的事业，就是我工作生活的西安城。

"我怎么会爱上你，我在问自己……"

听，草木在尖叫

当我在大西北首次见到红豆杉并惊诧其果实的形状时，居住在我国大西南的红豆杉，开始了梦魇般的日子。安静生长了几百年乃至几千年的"活化石"树，被当地人用尖刀利刃活生生地剥了皮，然后以每千克一块钱的价格，贩卖给药商。阳光下，无数红豆杉裸露出白花花的树干，像是被啃去了肉的骨头。哀号与死亡的气息，乌云般盘桓在森林上空。一两年后，这些无皮树因为失去了"血管"，缺乏养分供给，全部枯萎而死。

这一年是1992年，我刚刚大学毕业，分配到西北最大的植物园里工作。也是在这一年，美国BMS公司发布消息，说他们可以从红豆杉树皮中提取一种名叫"紫杉醇"的物质，它的神奇之处，是可以促进微管蛋白结合，抑制癌细胞的有丝分裂，有效阻止癌细胞的增殖。一句话，紫杉醇是治疗癌症的特效药。

这本是造福于人的善事，却偏偏成为悬挂在红豆杉头顶的一把刀。

1

是那首著名的古诗，把我领到园子里的一棵红豆杉下。

刚刚毕业，学植物的我，忙着把书本上的名字和大地上的草木一一对应。我找到了胸牌是"红豆杉"的大树。羽毛状精致的叶子，用光亮的浓绿，纷纷摇晃我的惊喜。当红艳艳的果实映入眼帘时，心底有个声音却说，王维却不是手执这种果实，吟出"红豆生南国，春来发几枝。愿君多采撷，此物最相思"的。尽管，这种红果，配得上一首首好诗的赞美。

红果比黄豆大点儿，像袖珍灯笼，更像小口大肚的杯子。润泽的红色杯子里，盛放着一粒褐色尖顶的果实，傍着墨绿的羽状复叶，齐刷刷地举杯，像是在集体庆祝。这红色肉质的杯子，植物学上称之为假种皮，是鸟儿取食的灯塔。它莹泽如玉，一触即破，继而会流出鲜红色微甜的汁液。这样长相的果子，当然不易采撷，自然也难用来记挂相思——它比思念腐烂得更快。

这红豆杉举出红艳艳的杯子，是要和我碰杯吗？不久，我便悲哀地认为，它们是在为自己的同类祭奠。

在云南林业系统供职的大学同学告诉我，紫杉醇的消息一出，他们家乡的红豆杉最先被荼毒。他说，当地人像疯了似的，为了一千克一元的收购价，纷纷把手伸向生长了几百上千年的红豆杉。他去山里做调查时，看见到处都是运送树皮的马帮和拖拉机。村民剥下一堆树皮，就估一下重量，看能换多少钱。无论是大树还是粗不过手腕的小树，无一幸免。若是遇上高大植株，村民够不着树干顶端的树皮，就用锯子放倒大树来剥。

刚刚伐倒的红豆杉，截面鲜红色，是鲜血的颜色，干枯后逐渐变黑。

顽强的红豆杉，剥皮后叶子一两年内都不掉落，只是叶色由绿转黄。千山万壑中，体无完肤的红豆杉，看起来依旧挺拔。白花花的树干顶端，金黄的叶子在风中摇摆，恍若凄美的经幡。那两年，红豆杉分布最密集的滇西横断山区，春夏秋冬，黄叶成片，像群山中游荡着的黄色魂魄，触目惊心。

村民剥皮，树皮贩子收购，加工厂生产半成品，中外合资企业提纯，最后流向国际市场。这条利益链，只用了七八年的时间，就一寸寸绞杀了滇西北漫山遍野的红豆杉。曾经蓊郁的群山山脉，变得满目疮痍，终成荒山废墟。树皮贩子从山区1元收来的树皮，拉到丽江后价格变为每千克10元，拉到大理后能卖15元，到昆明后又涨到25元。获利最大的是加工企业，他们从树皮中提取紫杉醇，销往国外后价格最高可达每千克200万美元。之后，国际市场上，紫杉醇的价格持续飙升，最高时曾卖到天价1克20000美元。

红豆杉中紫杉醇的含量，其实非常低，仅为0.01%左右。有人算过一笔账，提取1千克紫杉醇，意味着大约4000棵生长超过50年的红豆杉遭殃。其时，美国、加拿大等国家对红豆杉已经立法保护，便瞅准了中国的药源地。澎湃新闻报道说，自1994年起，滇西云龙县的红豆杉树皮遭到哄抢。云龙县位于怒江和澜沧江峡谷之间，当年是一个贫困县。每天清晨，都有数十辆拖拉机载着村民浩浩荡荡地上山伐木，剥了皮的树干被扔进水浆河，树汁把河水都染成了血红色。

2001年7月，云南最大的一株红豆杉被剥皮。这株红豆杉的树龄有四五千年，胸径两米六，需要六七个人才能合抱。村民刘某用了四天时间，剥下四五百斤树皮，卖了四五百块钱。

"狂风吹我心，西挂咸阳树"，看到《南方周末》上的这则消息时，我的心和树一样痛，身体里似有无数愤怒和疼痛的石子猛撞，却无处投掷。

红豆杉躲过了250万年前的第四纪冰川，却躲不过人的欲望。古老宁静的植物，无论生命多么长久，身材如何高大，在会使用工具的"文明"人面前，也显得脆弱。山民们大锯一响，生长了几百上千年的红豆杉，在一分钟内，生命便戛然而止。

树木是人类最早的家园，"乐彼之园，爰有树檀"。当人类的进化尚处于早期的猿人阶段时，红豆杉已高大葳蕤，是猿人纵跃攀缘、增智栖身的场所。而当人在森林的滋养中野性渐失，理性见长，受益者反恩将仇报，成为对林木最具杀伤力的凶手。

其实在1999年9月，红豆杉就成为国家一级保护植物，严禁采伐、运输和买卖。但是，自1992年始，八九年间，我国西南红豆杉种群已经遭遇了毁灭性的破坏，分布在滇西横断山区中的300多万棵红豆杉，绝大部分已被剥皮致死。

红豆杉也叫紫杉，国际公认的濒危树种，对生长环境的要求非常苛刻，世界红豆杉储量的一半，分布在我国的云贵、江浙、广西、福建等地，西北也有少量分布。

老同学说，2000年初春，云南省森林公安局曾组织他们到丽江、迪庆的原始林区抽样调查，得出的结论是，92.5%的红豆杉林木被剥皮致死。

春天来了，这里的红豆杉却躺在血泊里，永远看不到了。

动物学家迈克·米兰曾经说过，保护大兀鹰及其同属，并不在于我们多么需要大兀鹰，而在于拯救它们，需要人类必要的品质，因为我们正需要这些品质，来拯救我们自己。

是的，和红豆杉一样亟待拯救的，还有破坏者自身的品性。

2

红豆杉再次走进我的视野，是在2014年，自然科学期刊《江西科学》上刊登了一篇题为《江西省南方红豆杉现状分析及保护对策》的论文。一组数据，让我再次置身于世界上最后一只旅鸽消失的天空下：2006年至2013年，江西省红豆杉盗伐数量呈上升趋势，8年间，抚州和宜春两市南方红豆杉盗伐数量共计560棵，其中有不少树龄几百年的大树。

这些盗伐案件，最终虽以惩处偷盗者而画上句号，但那么多珍贵的红豆杉资源，却永远地失去了。

红豆杉立法保护了多年，把红豆杉制成水杯等用具，宣称其抗癌保健功效的说法，也已被戳穿，居然还有这么多人盗伐？吃惊之余细看，原来，这次，人们看上了红豆杉致密的材质。红豆杉木质细腻、纹理微妙、遇水不腐，堪比红木，实在是制作家具、雕刻和文玩的上等木料。

从资料上看，近些年毁灭的全是大树，它们已变为人们的桌椅、门窗、清供和手串，等等。只因为红豆杉对人"有用"，人类贪欲的洪水，就一次次席卷了它们，那么多珍贵的大树毁于一旦，暴殄天物。每一棵倒在利刃下的树，都用鲜红的血液呐喊，然而，它们的鸣咽与哀号，没有人听得到，听到也故意装聋作哑。不胜枚举的暴行，把人类的尊严降到了草木之下。

时间，经过红豆杉和经过人，显然有着不同的频率，其在红豆杉里的步履要优雅舒缓许多。红豆杉慢悠悠地伸枝展叶，慢悠悠地开花结果，"山静似太古，日长如小年"。它们在阳光下淡泊从容，在雨雪雷电中忍耐砥砺。正是这年复一年的修炼，才造就了红豆杉致密的材质。相形之下，人活得多么浮躁，急功近利，没有多少人在意心材的成长。或者，急嘿嘿要去证明梭罗的说法：文明改善了人类的房屋，但并没有同时改善居住在房屋里的人。

我曾经在一家科普馆里看到过一个巨型年轮，是生长了千年的红豆杉截面。在此之前，我从未仔细地打量过它们。竖起来的千年年轮，比我高多了，暗红色细腻的木质上，年轮一圈比一圈更深，串起了红豆杉的一生。花开花落，鸟雀啁啾，风霜雪雨雷电，红豆杉耐心地把生活的日常，一一刻入一圈圈纹理中，不曾有半点儿疏漏，像人类初期的结绳记事。年轮的疏密，是丰年与灾年里对于快乐的存储量；某一段几乎重合，该是树的一次创伤记录的病历。除此以外，哪个年份看上去都是一副与世无争、悠然自得的样子，像一个看破红尘的智者。

突然间觉得，树，是站立的人；人，是会移动的树。一棵树，一个人，只不过是物种的不同，其实没有太大的差别。

赵鑫珊在《人类文明的功过》中说："当人类把天然林中的第一棵大树砍倒在地，文明便宣告开始了，当最后一株被砍倒在地，文明即告结束。"那么，留给人类文明可砍的树，还有多少棵？

当人类卸下文明的面罩，毫不谦逊地以为自己是大自然的主宰，可以肆意猎取其他物种的性命时，生物体内部的飓风，便化作了澳洲的大火和非洲的蝗灾。或者，它摇身一变，成为1934年5月11日在美国西部草原刮起的一场黑色风暴，让田地开裂、庄稼枯萎，成千上万的人流离失所；或者，用一场雪崩，将秘鲁瓦斯卡兰山峰下的容加依城摧毁，两万居民死亡，23平方公里的面积受灾；再者，变身洪水或病毒：1987年7月，孟加拉国经历了有史以来最大的洪水，两个月内，牲畜、粮食、道路、桥梁、房屋等接连被毁，2000万人受灾；2020年1月，肉眼看不见的新型冠状病毒，相继让成千上万人感染、死亡，把几十亿人关在家里……

灾祸面前，没有谁是旁观者，更没有局外人。就像电影《流浪地球》开头的台词：最初，没有人在意这场灾难，这不过是一场灾火，一次旱灾，一个物种的灭绝，一座城市的消失。直到这场灾难和每个人息息相关。

春天里，树们开始萌枝展叶，擎出片片绿荫，进而开花结果。那些领受过大树庇护、花果充饥、遮风挡雨恩惠的人们，在决定对树木举起刀斧时，可否想过树体里也有飓风。一刀一斧砍下去，说不定，又会打开一个新的潘多拉魔盒。

3

十几年前，我参与过植物园一项课题研究"秦岭珍稀濒危植物的迁地保育"，当年，迁地保育的植物很多，其中就有红豆杉。

红豆杉从秦岭迁居到城市里的植物园后，很快就表现出水土不服。离开了原生地的低温度、高海拔，离开了伴生它的阔叶林和针叶林后，红豆杉的失落显而易见，它的生长量在很长一段时间里几乎停滞，精神萎靡不振。

珍稀濒危植物的保护，一般分为原生地保护、迁地保护（异地保护）和种质资源保护三种模式。当年，对红豆杉的保护和繁育，我们主要采用了后两种方法。

尽管早就知道红豆杉生长慢，待真正照料红豆杉的日常起居时才发现，它的慢，真是慢出了境界，它们大约是从"慢人国"里走出来的——用红豆杉的枝条扦插，五六十天后，才见它慢条斯理地长出根来。用在扦插红豆杉上的时间，是扦插其他植物用时的 10 倍；用红豆杉种子繁殖，竟然需要两年！两年啊，我从来没有见过比它更有耐心的种子，几乎创下了萌发耗时之最。一般植物种子的萌发，需要三五天到一周，最多 10 天。沙漠植物梭梭，见到雨水后，两三个小时就能发芽。做个比喻吧，同是种子萌发，梭梭乘坐的是火箭，红豆杉却搭乘了蜗牛。

红豆杉的种子好不容易苏醒后，依然像《疯狂动物城》里那个慢吞吞的树懒，以至于后来我每次看到红豆杉苗，眼前总浮现出"闪电"那一丝丝、一缕缕绽开的笑脸——从一粒种子成长为 10 厘米高的幼苗，需要三四年，从幼苗长到水杯那么粗，需要二三十年。30 年，人间沧桑巨变，对红豆杉而言，只不过增加了两三厘米宽的年轮而已。

所以，对红豆杉的研究保育，过程非常漫长，很考验人的耐心和爱心。好在，这项研究，从多个渠道，保存了红豆杉的种质资源，不至于某一天，这个世界上再也寻它不见。

我们做红豆杉迁地保育的那几年，恰逢全民红豆杉热。商家的广告语里，散发着香浓诱惑的味道：一盆红豆杉放在家里，就可以预防全家人不得癌症。然而，枝叶上挂满美好心愿的红豆杉，搬回家里没几天，便现出病恹恹的神态，掉叶、黄叶，蔫头耷脑。

红豆杉热，呼啦啦催生了一批红豆杉苗来到这个世界上，红豆杉家族，显然是喜悦的。只是这苗苗来得快，去得更快，白欢喜了一场。皆因盆栽红豆杉是个技术活，并非人人都能胜任。红豆杉对光线有着特殊的癖好，幼苗期前三年不怎么喜欢阳光，三年后，转变态度，喜犹抱琵琶半遮面，成年后，就需要全光照了；盆土不可以太干，但也怕积水；喜肥，却只喜欢有机肥。另外，家里的干湿度，也很难调节到红豆杉最舒适的原生境湿度。

有一阵子，课题组尝试在新修的街道旁栽种了两排十多岁的红豆杉，希望夹道的绿叶红果，能柔化一旁鳞次栉比的水泥建筑群。不承想，红豆杉对于城市污染，没有任何的抵抗力，两三个月后，它们大都枯萎在有点儿偏执的洁身自好里。城市和自然是隔膜的，能把城市和自然连接起来的，只有树，但不是红豆杉。

尽管紫杉醇就存在于红豆杉的树皮里，但红豆杉却无法舍身济世。紫杉醇万分之一二的含量，在巨大的癌患需求面前，不过是杯水车薪。生长了十年八年的树径，只有甘蔗粗细，能有多少树皮？剥了树皮制药，无异于竭泽而渔，焚林而猎，难以永续生产。记得当年从报纸上看到过一则消息，说浙江有四家上市公司想做紫杉醇提纯，后来在实践中发现不切实际，最终全部停产，因为成本实在是太高了。

红豆杉树苗有防癌功效的神话破灭后，公众对它也不再表现出太多的热情。这对生性宁静的红豆杉来说，绝对是一件幸事。它本就不是一个可以解决很多人就业，或者可以给当地带来很多财富的树种。但作为一种古老珍稀的濒危植物，红豆杉对于生态环境，对于应用研究，却举足轻重。

拿草本植物来说，现代作物都是经过人工改良的品种，一旦需求发生改变，气候发生改变，或者发生病虫害，那时如果没有了野生的原种救急，人类的庄稼很可能颗粒无收。

"多年之后，我们真正要找的，却再也找不回来的东西，那些消失了的，又正在被遗忘的事物，或许树还记得。"作家刘亮程的这段话，神奇地吻合了上述科学观点。

4

2016年秋天，我去福建开会，会后，拜访了龙栖山国家级自然保护区里的一株红豆杉。

秋天的龙栖山，像一个装满颜料的调色罐，将几样暖色，一股脑儿端到我的眼前：红、红橙、橙、黄、黄橙，层林尽染。客车穿行于原始森林中，窗外的群山，画卷般向后移去，一一消隐为背景，把我领到世界上最高大的野生红豆杉面前。

尽管一路上我都在设想它的伟岸，但当我看到红豆杉的第一眼，依然止不住震撼。我的眼神由左及右、由下而上游弋良久，才发出哽在喉咙处的一声惊叹。它，看上去就是电影《阿凡达》里面的那棵生命树。十几层楼房的高度，七八个大人牵手才能合围。树干宽阔挺拔，扶摇直上，凌空展开绿臂，需使劲儿仰头，才能看到它巨大的树冠。树皮也比我在脑海中勾勒的更粗糙，树身阴面爬满了青苔，仿佛时光之手在这里停留过。那些在风雨雷电中久经考验的枝丫参差纠缠，绿云般遮挡了头顶的白色云朵。在它庞大而神秘的光影里，我感觉自己渺小得如同一粒芥籽。隔了铁栅栏，红豆杉木质芬芳的味道，绿叶红果舞秋风的味道，雨雪雷电的味道，一层层漫出，抵达我的嗅觉细胞。

它身上的名片上书，年龄 1634 岁，身高 37.8 米，腰围 7.41 米，冠幅 19.3 米乘 16.1 米，被世界纪录鉴定委员会授予红豆杉树王。这棵东晋时期诞生的红豆杉周围，环绕着很多小几号的红豆杉，它子嗣兴旺，并不孤单。只是，在如此漫长的岁月中，为何单单它躲过了人祸？

传说这棵红豆杉树根下产出汩汩涌动的圣水。人喝了这里的水，有神奇的功效，病者痊愈，遇难呈祥，健康又长寿。明、清等朝代的《将乐县志》上均有记载："下有泉，不盈不涸，病者饮之即痊，旱时祷之即雨，极有灵性，故取名圣水"。导游说："这树非常有灵性，周边的村民逢年过节、逢天旱或外出时，都来树下祈福。"

听完导游的解释我明白了，这棵红豆杉，正是伴着这神奇的传说，在日日老去的时光里，被当地百姓奉为神，才活成了原始森林里的树王。如此说来，它还可以见证这片土地上许多个世纪的沧桑。

细想起来，每一棵古树留存下来，都有一个使人敬畏或神奇的传说，这传说就像是一层保护衣，阻挡了贪婪者的邪念。

树植根地下，枝叶伸向蓝天，它们连接着人类与自然。只有性灵的心，才能读懂其中的美好。传说中，木棉是壮族始祖的战士，与入侵者战斗时，他手执火把，英勇顽强，就连牺牲时也是站姿，随后变身满身红花的木棉树；高大的樟树，是宇宙混沌初开时最早出现的树木，有顶天立地之功；在枫树身上，人们找到了火种；

榕树枝叶繁茂，独木成林，亲近它的人必多子多福……故此，壮族村寨和社亭边上，多古木，多长寿老人；藏民心目中，山有神，河有神，大树也有神，盖房屋帐篷需要砍倒一棵树时，必先跪地祈祷，向神陈述不得不砍伐的理由，请求树神最大的饶恕。我特别期待成真的一个传说是，人的生命不会因死亡而终结，人们在墓地里种树，为的是灵魂得以寄居在树干里，在某一个时间的节点，逝去的生命会因树木的萌芽再一次回到尘世。

草木，不单生产花果、医药和氧气，还生产美学、哲学和神学。《诗经》《圣经》《神农本草经》《齐民要术》一路读下来，哪一株草木，不是充盈着人性、药性与神性？

那些因"故事"复活的树木，是幸运的，"庆功栽杨""思乡植柳""治病种杏""生儿育树""伐树出血"等，让数不清的杨、柳、杏们，重返大地，重归安全疆域。大树感恩的年轮上，也会刻下冯玉祥的名字，因为"植树将军"的打油诗，曾是树的护身符："老冯驻徐州，大树绿油油；谁砍我的树，我砍谁的头。"铿锵有力，俨然孙悟空用金箍棒画出的安身圆圈，阻隔了觊觎者。被圈起来的树木，从此都绿油油的。

尽管所有的神话、故事、传说都有漏洞，但它们仍然细密如针脚，一点点缝合了人与大树、人与自然间的裂隙，让人重拾起已经被遗忘了的敬畏之心。

5

站在树王红豆杉的绿荫里，和我一同参会的一位同行说，他这辈子都会记住一棵红豆杉的救命之恩。

他说前年，他的家乡发生了特大洪灾，处于洪灾中的他是不幸的，不过也很万幸。不幸的是，他的许多财物包括房屋都被洪水卷走了。万幸有一棵红豆杉，救了他的命。

那天晚上，他已在屋里躺下。没想到，当他睁开眼睛的时候，发现自己竟然被洪水冲出了房间。当时雨很大，隐约能看到衣柜、箱子和他一起往屋外快速移动。他在水里根本站立不稳，好在他会点儿狗爬式游泳。身旁，不时有衣服、鞋包、塑料盆盘等擦身向前涌去。他漂了几十米后，碰上一根电线杆，他立即伸出双臂抱了上去，像抱住一根救命稻草。才喘了一口气，还来不及定神，电线杆却倒了下去。他说，电线杆毕竟是没有根的东西，靠不住啊。

他又被洪水冲出去老远。这时，他隐约看见前方有一团晃动的黑影，也许是一棵树吧。他喘着粗气，用力扑腾着划水，向黑影靠近。那的确是一棵树，一棵红豆杉。终于，那棵树收留了他，就像收留一只断翅的鸟。他抱住树的枝干大声呼救，断断续续喊了四五个小时后，才被人救下。被救下来很长一段时间，他的四肢依然是环抱树的僵硬姿态。

他说，要是没有那棵红豆杉，他不知道会被洪水冲到哪里，会死在什么地方。洪灾过后的第三天，他特地前去拜会了那棵恩树。它并不高大，树干最多20厘米，叶片油绿光亮，枝叶间还有亮晶晶的红果，除过枝丫间挂住一些柴草外，一点儿也看不出经历了洪水的洗劫。他给这棵红豆杉松土后，埋入一袋子有机肥，他说，他不知道要用什么方式，才能表达对这棵树的感恩。

这天之后，他便隔一段时间就去这棵树下坐坐。他说，风徐徐吹过，树叶簌簌摇动的声音，像一把鸡毛掸子，一点点拂去了心底里堆积起来的憋屈、烦躁和苦恼。每次，都有重生的感觉。真好。

我能听出"真好"两个字里的诚意，我感觉他已经洞悉了大树身上隐秘的符号。这真是一个美好的结局。树，从来都是值得信赖和依靠的。

桑梓之地，是我们的故园。被大树环绕的土墙内外，尽管物质贫瘠，却感觉富庶安稳。童年的欢乐缠绕在草木上，被花朵和果实轮流喂养。在我们欣赏和品味的时候，树是具象的，有时候，树又很抽象，仿佛文人雅士，曲水流觞。庶民如此，王侯将相亦不例外。朱元璋流落到金瓮山时，已精疲力竭，饥寒交迫的他憩于一棵树下。抬头，发现了柿子，甘如蜜饯的柿子很快帮他恢复了体力。后来当了皇上的他，重返故地，脱下自己的战袍，披挂在柿子树上，当众封树为"凌霜侯"。诸葛亮病危时，给后主刘禅写了一份特别的说明："臣家有桑八百株，子孙衣食，自可足用"。一代名相，两袖清风。诗人王安石喜欢种竹栽桃，留有："乘兴吾庐知未厌，故移修竹拟延骖"，"舍南舍北皆种桃，东风一吹数尺高"。苏东坡谪居黄州时，广种花木，"持钱买花树，城东坡上栽"，"去年东坡拾瓦砾，自种黄桑三百尺"。他被贬定州后，栽下的两株槐树，如今依然葳蕤在河北定县文庙的前院，人称"东坡槐"。"宁可食无肉，不可居无竹。"这些树木，因了人和滋养人身心的缘故，千百年来，就这么一直在人们心里青翠长生。

同时，也滋养万物：一亩树林，每天蒸发 120 吨水分，吸收 67 千克二氧化碳，呼出 49 千克氧气，够 654 人呼吸一天。

最洁净的空气，最清澈的水源，最可口的水果，最怡人的风景，都源自树。

树，就是我们的福祉。

草木的尖叫

雪兔子

一日，刷手机视频，一男子攀爬雪域高原的镜头，吸引了我的目光。他身穿冲锋衣，头戴遮阳帽，背上是一个鼓鼓囊囊的双肩包。和我们去山里进行植物考察时的装扮一模一样。

不远处，黛色的山峦身披雪衣，天空蔚蓝如洗，大朵的白云在山腰处晃悠。这是一幅我一直向往而始终无力抵达的画面。

陡峭的流石滩上，男子走得辛苦。他手脚并用，走走爬爬。特写镜头推近一张蜡黄的脸，只见他闭眼、蹙眉，龇牙咧嘴，呼哧呼哧地喘气。隔了屏幕，都能感觉到他上气不接下气。显然，他的身体正在经历高原反应。

可怕的高反，这也是我心底的隐疾，它让我无缘亲见许多梦中的植物。

一只毛茸茸闪着紫光的雪兔子，让他双目放光，脸上，旋

125

即开出一朵花来。

他趴在雪兔子面前，眼角眉梢都挂着欢喜。我以为他要取出相机拍照，却见他两手并用，无比小心地刨开雪兔子身旁的石块，用力一拽，雪兔子被连根拔起。

"猎物"一寸寸移向镜头，一只正在雪兔子上进餐的蜜蜂受到惊扰，迟疑了一下，拍拍翅膀，嗡的一声飞走了。

远处，白云缭绕，仙乐飘飘。屏幕上跳出字幕：海拔4540米。

他手里的猎物，其实是一株茎叶上长着蛛丝状棉毛的植物，我认识它，全名叫水母雪兔子。这雪域高原上的精灵，个头矮小粗壮，身披白色夹杂着紫红条纹的长棉毛，茎顶开紫色小花。远远望去，俨然一只敦实的兔子，卧在高山冰缘带的砾石里，圆溜溜，毛茸茸，安安静静。

后来才知道，当地一些人也叫它水母雪莲。

接下来的一幕，完全出乎我的意料。

男子在溪水旁边架起了小铁锅，添水点火后，他从双肩包里取出雪兔子，在溪水里洗洗涮涮后，双折装入一个白纱布做成的布袋。就像我们煮肉加入料包那样，他把布袋一下子扔进沸腾的水里！接着，往锅里依次添加了方便面、调料和火腿肠……

在雪兔子入水的一霎，我分明听见"刺啦"一声尖叫，这声音，刺耳、刺心，充满了恐惧。

我愤然关闭了视频，好像这样可以阻止他继续。心却不由得咚咚咚敲了起来。他竟然吃雪兔子？！植物专家采集标本时都舍不得碰的水母雪兔子，居然成了他泡面的佐料！！

流石滩上，每年的霜冻期长达8到10个月，雪兔子从一粒种子开始，萌芽，长叶，长叶，还是长叶，直至开花、结籽，需要6到8年的光阴。大部分时间里，雪兔子和周围的砾石一样，矮小、灰暗，毫不起眼。

这株雪兔子怎么也不会想到，有人只用了几秒，就断送了它多年的努力。

再次打开视频，男子进食雪兔子泡面的镜头已接近尾声。他吃面喝汤，呼噜噜，呼噜噜，直至一滴不剩，之后打着饱嗝，突然间对着镜头笑起来，嘴角上翘，那是心满意足才有的弧度。

这次，我看到了这个视频的名字："海拔4500米的水母雪莲泡面"，再看视频简介，方知这是一位美食博主正在进行的野味直播。

直播雪莲泡面，也真敢想敢做啊。那株可怜的雪兔子，还没有来得及传宗接代，就被一张嘴巴，执行了死刑。这场自编自导自演的闹剧，在食用珍稀植物史上，是一个多么糟糕的"标本"，前有车，后有辙。视频播出后，雪域高原上，又会有多少只雪兔子，相继葬送繁衍生息的机会？

历尽千难万险去吃雪兔子，是因为它有营养？有保健功效？口感好？抑或是博眼球？不得而知。我看过一份报告，说雪兔子之于人体的营养，大概和一棵白菜或者一个卷心菜提供的营养差不多。然而雪兔子对于高山生态环境的贡献，却是白菜和卷心菜们无法比拟的。

一个细节让我感慨，在视频的标题里，水母雪兔子被叫成水母雪莲，一词之差，其实蛮有深意，也是别有用心的。雪兔子好多人并不清楚它是什么，但换成雪莲，就无人不知无人不晓了。

单看外形，谁也看不出雪兔子和雪莲有哪处相同。若非要说出两者的共同点，大概是它们都属于菊科风毛菊属植物，都生长得极为缓慢，并且数量稀少，从种子萌发到抽薹开花，都需要好多年。还有，就是它们应对高山环境的智慧，也大致相同。

在雪兔子和高山雪莲的身上，都进化出了可以抵挡严寒和狂风的长厚棉毛，为自身搭建一个小型温室。白天，阳光耀目时，棉毛会阻挡紫外线的强烈辐射，且让内部的温度得以在光照下攀升；到了夜晚，外部气温骤降，因有厚棉毛的包裹，热量不会轻易散出去。这样，植株内部的温度会明显高于外界，用以保护娇嫩的花蕊，也为高山上的传粉昆虫搭建了一个御寒窝，彼此互惠互利。

只是，这些生态习性和生存的智慧，不了解高山植物的人根本无从知晓。那么，把水母雪兔子叫成水母雪莲的唯一解释，就是再造了一种"神"草。

"神药"雪莲，已被列入濒危植物保护起来了，而雪兔子目前尚没有进入《国家重点保护野生植物名录》，不受法律保护。一位网友的留言，大约道出了问题的关键："当地人采了雪兔子去卖，不是不珍惜，是因为国家法律以及濒危物种名录上面都没有它们，也不知道雪兔子原来这么稀少。"

2020年7月21日，国家林草局发布了最新版的《国家重点保护野生植物名录》，目前，《名录》还处在征求社会意见阶段。调整后的《名录》，增加了296种和17类，共收录468种和25类野生植物。该名录中，已将雪兔子新增为国家二级保护植物。

只是，从名录确定下来到公众认知，再到自觉遵守，尚有一段雄关漫道。

细究起来，雪莲所谓的"神效"，其实也是子虚乌有的。是那些影响力巨大的武侠小说，给雪莲涂抹上了仙丹神药的光环。

《书剑恩仇录》里，金庸这样描述雪莲："只见半山腰里峭壁之上，生着两朵海碗般大的奇花，花瓣碧绿，四周都是积雪，白中映碧，加上夕阳金光映照，娇艳华美，奇丽万状。"梁羽生在《云海玉弓缘》里也写道："用天山雪莲所制练的解毒灵丹，不但可以解毒，还可以给人增长功力。"……

因了这些著名小说的虚构，原本并不稀缺的雪莲，硬生生被挖成了国家二级保护植物暨濒危物种。

看看现实里的雪莲，哪里有小说中那般光彩夺目？植株低矮，颜色青黄，活脱脱一棵卷心菜。至于雪莲的药用价值，也颇有争议。各种中药典籍中有的关于雪莲功效的描述，根本无法论证，亦无据可查。

雪莲雪兔子们用六七年甚至更长时间进行营养生长，才换来最后一年的开花结果。可以想见，它们在开花结果前被采挖，种群肯定面临"后继无人"的灾难。

高原高山气候条件恶劣，维系生物群落与环境的纽带十分脆弱，一旦这种平衡遭遇破坏，恢复起来便困难重重。号称拥有"医死人，药白骨"功效的仙草，不仅拯救不了人类，自身亦岌岌可危。

一组统计数据显示，20世纪五六十年代，新疆人在天山上海拔1800米左右的地方就可以采到雪莲，当时的雪莲遍地皆是，全疆雪莲面积大约为5000亩。但是到21世纪，在3000米雪线之下根本找不到雪莲的踪迹，全疆面积也仅剩不足1000亩。遭受到毁灭性破坏的雪莲，从此被列为国家濒危二级植物。2001年，新疆维吾尔自治区政府开始明确规定禁止采挖雪莲，并实行了三年封山封育、轮采轮育的保护政策。

不禁担心，被叫作水母雪莲的雪兔子，会步雪莲的后尘。

现实，其实已经很难叫人乐观了——人迹易于抵达的流石滩上，看到水母雪兔子的概率基本上为零。真应了美国学者弗·卡特的那句话："文明人跨越过地球表面，在他们的足迹下，留下一片沙漠。"

"水母雪莲泡面"事件，除去博人眼球，这位美食博主的怪癖，大致也是人类的通病——面对稀缺美好的东西，总想据为己有，甚者，要腹藏之。

在这位博主的另一个高山野味直播视频中，他经过一树亮晶晶的红果时，顺手摘下一颗就直接塞进嘴里，咀嚼了没两下，便"呸，呸"吐出，露出苦涩的表情。好在，我看那株红果像山茱萸，虽苦却也无毒，若是随手摘食了商陆、夹竹桃或是见血封喉的果实，后果就不只是表情苦涩这般简单了，轻者中毒，重者，几分钟内毙命。

人站在食物链的顶端，就觉得自己是王，可以肆无忌惮，想吃什么就吃什么吗？当人们以猎奇或以滋补健身为目的去品味时，也把一些可怜的生物带入了绝境。动物植物无力反抗人类的杀戮，然而生物体内部的飓风，随时可以化为非洲的蝗灾、澳洲的大火，或者，它摇身一变，成为肉眼看不见的病毒……

就在我撰写这篇文章的间隙，随手翻看电视节目时，东方卫视综艺节目中的一段视频，让我的震惊、不安和悲哀，再次置身于旅鸽飞过的天空里。

一位当地模样的人，给明星嘉宾宣读的任务，居然是让他们上山采雪莲，来换取所谓的雪山圣水，美其名曰：体验当地的风土人情和扶贫成果。

我一下子坐直了身体，几乎不相信自己的耳朵，我宁愿刚刚听到的"采雪莲"三个字，是我的一次听觉失误。然而接下来的画面，让我越来越深地陷入悲凉。

三位男嘉宾，外形俊美、星光璀璨，在一大帮摄制组成员的陪同下，在摄像机前，气喘吁吁、步履蹒跚地往山顶爬去，满屏都是吭哧吭哧的喘气声。

远处，群山像黛青的剪纸一样，逶迤着简笔画般起伏的曲线。砾石在嘉宾们的脚下咯吱作响，他们走在典型的高山流石滩地貌上。一位男明星甚至带了吸氧设备，即便如此，他也不时弯下身子喘气、歇息，他需要缓解高原反应带来的不适。

"我找到雪莲花了"，一声惊呼，从喘息声中跳脱出来，所有人眼睛一亮。镜头对准石缝里一个毛茸茸的小东西，拳头大小，白色，椭圆状，显然不是雪莲。待我想看清楚它是什么时，它的身上魔术般出现了金光，仿佛它来自神秘的仙境。

一位嘉宾蹲下身子，用力一拔，小东西被连根拔起。我听到了根茎断裂的噼啪声，是小东西在哭，在喊。尽管声音细微，但我的的确确听到了，不只是主根断裂时喊叫，侧根和须根，都在哭喊。和人遭遇飞来横祸时的哭叫声，一模一样。

嘉宾起身，手举战利品，跳起了舞蹈。有嘉宾掏出手机对准"雪莲"拍照，此时，"雪莲"身上，依然仙气弥漫，霞光闪闪。屏幕上出现字幕：跋山涉水，忍着高反，所有的疲惫，在此刻都值得。

"旁边还有两棵。"一个人说完，另两位男嘉宾，也都从石缝里拔出了"雪莲花"。"我的天呐，这是大丰收了吗？""看到雪莲花，一切的不适，都被兴奋替代。"喜悦，荡漾在每张脸上。三位明星于是人手一个，颠儿颠儿地在4860米的高山上"打卡"合影。

他们的身后，雪山皑皑，天空阴沉、冷冽，像是酝酿着一场暴风雨。那一张张晃动在雪域高原上喜形于色的俊脸，像悬挂在树梢上彩色的塑料包装袋，有着让人扎心的明艳。

直到画面定格，我才看清楚，明星们拿在手里被称作"雪莲花"的植物，仍然是雪兔子。不像是前文提到的水母雪兔子，该是这个家族的另一种"兔子"。

可怜的兔子，它们移步高海拔的山顶，移步人迹罕至的雪域高原，就是为了躲避人类，而这次，光天化日，在无数双眼睛的注视下，被人硬生生拽了出来。倔强的绿色生命，瞬间零落。

节目最后，有人手持"雪莲"，充满深情地对着电视观众说："亲爱的朋友们，一生中一定要有一次到这里来看看。登高才能望远，海拔越高才能采到雪莲。"

真想甩出一句国骂。你本错得离谱，还引诱大家都去犯错！雪莲、雪兔子，是可以随便采摘的吗？尽管，你们的言行受了节目组的支使，但作为公众人物，你们一点生态意识都没有，也不关心拍摄地的环境，对于你们要去采挖的生命，能不能先去做点功课了解了解啊，连名字都能叫错，配当偶像吗？

快速回放视频，我看到了这期节目的拍摄地，是在西藏乃钦康桑雪山附近。

这天是9月20日，是个周日的晚上，窗外下着雨，秋风挟着雨滴撞在门窗玻璃上，雨脚的啪嗒声大而绵密。这个晚上，因看这个节目，心里落满了寒意。

在这个娱乐至上的年代，越来越多的人，在野外面对一株陌生的花草时，既没有好奇心去关心它究竟是什么，也没有公德心去想自己凭什么可以拥有它，更没有同情心去想想，它也是一个生命。

无知的节目组，对野生珍稀植物的破坏，已经超出了媒体公序良俗的边界，超出了生态红线。

第二天，我在网上看到了节目组发出的道歉声明，称"雪莲是事先放在那里的道具……尽管没有实际发生采摘珍稀植物的行为，但是节目播出后产生了一定的负面影响，没有起到宣传保护珍稀植物的作用"，并在最后"倡导大家保护珍稀植物"。

道具？没有实际的采摘行为？这两句话，似两块高高凸起的脓包，戳破了包裹谎言的遮羞布，丑态毕现。明明采摘了真花，却要用"道具"为自己推卸责任。用一种错误掩盖另一种错误，没有真诚，有失水准。别忘了，群众的眼睛，都是雪亮的。

与其想方设法掩盖，不如认真做一期节目，真正去倡导公众保护环境，了解并保护珍稀动植物。

人与动植物及其共享的环境，是一条生态链上的"蚂蚱"，任何一个环节出错，都会影响到整个链条。一荣俱荣，一损俱损。人向野生动植物伸出去的手，不知道什么时候，就会让那根链条突然间断掉。

想起一句话：一只南美洲亚马孙河流域热带雨林中的蝴蝶，偶尔扇动几下翅膀，可能在两周后，引起美国得克萨斯州一场龙卷风。

雪莲、雪兔子以食材或噱头的方式，接二连三地绽放在自媒体和综艺节目中，它们芬芳的波纹，似乎还在荡漾，在延伸。

我仿佛看到成千上万只蝴蝶，在雪域高原上扇动翅膀，不知道什么时候、什么地方，就会刮起一场可怕的龙卷风……

柽 柳

清晨，星星尚在灰蓝的天幕上打盹，大型机器的轰鸣，突然间刺破了宁静。床板开始晃悠，窗玻璃嘎吱颤响。护林员田扎西忙起身看向窗外，好几辆卡车、塔吊和挖掘机一起驶入古柽柳林，张牙舞爪的挖掘机向一株柽柳举起了明晃晃的挖斗。

田扎西跑到这棵柽柳跟前时，看见挖掘机已将它连根挖起，裸露出白森森的根茬，扬起黄褐的泥沙。他听到树根被咔嚓嚓斩断的声音，听到柽柳以头撞地的闷响，听到这棵树在哭泣，许多枝叶，眼泪般扑簌簌落在了地上。

去年底、今年初，有着旷世价值的一片古柽柳林，在经历了长达十年的拉锯战后，到底没能保全，开始给一座水电站腾地方。不久，这里将被正在建设的水库区淹没。

"小树两棵一车被运走了，大树是一棵一车运走的。"守护这片林子十多年的田扎西，眼看着一棵棵柽柳被铲倒，被拉走，除了默默流泪，他无能为力。

无能为力的，还有一大批科学家以及一大帮和我一样关注这件事的普通民众。

四年前，在中国植物园年会上，中科院新疆生态与地理研究所的潘伯荣研究员做了一场关于野生古柽柳的大会报告，内容如磐石般沉重，瞬间压在所有植物工作者心头。从此，柽柳、水电站、建设与毁坏这些字眼，便在我的视野里扎下了根。

2010年初，中国科学院西北高原生物所的吴玉虎研究员在青海省同德县境内首次发现了一片野生古柽柳林。其珍贵程度，堪比动物界的大熊猫和考古界的明清文物，携带着气候变迁和生物多样性的诸多珍贵基因，有着旷世的科研价值，这让科学家无比兴奋。

只是很快，他的兴奋便被担忧取代。原因是这片柽柳林站在一个正在规划建设中的水电站的地盘上，水电站建成蓄水后，这片古柽柳林便将被淹没。

古柽柳林所在的村子，名叫然果。

从那时起，为了保护然果的古柽柳林，吴玉虎、潘柏荣联合学界开始了一场长达十年的艰难的古柽柳保卫战。

有段时间，我频繁看到类似于"一棵树，让公路绕行""城建规划为一棵树让路"的报道，这些消息让我对保全古柽柳林充满了信心。全社会的生态理念在提升，对一棵树尚且如此友好，面对一片拥有独特稀缺生态价值的古树森林，哪有下手的道理？水电站何时何地都可以建造，上千株生长了几百年的古树林，如何人造？

我怀了留恋和崇拜的心思，在视频里无数次观看然果这片土地上最壮美的古森林。此后，这片古柽柳林，也只能生长在电脑和手机的视频里。只有在屏幕里，它们才是一片完整的原始森林。

黄河滩上，片片红、橙、黄、绿相互交织的古柽柳群落，映照着四周的黄沙黄河。数百年的岁月，从它们的身上流过，闪耀出磅礴的美感。扎根这里的柽柳，野性、沧桑、伟岸、神秘。风过处，柽柳们起舞，私语，欢笑，凝目。以蓝天为幕，以河滩为席，勾肩搭背，枝叶相牵，像秋日里的大漠黄杨，也像俄国风景画家列维坦创作的秋天的油画。

看得出，除了人为移除，没有谁能阻止柽柳与柽柳、柽柳与河滩的深爱，它们是不同的生命体，却在此处奇异相拥，成为完美和谐的生态系统。

古柽柳的世界深邃辽阔，我不知道柽柳们究竟经历了怎样的挣扎，遇到过多少艰难险阻，流淌了多少眼泪，才把自己由灌木变成了高大的乔木，最终在高原的河滩地里扎根。我只知道，它们的年轮里，镌刻着忍耐、坚毅和智慧的基因密码，拥有高盐碱地带植物生存智慧的全部禀赋，对于研究几百年来高原气候变迁、沙漠植被和盐碱植物，都是最好的第一手材料。

我也可以如数家珍地说出这里拥有的三个柽柳家族的世界冠军——年龄 500 多岁的老寿星，腰围 3.72 米的树王，身高 17 米的大高个儿。林子里，666 棵柽柳的胸围超过了 30 厘米，胸围超过 1.4 米的百年古树有 203 株。还有，这片林子，也是世界上海拔最高的野生柽柳林……如此规模如此雄伟的柽柳林，不仅青海独具，在世界范围内也从未见诸报道。它们，是柽柳家族里的活化石树，是当地老百姓心目中的树神。

林子里，还有数十棵年龄至少在 300 岁以上的伴生植物小叶杨。林子所在地，还是马家窑、宗日和齐家文化的交汇地，正是这些文化与自然的交汇融合，共同孕育了黄河文明。

当年，马可·波罗从西域进入甘肃和青海游历时，这处柽柳林一定给了他慰藉和阴凉。当远古的风频频亲吻这些柽柳的时候，决意让柽柳们搬离故土的人，还没有出生。

可如今，为了一座规模不大的水电站，古老的柽柳林终究没能把根留住。然果被水库淹没的时候，没有人知道，一群古柽柳曾经在这里失声痛哭过。

从去年年底开始，然果的古柽柳林陆续被水库的建设方"有效移植"。说白了，就是让这些古树挪窝。他们给这次移树，冠以好听的生态术语：迁地保护。

移植会"有效"吗？河滩地的土壤以沙土为主，移树时能否取出一个完整的树苑，都是个问题。离开了原生地的水土，它们的成活率有多大？常言"人挪活，树挪死"，何况是几百年的古树。即便是移栽后它们活了下来，伤筋动骨后，还能健壮如初吗？在高原干旱盐碱区，毁树容易，栽活难。越大的树，越难用移栽这种方式来"保护"，移栽大树，也基本上是九死一生。

北京植物园总工程师郭翎当年在然果实地考察后，明确反对古柽柳移植："当地的土壤特性不存在古树移植施工的可行性，强行移植很可能使这批古树全军覆没。"她的反对掷地有声，"大树如果活不了，单算小树的成活率有什么意义？"

意义，一些人眼里的意义，只与经济利益挂钩，迁地保护，只是迫于舆论压力罢了。也或许，他们真不清楚，想迁地保护这些古柽柳，绝不是简单地让它们挪个窝，是需要移植适宜古柽柳存活的生态系统。而迁移整个生态体系，依目前的技术，是做不到的。

即便是被移植的树木全部存活，那也是人工林。物种单一的人工林和野生林在物种和生态涵养方面，是无法同日而语的。

主张移树的一拨所谓的专家在论证会上轻描淡写："柽柳

到处都有，然果那些树只不过长得大一些而已"。吴玉虎反驳："这种说法是刻意混淆概念，迷惑决策层"。科学家一直呼吁："亟须保护的是然果村那片最大的古树林，而不是怪柳这个物种。这个物种目前并没有危险。这明明就是两码事！"

该说些什么呢？该说的，科学家都说过了。

2019年12月底，当我在《新京报》上看到挖掘机挖倒一棵棵古树的消息时，心里有个东西轰然坍塌。我脑补了那段大树哭泣的画面，我的眼泪也止不住流了下来。

这些古树，本该是青海植物界的名片，是中国生物多样性的骄傲和世界自然遗产的标本，这一切，都被挖掘机挖掉了，留下一个个大坑，我只能安慰自己，像无数个省略号。

就当是被黄河淹没了吧，黄河曾经淹没过多少古迹，没有人能说得清楚。那片古怪柳林子是不幸的，其实也算幸运，至少，有人为它奔走呼吁过。即便是它被淹没，也已经被多人铭记——尽管这样的铭记，很让人悲哀。然而更大的悲哀，是我们并不记得黄河曾经淹没过的所有的古迹。

在我工作的西安植物园里，也生长着两株怪柳。一株相对高大，直径大约70厘米。十多年前被雷电劈过，新长起来的树冠一直稀稀落落。还有一株一直倾斜着身子，长在池塘旁边，始终没能高大起来。单位栽培名录上记载，这两株怪柳是61年前建园时被引种栽培的，树龄接近100岁。平原地区的大水大肥，也没能催生出直径超过1米的树围。所以，高原上那片拥有"胸围超过1.4米的百年古树203株"的古怪柳林，是多么多么的珍贵。

落日余晖里，我常一个人踟蹰在怪柳身旁。丝绸般的阳光越过柽柳，流淌到一旁的荷花、王莲、芡实、荇菜和睡莲的身上，小小的园子里挤了这么多草木，水面上几乎没有留白。夕阳装扮了草木，草木装扮了老园子，尽管拥挤，也还是很美。有植物生长的地方，没有不美丽的。

原来300多亩的植物园，三分之二的版图已被无限扩张的城市切割，那么多的植物，一步步被生硬的水泥沥青替代。老区园子里四分之三的树，包括一些生长了近百年的大树，都被移栽到我们单位的新园区。老园子一天天缩小，被越来越多的鸟鸣填满。

尽管植物园迁移大树时，采取了较为专业的有计划的移植措施，譬如，一年前就断根，喷施生根粉，移栽时疏枝、截干，搭遮阴篷保护，等等。然而，迁往新址的大树，它们的成活率，却一直让人羞于启齿。从此，一些和我有过无数交集的大树，只能生长在我的文字里。想起它们，我便深深地感到无力和哀伤。

我不知道眼前这两株柽柳，还能在这里站多久，能和鸟儿欢唱多久，我唯一能做的，就是多去它们跟前转悠，听听柽柳的话语，记住它们的容颜。

崖柏的呐喊

　　源于飞鸟歇脚高空时的一次方便，一株崖柏开始了绝壁缝隙里的生长。

　　清晨的露水，天空里斜来的雨丝，是崖柏能够挽留的全部水分。它脚下的土壤，仅仅是风化了的岩石表层和大风携来的灰尘。肥料，是当初带它落户崖缝的那一坨鸟粪。而壁立万仞处，狂风、暴雨、闪电、雷鸣、严寒和冰雪，常常兜头而来，像一道道艰难的生存方程式，每一次，都需要小小崖柏全神贯注去求解。

　　从出苗时起，这株崖柏，它的全部心思、能量与才华，都集中到根茎叶上，不敢有丝毫懈怠。挨饿、断枝、伤痛，一次次命悬一线。它需要时刻调动根脚与腰肢联合用力，维持树身的平衡，分散狂风的撕扯，应对冰雹雷电的击打。它需要让所有的叶子，最大限度地接收阳光……

　　在人和动物之外，植物一样要为生存付出努力。生命，本没有质的不同。

慢慢地，它似乎忘记了自己与身边崖石的区别，忘记了那些白天和黑夜，一株幼小孤单的崖柏，在悬崖上一次次流血流泪，一次次呻吟祈祷，又一次次挺胸抬头，撑起生命的希望。

一天、两天，一年、两年，一百年、一千年，它居然这样坚持了千年！它的肌肤，变得和身边的岩石一样坚硬，一样灰暗。遒劲的肢体似乎听懂了岩石的呼唤，把一部分深深地嵌了进去，成为崖壁的一部分。

玉汝于成，蚌病成珠。苦难、击打、头破血流，对生命来说，是一种锻造，也是一种成全。

不由得感慨，这崖柏要换作是人，可了不得，在险象环生的人间，它一定也能如鱼得水。

我久久凝视着眼前的崖柏摆件，在丝丝缕缕带甜味的药香里，想象着它生存时遭遇的种种不幸，心里满是怜惜，也充满了敬佩。

它身上的每一寸，都布满生命挣扎的痕迹。涌动的气力从根部出发，沿木质纤维在伤口周围辗转，疗愈……那些美妙的云纹、斑点和瘤花，是血雨腥风在崖柏内心掀起的惊涛骇浪。

从它那嶙峋扭曲，布满疤、瘤和旋儿的根茎腰身处，我很容易就读懂了它的心酸，读懂了它的坚韧，也读出了生长的无限可能和生命深情的绝唱。

商品标牌上书：产地秦岭，树龄 1200 年，价格 1.5 亿。

刨去灰硬如石的外皮，被打磨抛光后的崖柏，色泽金黄，油润璀璨。浮现出行云流水般的纹理、意味悠长的瘤花和时光深邃的脚印。

在海拔千米以上，崖柏的生长极为缓慢，十年寸进，百年成材，千年陈化。险境和时光的双重磨砺，让崖柏历久弥坚，风姿绰约。

人类文明，从森林中走出，又沿精美的木艺升华。崖柏怎么也没有料到，几千年后，恰是人类对文明的畸形追逐，让自己失掉了生命，变成人类把玩欣赏的摆件、挂件和手串。

六七年前，文玩界刮起了一阵旋风，人们开始热衷于收藏佩戴崖柏制品，瘤花多的手把件动辄万元。崖柏原木，从一斤十元钱涨到几千元，极品满瘤的陈化老料，造型好的，要按克来计算价格。2015年，北京展出的取名为"飞龙在天"和"龙行天下"的崖柏摆件，分别标出了3.8亿和4.6亿的价格，让人瞠目。

不禁想起300多年前荷兰的郁金香事件，一枚郁金香种球，当红时，可以换得三幢房屋。

华丽转身后的崖柏，身上的星光，堪比当年的郁金香。一些人沉溺其中，开始用高价崖柏来装扮自己，他们做人的荣光，似乎只能靠身上的物件照亮。

据说崖柏旋风起源于一位福建文玩商人的炒作。他游玩秦岭时，发现此地的崖柏，香味醇厚，质地堪比沉香和花梨木，而价格却极其低廉。商人欣然购得大批崖柏，加工成首批文玩后，开始了极力吹捧。自然，崖柏本身也具备被人夸赞的资质。

秦岭气候温暖，雨水丰沛。那些长在缓坡山地上的杨柳、泡桐、构树等木本植物，长得飞快，也就相应质地松软，很容易腐朽，成为虫子的快餐。

崖柏则不同，这些悬崖峭壁上的侧柏、龙柏或扭丝柏，虽属柏科，却不是普通的地柏和坡柏。

飞鸟与悬崖联手的杰作，原本十分稀少，崖柏离开原生境后，几乎无法生存，也无法人工培育，具有不可再生性，是屈指可数的国宝级植物。

俗话说"千年松，万年柏"，卑微的出身和超长的寿命，铸就了崖柏熠熠生辉的质地。若时光倒退回汉代，除非皇帝赐予，即便是王公贵族，也不能随意享用这"木之国宝"。

如今，人工模拟悬崖环境已能够做到，可是千年的生长期，却无人等得起。自古物以稀为贵，当供求关系呈现出需大于供时，崖柏的价格，自然如坐火箭，一路飙升。

哪里有暴利，哪里就有冒险者。很快，生长在秦岭、太行山悬崖峭壁上的崖柏，开始被人惦记。它们纷纷倒在刀斧下，殒命在一些人追名逐利的欲望里。

三年前，我和我的同事去秦岭做资源调查时，找了一位当地向导，向导30多岁，身材瘦小却能言善辩。路上，他主动说起自己曾经采挖崖柏的经历。

前几年，一天能挖一三轮车崖柏，那会儿价格也低。现在，靠近村子的山崖基本上被挖空了，十天半月也挖不到一件，只能去更远更高的悬崖上找。

挖崖柏很危险。一根大绳100多斤，再吊上一个100多斤的人，挖到的料子，也要绑在大绳上运上去。山上很多石头像刀子一样锋利，真的是拿命换钱哩。好不容易寻到了崖柏，也不好挖，它的根就像石头一样坚硬，有时，挂在空里几个小时也挖不出一件。

森林警察不时来查，发传单，说保护崖柏和保护生态的重要性，说采挖崖柏多么多么危险。人们左耳朵进右耳朵出，转过身就拿传单当引火纸用，有的干脆当了厕纸。道理其实大家都懂，可远水解不了近渴啊，这近渴，挖崖柏能解决。森林警察一走，山上的崖柏就像一块块磁铁，吸引人们又偷偷拿了绳索刀斧登上悬崖，变回一个个蜘蛛人。

不仅干枯了的崖柏是香饽饽，就连正在生长的崖柏，甚至是坡柏和地柏，也有人收购。秦岭这一带的崖柏，早都没了踪影。说着，他用手指了指右前方一大片悬崖。

这里的悬崖，吞了好几条人命呢。有的是一脚踩空，有的是绳子被崖石割断，还有的在空中耗尽了气力，直接挂在悬崖上，再也没有活着上来。唉，可怜没挣到一毛钱，家里还要借钱安葬……

向导说这些话的时候，山里并没有风，时令是初夏，可我感觉阵阵冷风频袭，寒冷入骨，锥心。体内的风，也呼啦啦响个不停。

这样的死亡，让人惊心扼腕。

短短几年间，崖柏让一些采挖者盖起了新房，也在短短的几年里，让一些人变成了孤儿寡母，当地甚至因之出现了许多空房子。

山脚下空空的房子和悬崖上空空的崖壁对应着，像此起彼伏的叹息，沉闷、冗长，其中的悲凉，即使过去了很多年，也挥之不去。

悬崖的静默是可怕的，它看似无声无息，却瞬间就可以把一个活生生的人吞噬，这该是多么强烈的报复和警告啊。可惜，没有几个人听得懂，或者，人们假装没有听懂，同时心存侥幸。

采挖崖柏的都是穷人，有钱人是不会用自己的性命去冒这个险的。我心疼那些蜘蛛一样爬上爬下的山民，也心疼从此命断青山的崖柏。

以往的教科书里，常见"中国地大物博"的字眼，但当人的欲望和利益都举起明晃晃的刀斧，而保护又远未跟上时，好多地方已是"地大物薄"了——我国的沉香资源已走到灭绝的边缘，野生的黄花梨、小叶紫檀和崖柏，亦日渐稀缺。

我这样想的时候，再看眼前的崖柏，猛然间发现，它竟是植物版的蒙克传世画作《呐喊》：棕黄的色彩，扭曲的云纹，神秘的瘤花，疏狂的姿态，游动，飘忽，不安……

它的外形，就是它一生拼搏与苦难的重现。

我的耳畔，仿佛响起了崖柏一声声的呐喊。

1

芳菲4月，一个人在园子里给花拍照。一丛灰绿的对生叶本草，拽住了我的裤角。我认识它，它有个能唤起我味觉和记忆的名字：甘草。

甘草生得粗枝大叶。对生叶、托叶、直立茎乃至叶柄上，都覆盖有一层亮闪闪的绒毛，一副桀骜不驯的样子。想它原住地的环境——草原砾石地、半荒漠沙地以及黄土丘陵盐碱地等，就不难理解，坚强如它，正是用满身的绒毛，反射强烈的紫外线，锁水，对抗食草动物饥饿干渴的嘴巴。干旱贫瘠、危机四伏的生活，让甘草的生命时刻处于自卫状态，它比其他本草更清醒，也更坚忍。

我知道，在我眼睛看不到的地下，甘草用横七竖八的根，构建了一个超级网国——根之网，网络周围的水土，也让甘草根具备了性平味甘的骨性。

甘草的根系，一旦拥有了水和土，根尖就呈几何倍数分蘖，像烟花炸裂。

这柔韧顽强的根，恰当诠释了梅特林克的观点："如果人类用上花园里任何一株小草显示的力量的一半，来消除痛苦、衰老、死亡之种种阴影，那么我们的际遇，将与现状大不相同。"

只是，坚忍如甘草，对付得了恶劣环境，却对付不了人的欲望。从上世纪 80 年代开始，甘草，突然间被许多人觊觎，从而又演变成一场惨烈的杀戮。

2

本该绿油油的草原，沙尘飞扬，到处是坑洞，黄土黄沙裸露，像是刚刚经历了一场战争浩劫。任谁也不会把这里和之前"天苍苍，野茫茫，风吹草低见牛羊"的景色联系起来。

那些在坑洞间隙奋力长出来的绿草，逃不掉被黄沙击打和掩埋的命运，终日里灰头土脸。牧羊人赶着一群滩羊，费力地行进在沙坑里觅食，羊儿在食用青草前，先要用蹄子刨开沙子，方能下嘴啃。

这是上世纪 90 年代初，兰州大学生物系几个大三学生去宁夏盐池社会实践，第一眼看到的场景。

其时，"甘草热"正蔓延中国北部，从东北三省到内蒙古，再到陕甘宁，逢春秋两季，挖甘草的数十万大军，掘地三尺，连火柴杆粗细的甘草也不放过。

宁夏盛产甘草，盐池最多。盐池人想不通，老祖宗几千年流传下来的"黄宝",怎么突然就变成了"黄祸"?开春,草原尚未解冻,来自周边的数千农人便开着拖拉机、蹦蹦车,载着锅灶、帐篷和工具,浩浩荡荡地前来挖宝,他们要在盐池打持久战。人们挥舞着铁锹、抡起镐头地毯式挖掘后,留下一个又一个大坑,直径一两米,深亦一两米。

蝗虫般的扫荡,让草原几乎褪掉了一层绿皮。草原呜咽,甘草悲泣。

有人也不掩饰:家里人多,没收入,只能靠挖甘草过活。甘草每千克能卖四五块钱,一天挖20千克甘草,就能赚百八十块,比蹲家里过穷日子强多了。

每每翻开当年的社会实践报告,我的心就感受到阵阵刺痛——盐池县马儿庄乡有65万亩草地,甘草生长区域50万亩,80%的草地,被人多次翻挖过,5万亩土地已寸草不生;黎明村40户牧民的住房,几乎被黄沙掩埋,沙子堆在门前有半墙高。屋里扬沙,饭里进沙,眼里揉沙,不得已,许多牧民背井离乡……读到这里,眼前,旋起一阵阵黄沙,伴随着盐池县农牧局局长令人心悸的话:70年代,挖70千克甘草,会破坏掉一亩草原;80年代,一亩草原,挖不到50千克;进入90年代,连20千克也挖不到了。

从前,盐池人说起甘草,如饮甘饴,自从来了挖宝大军,再提甘草,爬上脸庞的,就只有酸楚。有资料说,20世纪80年代,因为滥挖甘草,每年有30万亩草原变成了荒漠……

甘草善于用根记录心思,而不是叶子。在黑暗的地下,甘草对于水源和营养的探寻,顽强且执着,样子卓绝极了。记得当年有人在盐池做过一项挖掘实验,最终测得的数据,让我从此崇拜甘草。一株甘草，根深达 10 米，横向覆盖了 6 平方米！

根深 10 米，是什么概念？这样说吧，若将甘草的地上与地下部分对调，就出现了一棵三层楼房高的大树。

但如此庞大的根系，在人类无度膨胀的欲望面前，也不过是小菜一碟。挖宝人巴不得地面以下全是黄根。疯狂采挖的后果，让野生甘草快速走到了灭绝的边缘，也引发了蝴蝶效应，草地沙化，生物多样性丧失，沙尘暴频袭……

可无论生态警钟如何鸣响，都唤不醒那些用甘草换钱的人。只是可怜了草原，草原生态由此进入可怕的恶性循环。

3

一直酷爱甜食，小时候尤甚。但在我幼年的印象里，唯独不喜欢妈妈让我口含甘草片时感受到的那种甜，我说那种味道是"越甜"。后来在一本书里看到，甘草的甜度是蔗糖的 50 倍，所以这叫法应该没错。

那个我们叫作甜草的木质小圆片，刚入口时，又苦又涩，很快，一丝甜味从中弥散，有点儿甜，似乎又超越了甜。唇齿间便有了一种奇怪的味道，不是口含水果糖带来的那种欢愉。好在，甜草片可以清热解毒，消肿止咳，还可以回甘。吐掉之后，很长一段时间，口腔里都回旋着一股甜丝丝的清香。

有点儿像成长的滋味，苦涩中有甘甜。所有逝去的日子，回想起来都叫人眷恋。

虽然我不大喜欢甘草的甜味，但生病的肌体需要，贫寒的家里得备。记得那些年，我家老屋的墙壁上，总有一个装有甜草片的白布袋在晃悠，里面的甘草，随时等待度人度己。

直到现在，当我感觉嗓子痛时，依然会泡几片甘草代茶饮。母亲说，甘草熟食补气，生食泻火。如此，甘草也像我明达事理的闺蜜，在我需要她时，为我分忧解难。

古老的甘草，是当年神农尝百草中毒后的解药。《神农本草经》里说它：主五脏六腑寒热邪气；坚筋骨，长肌肉，倍力；解毒。久服轻身延年。

读来，分明是灵丹妙药。可我从未久服过，母亲说，久服甘草会水肿。

后来，我在许多中药方里，也都见过甘草。一次，我在一本医书上看到唐代医家甄权说："诸药中甘草为君，治七十二种乳石毒，解一千二百般草木毒。调和众药有功，故有国老之号。"读到最后一句时，不觉莞尔，这甘草果然有君子之风啊。甄大夫说它是"国老"，依我看，叫它"和事佬"更合适，甘草有本事让所有的药，和衷共济，扬长避短，一起为祛病除邪出力。

甘草这样的脾性，与儒家倡导的中庸之道，倒是非常吻合。

也有用一剂甘草救命的例子。明代陆粲《庚巳编》记：御医盛寅清晨刚进御药房却昏倒在地，其他御医无策，一民间医生自荐药方，煎服而愈。皇帝喜问其故，答曰："非奇方妙药，因盛寅未吃早饭而进药房，胃气虚，中诸药气之毒。吾用甘草一味浓煎饮而去毒而愈。"帝大喜，厚赏了他。

说甘草是中药，实在是太小瞧它了。作为我国位列第一的大宗出口药材，甘草的甜根，早已伸入食品、饮料、化工、酿造、国防等领域，像个出色的居委会大妈，三言两语，就融合了辖区内各行各业的人群。列举几例：甘草提取液，是制作巧克力的乳化剂；是石油钻井液的稳定剂；是灭火器泡沫稳定剂的辅料；甘草酸加进啤酒里，能增加泡沫、色泽、稠度和香味；甘草酸钾添加到化妆品里，可消炎镇静……

这么看甘草时，我甚至觉得甘草是奉了什么旨意，专门拿自己的命根，来修复人类的伤痛，平息生活的哮喘，给日子添彩加香的。

资料上说，我国甘草的年需求量在 5 万吨左右。这个数字，读来让人心里挺难过。而如果没有了甘草，将会使人更难过吧。

4

时光像黄河之水，裹挟着泥沙，奔流不息。20 多年后，当我的目光重新对焦到甘草身上时，盐池、草原、黄沙、羊群、社会实践，如一帧帧发黄的照片，在记忆里蹁跹。我很想知道甘草的现状。

"我国甘草资源处于枯竭状态。"这是王瑛 2018 年 12 月接受《科学报》采访时说的。王瑛是中科院华南植物园的研究员，这些年她和她的团队一直在研究甘草。

看到这句话时，我的心訇然紧缩了一下。几十年过去了，甘草到底没能缓过劲儿来。

想想也是，被损毁的环境要恢复过来，势比登天。"中国冬虫夏草第一人"沈南英教授上世纪 60 年代曾做过一个实验，在青海省玉树地区采挖了一根冬虫夏草后，他有意留下一个拳头大小的土坑。50 年过去了，这个坑的植被不仅没有恢复，还扩大了。

挖甘草，挖冬虫夏草，挖麻黄，挖防风……回想起来，人类以治病之名对自然的伤害，一直都没有消停过。生而为草药，太凄惨！

这些年，明目张胆的甘草采挖已被叫停，好多地方包括盐池，也已在甘草的原产地开始了人工种植，只是，当年满身伤痕的草原，再也回不到当初的生态了。

那些大肥大水浇灌出来的甘草，和野生甘草在品质方面有天壤之别。入药质量都达不到药典标准，又怎指望它进入药方，做合格的"和事佬"？自身不正，何以正天下？

药材历来讲究原产地。关防风、淮山药、川贝母等道地药材，一旦改变了生境，把名字前的第一个汉字换作其他地名，药效立即大打折扣。

如今，道地药材大都遭遇过竭泽而渔式的扫荡，可想而知，药店里还有多少道地甘草？可悲的是，患者和消费者，购买时根本无法用眼睛辨别。

听说一些地方，有人居然给甘草施壮根灵，据说施后单产会翻一番。产量翻番后的甘草，俨然注水的猪肉，想必做"君药"时，甘草不再是"和事佬"，而是在"和稀泥"了。

这是甘草的悲哀，也是中医的悲哀。

"我们培育出的甘草新品种，栽培两年后，甘草酸的含量就远超药典2%的要求，达到现有栽培甘草四年生苗的含量。"这是王瑛科研团队的最新成绩。

虽然只是刚刚起步，虽然也只提高了甘草有效成分的含量，但总算有人愿意付出时间和精力去改变甘草的现状了。

前几日，一位好友发朋友圈，说他们自驾游刚刚抵达乌鲁木齐葛家沟草原，便被罚款千元，理由是"车辆碾压草原"，有图有真相。看到这个吐槽，我有点儿不厚道地笑了，愉快地为草原人的环保意识点赞。

在梭罗眼里，长浆果的地方是一所大学，在那里，不用听韦耳、沃伦和斯托夫耳提面命，也能学到法学、医学和科学知识。同样，长甘草的地方，也像一所学堂，它向我讲述了生命、生存、生态以及人与植物的故事。

细数霸王植物的过与功

鱼翔浅底，鹰击长空。大自然在漫长的进化中，会生出一只无形的巨手，使得自然链条上的生命，环环相扣，和谐有序，同时相互制约，所谓的一物降一物。所以，任是谁，都不可能独立出来，称王称霸。

若是人类自作主张，随意更改这根链条上的某个环节，譬如，让其挪窝，那么，失去了制约的某种生物，就会变得疯狂起来。动物如此，植物，亦如此。

这些在新领地上失控进而疯狂了的动植物，有个特别的称呼：入侵动物，或者，入侵植物。

失控的动植物，听起来让人不寒而栗，然而，错并不在它们。

拿植物来说，外来入侵物种的危害，多半是人们"引狼入室"的结果，少一半，则可划归为"养虎为患"。大米草，是人们抱着保护滩涂的美好愿望引种的；水葫芦，是作为猪饲料和水面观赏植物引进的；原产北美的加拿大一枝黄花，也是1935

年作为观赏植物，被引入我国上海和南京等地栽培的。

也有些入侵植物，虽不是有意引进，但在其传入之初，人们大都抱着无所谓的态度。然而始料未及的是，在别的生态系统里性格温顺的物种，到了一个全新的环境，竟然乖戾疯狂起来，一点点显示出霸道和危害。

假如，它们没有到过缺乏天敌和严酷环境控制的异国他乡，假如，当地政府没有极力鼓吹单一种植，植物身上隐藏的"潘多拉魔盒"，就不会打开。

当然，谈论植物包括入侵植物的功过时，都离不开生境。"橘生淮南则为橘，橘生淮北则为枳……水土异也。"

如果我们把生境定位在较为寒冷的北方，那么，在一些入侵植物的身上，我们也能发现自然对其部分的管束，能看到它们超乎寻常的生命力，一些植物，甚至非常美丽，完全可以应用于园林，投身于绿化美化……也就是说，令人恐怖的入侵植物，并非一无是处，大家不必谈虎色变。

一起来看看以下几种霸王植物在北方的生长表现。

霸王花西安难称霸

我所工作的陕西省西安植物园老区，早在1982年就以观赏植物的身份，从四川引进了加拿大一枝黄花，但因其茎秆过高而花朵偏小，观赏价值欠佳，不久便被淘汰了。1996年，西安植物园的药用植物展览区，又以药用植物的名义，再次对其进行了引种栽培。

10年后，举国上下掀起了一股围剿加拿大一枝黄花的热潮，连花店里销售的鲜切花，也不放过。

那么，两次引种，算不算是引狼入室？加拿大一枝黄花在西安领土上是否霸道？会不会威胁其他植物的生长？带着这些问题，我曾经专门咨询过药用植物区的园区管理者秋晓冬老师。

当年秋老师说，十多年来，加拿大一枝黄花基本上在西安"安分守己"。这种植物的确非常强势，要是水肥条件好的话，它的地下根状茎一年能生长五六十厘米，每条根状茎上又有多个分枝，分枝上有芽苞。第二年，每个芽苞就能萌发成一棵独立的植株。因此，一株一枝黄花在第二年，就能冒出一丛或者一小片，第三年即可连接成片，迅速形成优势物种。

不仅如此，在温暖适生的南方，平均每株一枝黄花拥有1500多个头状花序，每个头状花序中又能平均长出10~15个种子，种子的发芽率为43%，即一株一枝黄花，一个生长季就可产出2万多粒种子，萌生成近万株小苗子。它们以浩浩荡荡的种子大军，来拓展它们的生存领地，以来势汹汹的姿态，成为植物界最为危险的美丽杀手之一，目前，已被农林部门列为重点防治对象。

有关专家在浙江一带调查发现，一个起初由6株加拿大一枝黄花组成的小群体，8年后，竟然演变成一个拥有1400余株的大群体，而且植株长得一年比一年高大，茎秆一年比一年粗壮。加拿大一枝黄花与附近的植物争阳光、争空间、争养分、争水分、争肥力……黄花过处，寸草不生，可谓是地地道道的霸王植物，人们厌恶地称其为恶性杂草。

让人比较安心的是，秋老师那时并不担忧这种植物在我们园区里泛滥。他说，尽管一枝黄花势头汹涌，但只要人工加以控制，将不该出生的小苗铲除，这种植物在西安的生长，是可控的。

也不必担心加拿大一枝黄花生出来的庞大种子的危害。因为，加拿大一枝黄花在西安地区种子的成熟度根本不够，所以它的繁殖能力也就大打折扣。这也是人称霸王花的它扎根西安植物园10年来没有扩散的主要原因。

这样看来，在我国南方称王称霸的加拿大一枝黄花，在西安难以称霸，的确与当地的气候条件有关。所以大伙儿不必谈"花"色变，对所有的加拿大一枝黄花包括其鲜切花，均斩尽杀绝。

加拿大一枝黄花因为形色靓丽，一直被花店作为鲜花插花的配花。试想，大田里正常生长的植物种子，尚不能完全成熟，那么，花店里作为插花配花用的加拿大一枝黄花，何以具备"杀伤力"？所以，当年围剿西安市花卉市场上的加拿大一枝黄花，根本就没有必要。

至于加拿大一枝黄花逸生到野外，是否具备"杀伤力"的问题，秋老师认为，虽然加拿大一枝黄花在西安地区种子不能完全成熟，但它的根状茎依然具备强大的繁殖能力，若是没有人为及时有效的控制，后果可能也不堪设想。

所以，防止加拿大一枝黄花逸生到野外依然非常重要。同时，要开展北方地区的野外普查，加强对荒地、河滩、铁路公路沿线的调查，一旦在野外发现立即铲除。

有意思的是，原来在西安植物园老区的花卉区和木兰园的道路两旁，还种植着几片矮化了的加拿大一枝黄花。这种高不过四五十厘米的新品种一枝黄花，非常娇气，人工精心饲养着都长不好，更别说去"欺负"其他植物了。

矮化了的加拿大一枝黄花，根系不发达，种子也不能正常成熟，繁殖必须依靠无性繁殖——分根法。当然，这些都不妨碍它们成为一种很好的庭院观赏植物。矮化了的加拿大一枝黄花作为花坛的镶边植物，或者在参与绿化园林小道时，都非常的尽心尽责。

截至目前，一枝黄花这个属在中国总共有四个种，其中三个是本土物种，分别是一枝黄花（*Solidago decurrens*）、毛果一枝黄花（*S. virgaurea*）和钝苞一枝黄花（*S. pacifica*），第四个物种，就是入侵物种加拿大一枝黄花（*S. canadensis*）。加拿大一枝黄花和这三种植物相比，有个非常明显的辨识特征——花序只生长在枝条的一个面上，而其他三种一枝黄花的花序，都是四周着生的。

谁打开了葛藤的"潘多拉魔盒"？

一天，一位就职南方的同学问我，葛藤在你们西安表现如何？

"一般般，就是一种普通的藤蔓植物。"

"哦，在我们这儿，它可是头号植物杀手……"

唉！我特别不习惯给植物冠以"杀手"的称谓。在自然界，一种植物突然间变成"脱缰的野马"，被妖魔化，成为杀手，归根结底，要问责自以为是的人类。

在西安植物园老区药用植物区的入口藤架上，葛藤与何首乌、紫藤、青藤和平共处了50多年，一岁一枯荣，从没有见过葛藤用密匝匝的绿叶笼盖一切。它甚至一点儿也不出众，当我向学生指认它时，还要在众多羽状复叶中，仔细寻找它那巴掌大的三出叶片。

葛藤的本性，原是与人为善的。

在《诗经》中，葛藤和采葛人相映成趣，葳蕤了千年——"葛之覃兮，施于中谷，维叶萋萋。黄鸟于飞，集于灌木，其鸣喈喈。葛之覃兮，施于中谷，维叶莫莫。是刈是濩，为絺为绤，服之无斁……"

翻译一下就是：葛藤长得长，蔓延山谷中，藤叶多茂密。黄雀上下飞，栖落灌木上，喈喈啭欢声。葛藤长得长，蔓延山谷中，藤叶多茂密。割藤煮织麻，织成粗细布，衣裳穿不厌……

轻轻读来，眼前便浮出一幅画：绿油油长满葛藤的山谷里，男耕女织，处处充盈着欢喜自在。隔了2000多年的光阴，我甚至闻到了采葛人衣衫上散发出的葛藤的清香。

如今，葛藤还像当初那样绿影婆娑，只是，一些人怎么就谈"葛"色变了呢？

究其原因，是人的作为，打破了自然界经过很长时间才建立起来的动态平衡。就像20世纪50年代，我国把麻雀列入"四害"消灭后，虫灾即以汹汹之势报复了人类。

那是1876年，葛藤从故乡之一日本，现身美国费城举行的世界博览会，葛藤的足迹、名声和命运，从此发生了翻天覆地的变化，这也让从未走出亚洲的葛藤始料不及。

最初，葛藤是以凉棚植物的身份，爬上美国南部城市里的凉亭和藤架的，它用"三出叶"快速织就了片片绿荫，人们投向它的眼神，是温和的，甚至充满了感激。葛藤没有想到的是，20世纪，经过当地一位植物学家的试种推荐后，自己突然间就

"飞黄腾达"起来，成为美国联邦政府重点推广的植物。

在亚热带季风的吹拂下，葛藤欣喜地发现，这里没有天敌，一年四季温暖如春，简直太适宜自己居住了。再也不用在冬季里缩手缩脚，每天都可以撒着欢生长！

葛藤不仅向植物学家显示了自己神奇的生长速度，还殷勤展示了自己全方位的优点：不择土壤，根深叶茂，是水土保持的好材料；花、枝、茎、叶样样有用，花可醒酒，叶子牛羊爱吃，藤是绿肥，还可以编织工艺品，葛藤的块根，可以加工成茨粉和类似于豆腐的食品……

于是，当美国南部惊现虫灾和经济大萧条、农田大面积撂荒而导致水土流失时，葛藤顺理成章地成为"救荒"植物、"大地的医生"。美国农业部用奖金鼓励种植，建立苗圃重点培育。到1940年，仅仅在得克萨斯一州，就种植了超过50万英亩的葛藤。

在这场不受大自然约束的"旅途"上，"带着面包和水壶去旅行"（萧仑语）的葛藤，将自己夸张的生长天赋，展露得淋漓尽致——一株葛藤可以分出60个枝杈，呈放射状泼刺刺伸胳膊伸腿。每个分杈每天赛跑似的爬出5～10厘米开外，一个生长季节攀爬近50米，总长度接近3000米！

换个说法，50万亩的葛藤，10年后，已经翻了个个儿，把100万亩的土地，以及土地上的一切，用自己的绿荫遮盖得密不透风。

葛藤的生长速度到底有多快？幽默的美国人是这样调侃的：栽种葛藤的人，封土之后必须跑步离开，否则，葛藤的卷须会缠绕上园艺师的腿，迅速把园艺师变成它的藤架。哈哈！

葛藤撒腿撒欢，长得是真尽兴呀。可它笼盖下的其他植物却遭了殃——没有了阳光，也就没有了立锥之地。

似乎是一眨眼的工夫，人们惊恐地发现：原本恩泽大地的藤蔓，突然间变成了绿魔，它的胃口超强，轻而易举地吞下了森林、山石以及它所触及的一切。目力所及，只剩下一个个"绿茧"。

到 70 年代，葛藤占领了密西西比、佐治亚、亚拉巴马等州 283 万公顷的土地，演变成美丽的灾难。而此刻，人们已经失去了对它的控制力。1954 年，美国农业部已经把葛藤从推荐植物的名单上划掉，开始转向研究如何控制和消灭葛藤了，然而结果却是"野火烧不尽，春风吹又生"。

人类有意无意打开的潘多拉魔盒，不是轻易就能够关上的！

和葛藤的情况类似，原产于南美的仙人掌，当初被当作观赏植物引进澳大利亚后，没料到它们竟迅速蔓延开来，飞快占领了澳大利亚 2500 万公顷的牧场和田地，人们用刀切，用锄挖，用车轧，均无济于事。200 年前，澳大利亚从欧洲引进了几只家兔供人观赏，在一次突发的火灾中，家兔逃出木笼变成了野兔。之后，不到 100 年，野兔的身影已经遍布澳大利亚，成了破坏庄稼、与牛羊争食牧草、影响交通安全的祸害了……

是葛藤、仙人掌和兔子错了吗？

不。生命力旺盛的葛藤、仙人掌和兔子，它们都没错！

我国也是葛藤的故乡之一。葛藤从《诗经》中人们喜爱的麻衣植物，转变成为我国南方所谓的绿色"杀手"，也仅仅是近十多年的事情……

在我国苏州、武汉、宜昌、深圳等地，葛藤的性格突然间变得暴虐，该归咎于我们生态环境的恶化，尤其是气候变暖：冬天不像原来那样寒冷——遏制葛藤生长的控制因素缺失。加上封山育林，人们生活条件的改善，进山砍葛藤（用葛藤叶来喂猪，藤蔓用来编织藤椅）的人几乎没有了。这繁衍、控制和利用的动态平衡一旦打破，再美好的东西，也扭曲变性了……

滤过"绿魔""杀手"和"潘多拉魔盒"的碎片，重新审视生命力超强的葛藤，会不会脑洞大开呢？

城市中的楼房、广场、立交桥，可不可以穿上葛藤的绿色外衣？用葛藤治理荒沙、水土流失和雾霾，可以吗？既然花、枝、茎、叶样样有用，为何不逐一开发利用？……别一朝被蛇咬，十年怕井绳啊！在我眼里，葛藤，依然是《诗经》里那个葛藤。她的三片心形叶子，组成一枚枚复叶，在艳阳下圈出片片绿荫，多么秀美。初夏，当紫红色的花冠像一群群蝴蝶开始翩跹时，空气里便有甜丝丝的香味弥漫开来。

闭上眼睛深呼吸，这葡萄般的香味，会引你回到《诗经》里那男耕女织的画面："葛之覃兮，施于中谷，维叶萋萋……是刈是濩，为絺为绤，服之无斁……"

祈愿葛藤，在所有人的心目中，早日回归上古时这可爱的模样吧！

更祈愿：不要有意无意干涉大自然千百年来建立起来的生态平衡，哪怕是对待一株不怎么起眼的植物。因为，你不知道它们小小的身体里，是否藏有魔鬼。

虎杖身体里的"飓风"

多年前，当我在植物园药用植物区为学生讲解蓼科植物虎杖时，还不知道，这个其貌不扬的乡土植物大个子草，已经让英国人谈"虎"色变。

虎杖的故乡在东亚，秦岭也是它的原产地之一。

19世纪中期，第一株虎杖从日本漂洋过海落户英国，它很快发现，这里四季温和的海洋性气候，即刻唤醒了它体内狂野的"虎性"——没有了故乡冬季低温的遏制和天敌害虫的侵袭，每时每刻都可以伸胳膊伸腿，并且想怎么伸，就怎么伸。

钻出地面后，一个月可以蹿高1米，最终可以长到8米高！呵呵，8米，这可是它做梦都想不到的身高！能够像一棵大树那样俯瞰众生，那种感觉似乎非常美妙，这和故乡2米的身高简直不可同日而语。布满紫红色斑点的茎秆上，从稍显膨大的关节处伸出的绿叶，葳蕤蓬勃。

一棵草，看上去就像是一大丛红绿相间刚劲的"铁丝网"。

"胳膊"如此给力，"腿脚"也像是吃了"激素"。它那横走的地下根茎，在这里有了极强的穿透力，可以从水泥板、沥青路或者砖缝中钻出来，并且依靠其强壮的根系把裂缝撑大。仿佛压抑了几世的憋屈终于可以释放，浑身上下有着使不完的劲儿。

将身边的植物挤出领地，在虎杖眼里，就是碎碎个事。建筑物遭遇它也变得战战兢兢。

虎杖的根系超级庞大，既可以横"跑"7米，也可以竖"跳"5

米以上，很难清理干净。深藏的根系，能在土壤中潜伏10年，遇到合适的机会，又会"杖"根走天涯。

以观赏植物引入的一株草，很快成为英国境内不折不扣的入侵植物。脱离了约束的虎杖，攻城略地，势如猛虎。英国莱斯特大学的生物学家认为，虎杖是世界上最大的雌性群体——它的繁殖力，无可匹敌！

从此，如何将虎杖清理出自己的家园，让英国人伤透了脑筋。仅在2003年，英国政府就投入了15.6亿英镑用于清除虎杖，但收效甚微。这些年，欧美地区的法律中，已经明确列出严禁在野外种植虎杖，一旦发现，将面临牢狱之灾。

虎杖，不仅改写了一些国家的法律，而且殃及平民。

英国《每日电讯报》2014年3月31日报道，一名患偏执狂的英国男子麦克雷，因过度忧虑自家遭到虎杖的"入侵"，竟然杀死妻子，然后自杀。

麦克雷在遗书中写道："我觉得自己并不是邪恶的人，但虎杖从罗利·雷吉斯高尔夫球场翻墙蔓延至我家，使我的头脑失去平衡……绝望到这样一个地步，今天我杀死她（意指妻子），因为我不希望自杀后让她没有收入却独自过活。"……

演绎到如此地步，虎杖也委实令人发指。然而，发生的这一切，都是虎杖的过错吗？

在故乡东亚，包括我所熟悉的虎杖，都普普通通，就是一种个子高点儿的草。冬枯夏荣，安分守己，像个严于律己的孩子。管束它的，有冬季的严寒，还有一种名叫木虱的吸汁昆虫。

木虱不会直接吃掉虎杖，而是像蚜虫那样吸吮它的汁液。木虱一旦发现食源，吃喝拉撒睡，就全都集中在虎杖身上，以此为家，大肆繁殖，虎杖的活力乃至身高因此套上了"枷锁"。

了解了虎杖的生态习性后，英国政府开始允许用木虱来控制虎杖。从 2011 年开始，数以百万计的木虱受邀前往英国，和虎杖开战。

然而，引入外来物种帮助人类攻打入侵物种的后果，会不会是引虎驱狼，现在还很难说。

澳大利亚 1935 年引进两栖动物甘蔗蟾蜍，原想控制当地一种吃甘蔗的甲虫。但引进后科学家发现，这种蟾蜍不仅吃甲虫，而且吞食其他种类的小动物，且数目惊人。还有，木虱，并不总是对环境有利，一种木虱在 1998 年混进柑橘产业非常发达的佛罗里达，就传播了柑橘黄龙病 (HLB)……

基于此，英国环境研究组织正在进行多种实验，确定木虱是否还吃虎杖以外的植物，以确保这种昆虫只对目标植物有效。

这是一场漫长而充满未知的战争，昆虫与植物、人与动植物、动植物与生态等的关系，都需要认真思考和研究。

达尔文说，人不能真正产生可变性。当人类失却谦逊想要随意改变物种的习性为自己服务时，植物内部的飓风，便化作变性的虎杖，给人当头一顿猛击。

这个水面恶魔有点儿美

在我国，还有一种美丽而疯狂的入侵植物，名叫水葫芦，学名凤眼莲，雨久花科，祖籍南美洲。1844 年，在美国的一家博览会上，凤眼莲别致秀美的容颜，很快赢得了"美化世界的淡紫色花冠"的称号，从此，凤眼莲以观赏植物的身份，漂洋过海，足迹遍及全球。

1901年，中国台湾邻国日本首次以观赏花卉引入凤眼莲，1930年，凤眼莲被当作畜禽饲料引入中国大陆，并以观赏和净化水质的典范，放养于我国南方的乡村河塘，之后加以推广种植。

让人始料不及的是，很快，这种有着紫色花朵、看似婀娜的水草，便一统美丽的滇池、太湖、黄浦江及武汉东湖等水域，成为水面恶魔。

在温暖舒适的水里，水葫芦可谓如鱼得水，将体内的生长欲望发挥得淋漓尽致——一株水葫芦6天内生长面积可扩展1倍，90天内可以繁衍成25万株的群体。

水葫芦一旦侵入水域，即以势不可当之势，覆盖整个水面，成为扼杀各种水生动植物的恶魔。

就像是给水面罩上了一个巨型绿毯，水葫芦的生物量极大，密闭度极高，遮挡了射向水里的阳光，水中缺氧。水里的营养也被它们吸收殆尽，水下动植物因缺乏食物逐渐饿死。阻塞河道，生有水葫芦的河道，大小船只难以穿行。慢慢地，水葫芦疯长的水域，水里的生态系统完全失衡。

更可悲的是，水葫芦在我国境内居然没有天敌，这个不受约束的外来杀手，身着天生的游泳圈，在江南的水域里，把自己疯狂的繁殖力展现得汪洋恣肆，生命力之强，超乎了人类的想象。

水葫芦的屠刀有多快？据资料记载，上世纪60年代，云南滇池主要水生植物有16种，水生动物68种，但到了80年代，大部分水生植物相继消亡，水生动物仅存30余种。

各地对水葫芦最常见的治理方法是打捞，但由于其在南方生长过快，效果并不理想。较好的方法是生物防治——最新的研究结果显示，水葫芦象甲专吃水葫芦的叶片，而放在其他植物上"宁死也不吃"；在圭亚那，人们找到了一种吃水葫芦的海牛（每天能吃45千克）；在印度，也找到了吃水葫芦的昆虫。

现在，让我们把镜头聚焦到地处西北的西安的水域。

水生植物专家李淑娟研究员说，水葫芦在西安不仅不会疯长，而且冬天还必须保存在植物园的温室里。所以，这里的水葫芦，只是以观赏植物的面目示人。

即使在南方，水葫芦也并不像人们想象的那样，除了堵塞航道外一无是处。相反，水葫芦在污水净化和作为指示植物方面，神通广大。

水葫芦能够转化和消除有毒物质。它长有多条须根，这些须根会像毛刷子一样，把有毒物质洗刷得干干净净，它的茎叶也有很强的吸附作用，净化污水效果很好。

实验表明，一公顷水葫芦一年可以吸收污水中的4吨氮和1吨磷；一亩水葫芦每4天就能从废矿水里获取75克银；另外，水葫芦对污水中的放射性元素，也有明显的吸收净化作用。

水中有适量的水葫芦，可以使水中浮游生物显著增加，从而促使鱼类在净水中迅速生长。水葫芦还是一种敏感的"生物报警器"，它能敏锐地指示出砷的污染。如果污水中含有少量砷，只要持续两个小时，它的叶片就会出现明显的受害症状，呈现斑点，变黄失水等。

水葫芦柔软多汁，鲜嫩可口，营养丰富，干物质中主要是粗蛋白、粗脂肪、粗纤维等，可作为鸡、鸭、鹅、鱼、猪的饲料，附近居民可将其切碎、粉碎或打浆，拌入糠麸，制成混合饲料，既能减少水葫芦的危害，让家禽家畜有饭吃，还可杀灭寄生虫。水葫芦的嫩叶，人亦可食用，叶柄、茎秆还是造纸的原料。

所以，对待水葫芦不可一味的草木皆兵。总而言之，水葫芦是否为害水域，取决于它在水域里的有效占比。适量有功，多则为害。

火炬树是"女汉子"还是"女魔头"？

国庆出游，车行至福银高速乾陵段，路的两旁不时闪出一树火红，在蓝天的幕布上，红得炫目奔放。这个季节，什么花开得如此招摇？从车窗望出去，只见一团团火焰向车后奔去。车子进入服务区时，专门停到一团"火焰"前。

哦，原来是火炬树。

一片叶子，是一叶燃烧的火苗，无数对称均匀、排成羽状的火苗，汇成耀眼的火焰，张扬得蛮不讲理。凝神之间，似乎听得见自己的心跳。

在北方，秋天变红的树叶有很多，但很少有这么红艳的。红枫在北方的秋天里红得有些深沉，还不如早春来得明艳。黄栌的红色里会夹杂着黄色与褐色；而火炬树的红色，是国旗的那种正红，很应季应景的色彩，有着强大的气场。

一棵树，是一团火，群植，是烂漫红霞，也是一曲昂扬的交响乐。

但这并非给它取名"火炬树"的原因。9月份成熟的果穗，上小下大，毛茸茸、红彤彤的，远观如一把把火炬，冬日里人们看到它经久不落的一双双眼睛，惊艳之后倍感温暖，这才是它得名的缘由。

在我周围，火炬树是为数不多能让我欢喜让我忧的一种植物。喜的是与它的长相、色彩相匹配的活力，忧的，也还是它的活力。

火炬树根的蘖生能力，大到让人担心，担心不知道哪一天，一睁开眼睛，周围全是火炬树，而其他千娇百媚的花草，却都不见了踪影。

这绝不是危言耸听。你如果亲眼见到过表层土下，它那盘根错节的根系，看见树干被砍后如雨后春笋般冒出地面的树苗，就会理解我的担忧并非多余。

与大多数拥有上百年甚至上千年寿命的树木相比，火炬树是典型的"短命树"，寿命大约是 20 年。但它却能在有限的生命里，通过生生不息的根蘖，来实现无限生长的目的。

老家在北美的火炬树，天生具备强大的自我保护能力，它的分泌物以及树叶上密集的绒毛，令它"如虎添翼"，周围的植物，只有受它排挤的份。火炬树来到中国后，没有了天敌，也没有昆虫敢来碰它，所以除过冬季，火炬树其他时候都像服了兴奋剂一样雄心勃勃。

它的生长速度到底有多快？有专家专门在北京调查了火炬树的生长状况后，公布了一组数据：头年种下一棵火炬树，第二年就能发展为10棵，5年后就会覆盖半径5～8米的所有土地；把挖出的火炬树根扔在地里，依然能够萌发新苗；种植 5 年左右的火炬树，根系能够穿透坚硬的护坡石缝，柏油路在它的眼里，也不堪一击。

"我想要怒放的生命，就像飞翔在辽阔的天空，就像穿行在无边的旷野，拥有挣脱一切的力量……"汪峰的《怒放的生命》，唱的不就是火炬树吗？

国际上对入侵物种扩散速率的定义是：每三年扩散距离超过3米。专家说火炬树在北京实际的扩散速率已超过了这个值，达到每三年 6.2～7.5 米。

因此，专家给出的结论是：火炬树是危害潜力最大的入侵物种，种植火炬树就是引"火"烧身！

与其如此担忧，不如快刀斩乱麻。2013 年 10 月，北京叫停了在市内种植火炬树。

但也有专家认为这样的定义，对火炬树不公平。

他们的理由也很充足：我国植物学家 1959 年从东欧引入火炬树后，它的火焰，从北京逐渐燃烧至华北、华中、西北、东北和西南 20 多个省（区）。半个世纪以来，这些用于荒山绿化兼做盐碱荒地风景林的树种，尚未见有任何逃逸人工生态系统而失去控制的案例发生，也未见任何有关其入侵性的报道，因为本地物种经过漫长演化组成的植被环境，是很难被破坏的；火炬树对阳光的依赖性大，当周围有其他大树后，它会因缺少阳光而逐渐消亡。古运河风光带火炬树消失的原因就在于此。30 年前，在华北林业实验中心栽种的火炬树，今日也已难觅踪影；火炬树在自然条件下，只靠根蘖繁殖。种子外面有一层保护膜，几乎不能直接萌发。人工播种前，要用碱水揉搓掉种皮外红色的绒毛和种皮上的蜡质，然后用 85℃热水浸烫 5 分钟，捞出后混湿沙埋藏，置于 20℃室内催芽……总之，这个过程很复杂，远远超出了火炬树种子自己"动手"的能力。

因此，这拨专家说，火炬树如果人为控制得当，并不会对生态造成危害，同时，火炬树顽强的生命力，正适合在本地植物不能生长的地方，做先锋绿化植物。只要不是人有意识地大面积栽植，火炬树不会大面积入侵；火炬树在我国还算不上入侵种，说是潜在入侵物种也不够条件。它是值得推广的——不要拒绝，可以应用。用其所长，避其所短。

忽然想到了一句俗语："南方人把扁担立在地上，三天没管它，扁担长成了树；北方人把小树种在高原上，三天没水浇，小树变成了扁担。"

"是树还是扁担"的问题，就和火炬树是"女汉子"还是"女魔头"的问题一样，都取决于当地的环境条件和种植人的用心程度。

目前看来，我身边生长的火炬树，外形妩媚，性格强悍，依然是那个值得喜爱的"女汉子"形象，"她"身上的毛病，目前还处于人工可控范围之内。

多希望火炬树永远如此。

综上所述，一个物种在异国他乡失控，一定是逃离了某种制约，人类在植物逃逸归化成为入侵植物的进程中，都有着不可推卸的责任。

因人类活动被妖魔化的植物，也给我们敲响了警钟——自然界经过千百万年优胜劣汰形成的生物链，是不可以随意被更改的。

水性杨花

1

前几日，我给刚刚写就的文章"参差荇菜"设计了一幅插画，随手发在朋友圈里。插画是线稿，还没来得及上色。和线稿一同发出的还有两张照片，一张是黄花荇菜，一张是白花黄蕊的一叶莲，它们都是我线稿画的模特。之所以发一叶莲，是因为站在植物学的角度看，凡睡莲科荇菜属的植物，都可以叫作荇菜。

很快，有朋友留言询问，荇菜，是不是叫水性杨花？

水性杨花，当这四个汉字映入眼帘时，忽地一惊，俨然我当年第一眼看见它时的反应。记忆，沿一条水流回溯，碧波上，荡漾着无数白花黄蕊的花朵。那些探出水面的花，晶莹，清雅，出尘，活脱脱是一群花仙子广舒水袖，裙裾飘飘。

很显然，朋友把一叶莲当成了"水性杨花"。想了想，两者果真有多处相似——它们的花朵，都是白与黄的配色，都生长在水里，都美得如同清水溪流里绽开的一首首诗。

2

在我以往接受的教育里，水性杨花，是个彻头彻尾的贬义词。《红楼梦》第九十二回中说，"大凡女人都是水性杨花，我若说有钱，他便是贪图银钱了。"《小孙屠》里也说："你休得假惺惺，杨花水性无凭准。"

然而……若把这个词语分解为水性和杨花，是不是就不那么难堪了？

水性，该是水的性格，没什么不好。女人如水，柔情似水，还有，把西湖比作西施的名句：欲把西湖比西子，浓妆淡抹总相宜……说的，都是水的静美，水的变幻无穷。早春的杨花，也是如此，飘飘洒洒，漫天飞舞，携带着诗意，美得如同苏轼《水龙吟》里的句子："春色三分，二分尘土，一分流水。细看来，不是杨花，点点是离人泪。"

所以，当水性杨花被用作一种花的芳名后，我对它的看法也有了质的转变，竟觉得非常贴切。

这种植物，就生活在水里，它懂水性，带着高原湖泊溪流特有的灵性，奇幻多姿。它们的植物学名，叫海菜花。

千百年来，海菜花居住在我国云南、贵州、广西、广东等地海拔2700米以下的河流、湖泊和池塘里。海菜花这个名字最先来自云贵高原，因为那里平地少，当地人常把池塘和湖泊夸大为"海"，像洱海、草海、程海、阳宗海、拉市海等，所以，海菜花的名字里尽管有个"海"字，却与海没有关系。摩梭人称之为"开普"，意为开在水面的花。

海菜花幼嫩时，当地人常把花梗连同花蕾从"海"里打捞出来食用，更多的人采它来做猪饲料，或者喂鱼、喂鸭，给家禽当菜吃，于是，也给它冠以"菜"名。据说口感滑溜溜、脆生生，有一丝海苔的味道。

3

三年前，我与海菜花在广西壮族自治区河池市都安瑶族自治县的澄江河上初次相遇。而早在1999年，我参观完位于昆明的世界园艺博览会，听说洱海里有水性杨花，就赶了过去，但我们跑了多处都没发现它的踪影，没想到竟在广西遇上了。

也没想到，从外貌到性格，海菜花都给了我不一般的震撼。

记忆中，澄江河是我见过的唯一一条会开花的河。几十米宽的河面上，开满了海菜花。一眼望去，灼灼其华。

无数朵娇嫩的海菜花，在清水碧波上荡漾，如同繁星嵌在宁静的天幕上，疏密有致，散发着莹莹的光影。更像童话世界里的花仙子，穿着漂亮衣裙，在水流中轻歌曼舞，舒缓、柔美、婀娜曼妙，非常贴合"水性杨花"的字面意思。

海菜花的花朵简洁、简净，三片莹白如雪的花瓣，合围成酒杯状，呵护着中心黄黄的雌蕊或雄蕊。海菜花分为雌株和雄株，雌雄花朵都拥有三片玉白的花瓣，雄花含12枚雄蕊，雌花有3枚分叉的柱头，据此，很容易将雌雄花株区分开来。

玉色的花瓣上，约有6条少女百褶裙一样的纵向竖条。花瓣的基部，色彩由白转黄，这是醒目的路标，指引着小蜜蜂前来采蜜，顺带帮它传花授粉。

海菜花全株生长在水面以下，是所谓的沉水植物，只有在开花时，花朵才升出水面。一些沾了水的花瓣，晶莹剔透，有着玻璃的质感，美得令人怜惜。

澄江河里的水，澄澈透明，无一丝杂质。透过清清河水俯视，可看到很多一米长的叶子，带状，边缘如波浪，柔柔地在水底摇曳，让我这个北方人乍看误以为那是海带。

海菜花拥有长长的花葶，花葶的顶端是一个佛焰状的花苞。雄株的佛焰苞内有几十甚至上百朵雄花，它们将次第开放。雌株的佛焰苞内花朵相对较少，有几朵最多十几朵雌花。花葶长达两三米，像一根根翠色的电线，一旦有花朵绽开，便放风筝般把顶端的花苞举出水面。在水流的牵引下，翠色的花葶和叶子，很顺溜地朝一个方向逶迤起伏，俯视有如美丽的孔雀羽毛。

待雌花相继绽开后，雌佛焰苞的花葶开始螺旋状收缩，像弹簧那样把受粉后的花序拉入水里，逐渐发育成龙爪状的果序，长成纺锤形的果实。整个过程，充满了灵气。

4

洁白性灵的海菜花，在各族人民的心目中，都是吉祥美好的象征。客家人来自中原，看到响水河里海菜花的形状与中原物件"如意"很像，遂称海菜花为"如意花"；水族人逐水而居，用迁徙躲避干旱和洪水，他们溯邕江而上，找到了"像凤凰羽毛一样美"的地方，从此，水族人便定居在生长海菜花的地方；能歌善舞的彝族青年，月夜借采摘"情花"之际，以歌传情："海菜花开水要清，心无诚意莫靠近"，"清波花开，何日缓缓归"……

1848年出版的《植物名实图考》里这样记载海菜："生云南水中。长茎长叶，叶似车前叶而大，皆藏水内。抽葶作长苞，十数花同一苞。花开则出于水面，三瓣，色白；瓣中凹，视之如六，大如杯，多皱而薄；黄蕊素萼，照耀涟漪，花罢结尖角数角，弯翘如龙爪，故又名龙爪菜"。只短短的几句话，便囊括了海菜花的生境、形态特征和用途。

再补充一点，海菜花是多年生植物，在热带几乎一年四季都能开花，尤以夏秋时节开得最盛。受叶片和叶柄的长度所限，海菜花不能在太深的水底扎根，不然叶片离水面太远，不利于光合作用，所以只生长在不超过4米深的水里。

后来知道，我在澄江河见到的海菜花，叫波叶海菜花。海菜花还有其他品种，如路南海菜花、靖西海菜花等，只是后来我再无缘见到了。

一片海菜花，其实是一个完整的生态群落，很多生命都住在里面，小鱼、小虫、小虾，往来穿梭，好不热闹。人类可以入口的水草，无毒又富含营养，自然是鱼群的美食；叶子和花茎给小鱼小虾提供了住所，俨然一片水下的小森林。

5

导游说，水性杨花是非常爱干净的水草，只有在没被污染的水里才能存活。说这句话时，导游的表情里，透着满满的自豪。说罢，导游话锋一转：如果它们生长的水环境出现污染，这种水草绝不会妥协，而是会毫不犹豫地让自己立即消失，人称"水质的试金石", 是个烈性子, 宁为玉碎, 不为瓦全!

查资料得知, 海菜花这种决绝的个性, 一度让海菜花差点儿灭绝。

上世纪60年代以前, 云南的滇池和洱海里, 海菜花如繁星闪烁, 是水面名副其实的当家花旦, 为这里的山水"锦上添花", 吸引了众多探寻美的目光。然而, 70年代末80年代初, 因为人类的介入, 围湖造田, 生活污水、工业废水、农田滥用化肥农药等的注入, 致使水域污染; 一些水产的养殖, 也导致了水体富营养化; 食用、药用以及把海菜作为草鱼饵料, 也使得海菜花被过度采集……

水环境的急剧变迁, 让当年花海连绵、"照耀涟漪"的海菜花群落数量急剧减少, 以至于逐渐从湖体中消失——云南昆明的滇池、石屏的异龙湖和玉溪的杞麓湖等湖泊中, 我国特有的植物海菜花, 渐渐地销声匿迹了。后来海菜花被列入《中国珍稀濒危保护植物名录》, 1984年7月, 被列入国家Ⅲ级保护植物。

海菜花的确和很多能耐受污染的水生植物不同, 这种清丽的花朵, 个性敏感贞烈, 对生存环境的要求颇高, 水清则花盛, 水污则花败。

生态学家指出, 海菜花可作为监测淡水湖泊污染的指示植物。它对水质污染极其敏感, 只能生长在Ⅰ类、Ⅱ类的水质里, 可以少量吸附泥沙和水里的氮、磷等物质, 净化水质, 但污染一旦超标, 海菜花会即刻在生长态势上表现出来——没有污染时, 水体里的海菜花非常茂盛; 轻度污染时, 海菜花存活率下降; 至中重度污染时, 水体里的海菜花就消失不见了。所以, 海菜花是水体好坏的"晴雨表"，这也让它有了"环保菜"的美名。

6

令人欣慰的是，最近几年人们已经意识到自身活动带给海菜花的伤害，逐步开展了对海菜花的保护和栽培，从根本上改善和提升了江河湖泊的水质，一些研究院所也对海菜花进行了引种和迁地保护，洱海和滇池的水面上，再次出现了它洁白飘逸的身影。

2020年5月31日，我看到一则消息，题目是《洱海又见海菜花》，并附了一张新华社记者拍的照片《洱海中开放的海菜花》。文中说：在云南大理洱海，被视为"水质风向标"的海菜花一度难觅踪迹。2016年年底，云南省开启抢救式保护工作，全面打响洱海治理攻坚战。2019年洱海全湖水质继2018年后再次实现7个月Ⅱ类，主要水质指标变化趋势总体向好。如今海菜花又在清澈的湖水中随波荡漾。

照片里，蓝天白云倒映在洱海的水面上，水天一色。湖面上，洁白的海菜花三三两两聚在一起，把蓝天和碧水衔接起来，似在低语。水中，它们的倩影，素洁、淡雅，如出水的芙蓉。

我久久地凝视着这张照片，它是我当年寻找未果的画面，它也让我想起了广西那条开花的河流……

记得读到这则消息时，是个傍晚，我从照片上抬头，从窗口望出去，蓝紫色的天幕上，无数星星眨巴着眼睛，一如当年我在澄江河上看到的海菜花。

杜仲的悲喜

1

咚咚咚！咚咚咚！敲门声骤然响起。没容我来得及喊请进，张阿姨推门而入。

或许是看见我在办公室里，她右手捂胸长长地呼出了一口气。额头上细密的汗珠在那个飘雪的早晨闪闪发亮，冒着丝丝热气。

"小祁，快帮我看看，我是不是被人骗了？"说着，把塑料袋里的东西咣当一声倒在我办公室的茶几上。

是一堆树皮。十几块被裁切成麻将牌大小的长方形树皮，纹理粗糙，凹凸皲裂的灰色表皮上，尚有青苔的身影。树皮内部颜色灰白，摸起来潮湿柔软。显然，这树皮剥下来的时间不长。

"我一大早在菜市场猪肉摊上买排骨，旁边一个女的给我说，你炖排骨时加些杜仲，好处太多了，滋阴补肾，强筋壮骨，治疗腰膝酸软的效果特别好。说着，还拿出来一张海报，上面写着一串串杜仲的功效。是那句'腰膝疼痛，必用杜仲'打动了我。唉，最近，我总感觉到困，走路膝盖都有些发软，没精打采的。我知道咱植物园有杜仲树，也知道杜仲皮是补药。"

"就在我犹豫着要不要买时，另一个女的走了过来，说她还要再买两斤，说她最近天天用杜仲炖排骨，感觉走路特别有劲儿，原来膝盖疼痛的毛病居然好了。听她俩你一言我一语地说杜仲多好多好，我也忍不住买了一斤。一斤200元，说是还给我优惠了60块钱。"

"回家后，看着这些毛糙的树皮，我越想越不对劲，突然我意识到后来的那个女的就是个托啊。真不知道当时我哪根筋搭错了，竟然信了她的话。我一路小跑返回菜市场想要退货，唉！那两个女的早就不见影影了。小祁，你快帮我看看，这些树皮，是不是杜仲皮啊？"

在西安植物园老区的原药用植物展示区，就生长着一小片杜仲。记得我初次见到杜仲时，它们正在开花，雌雄花朵长相不同，绿色，既小又不起眼。花儿居然可以长成那样，瞬间颠覆了我对花朵的认知。整棵树就像一个相貌平凡的路人甲。但很快，我就能把它和别的树木区分开来。方法很简单：用手撕扯杜仲的树叶、树皮或果实，都能拉扯出一条条白色的胶丝，恰如藕断丝连，韧性极强。

我从茶几上拿起一个长点儿的方块，对折了几下，使劲一撕扯，确有许多银白色的丝状物出现在断面。从胶丝的弹性和树皮纹路判断，是杜仲皮而非它的仿品。我看过一份资料，说市面上的杜仲仿品很多，有红杜仲、土杜仲和银丝杜仲等等，但这些仿品的来源都是茎皮，表面光滑，没厚度，断面胶丝的弹性也差，容易拉扯断。

张阿姨听罢，又长长地呼出一口气，说："是真的就好。"

我拿出书柜里的《本草纲目》，翻到杜仲页面，指给她看："阿姨，这树皮是真的没错，她们说的药效也八九不离十，只不过夸大其词了。您看这杜仲皮入药前要用刀子削掉非药用部分的栓皮层，还要加盐炒制。您可不能就把这毛毛糙糙的树皮直接入汤炖排骨啊。

"至于这200元一斤的价格是不是高了，我还真不清楚。您该多走几步路，去旁边的药店里购买。"

"是啊是啊，吃一堑长一智，以后，我再也不会在菜市场买药材啦。"

送走张阿姨后，杜仲的枝枝叶叶，开始在我的脑海里活泛起来。

2

作为落叶乔木，杜仲的外形乏善可陈。树身不高不矮，树叶不大不小，雌雄花朵，无姿无色。

然树亦不可貌相。其貌不扬的杜仲，却拥有非比寻常的身世。

在世界范围内，杜仲的生存疆域经历了从狭小到广布，后又逐渐萎缩的过程。它曾像少年一样朝气蓬勃，也像青年一样活力四射，但从中年开始，这个群体的生命被迫做起了减法。至冰川期，杜仲属的13个种，在世界上其他区域彻底消失，仅余中国中部的一个种存留于世。独科、独属、独种，是充满了神性的活化石。

大约 5500 万年前，杜仲从老家中国浙江东部启程，乘坐扁圆形的翅果，漂洋过海抵达北美洲，落地生根，开花结果。2300 万年前，杜仲已遍布欧亚大陆，到处都有它们的身影。现已发现杜仲属植物化石达 14 种。遥想彼时，十余个杜仲兄弟姐妹们一起在亘古的旷野里栉风沐雨，传花授粉，画面祥和美好。

日本采集于辽宁始新世的杜仲果实化石也显示，当年，杜仲与植物界的三大元老植物银杏、水杉、水松，是相伴而生的。

世事难料。中新世早期，因气候原因杜仲逐渐在北美销声匿迹。至晚第三纪（3390 万年前），世界各地高大的山脉相继升起，海陆剧变，杜仲和许多植物一起，在自然灾害的泥石流中沉浮，杜仲的版图一天天缩小。第四纪（180 万年前）冰川期来临时，杜仲在欧洲节节溃败，到最后，都没能承受住山川岁月的洗礼，身影全然匿迹。全球杜仲仅一个种（*Eucommia ulmoides* Oliv），最终存留了下来。

不知是自然的恩赐，还是环境使然，这一种竟然无比神奇地留存在它的故乡——中国。

留下的，或许是最好的。

作为孑遗植物，杜仲对于研究被子植物系统演化，以及中国植物区系的起源等诸多方面，都有极为重要的科学价值。

劫后余生的杜仲究竟留在了哪里？西汉《神农本草经》记载："杜仲产上党、汉中"。魏晋南北朝陶弘景著的《名医别录》，隋唐五代的《唐书·地理志》以及北宋苏颂著的《本草图经》等资料，都显示杜仲生长在山西长治市以北、陕西汉中地区、河南三门峡市、四川巫山县、湖北宜都县等我国的中部地区，所谓"神秘的北纬30度"。

翻看1846年出版的《陕境汉江流域贸易表》，也印证了上述分布。杜仲是当时我国重要的出口物资，每年由陕南出境大批杜仲，集散于汉口，转销东南各省，并由香港运销外洋。

这么看杜仲时，觉得它何其幸运！然而令杜仲始料不及的是，它不得不面对新的不幸。自从人类知晓了它的药效，厄运便一直笼罩着它，到最后竟然成殇——杜仲的一生，伤痕累累；杜仲家族，几近灭绝。而杜仲身上的悲剧色彩，全都是人的欲望涂抹出来的。

早在2000多年前，中药典籍《神农本草经》中，就将杜仲和人参、阿胶、茯苓等并列为上品："杜仲味辛平。主腰膝痛，补中益精气，坚筋骨，强志。除阴下痒湿，小便余沥。久服，轻身耐老。"

给我留下深刻印象的，便是最后这句："久服，轻身耐老"，这个功效，是多少人用尽一生孜孜以求的啊。

借此，杜仲皮的功效，像一个无比美好的热气球，虚胖、昭彰地悬挂在所有人的眼前。杜仲皮开始被许多人惦记，无论王公贵族，还是布衣百姓。

这让山野里的杜仲树每日里活得胆战心惊，刀斧随时会砍下来，要了它的皮，或者，就要了它的命。杜仲怎么也没有想到，它躲过了远古的地质灾难，却躲不过现代人的欲望。

人类对杜仲树皮的无度攫取，对杜仲树而言，是致命的。"高坡平顶上，尽是采樵翁。人人尽怀刀斧意，不见山花映水红"。杜仲在被砍、被剥后，数量一天天减少，很快便沦为濒危物种。

上世纪 70 年代以前，我国药用杜仲均来自野生资源。受利益驱使加之简单粗暴的砍伐取皮方式，使野生杜仲资源很快便走到毁灭的边缘。

1987 年，国务院颁布《野生药材资源保护条例》，出台了与之相配套的《国家重点保护野生药材物种名录》，将杜仲纳入国家二级珍贵保护树种。

受法律保护后，野生杜仲的日子，才少了许多战战兢兢。

看纪录片《本草》时，药农赵建国的一段话，很能说明杜仲曾经的悲惨遭遇："从前我们采杜仲皮，都是把这个树斩断，斩断以后就一截一截地采。采完了就把这个树当作柴烧了。"

记得看到这里时，我默默地为那些可怜的杜仲默哀了几秒钟。

3

想起那两株死掉了的杜仲，我的心便隐隐作痛，它们的死，与我有关。

20 多年前，我大学毕业分配到陕西省西安植物园。辨认植物、给树木悬挂名牌，是科室王主任安排我的第一份工作。

每天，我跟着方姐去园子里辨认植物。忍冬粗榧白皮松，张三李四王麻子……这些以前只在书上见过名字的植物，在方姐的介绍下，纷纷向我伸出手来，我们在园子里彼此相认。我常常会脱口而出"原来你长这样啊"，就像是遇见未曾谋面的老友。

回办公室后，我摊开《西安植物园栽培植物名录》，挨个儿给园子里刚刚相认的植物书写名牌。植物名牌，大概类似于人的名片，是一块长 14 厘米、宽 10 厘米的白色板纸。我在上面需要写下植物的身份信息：学名，科属，产地和简单用途。写好塑封后，还要打眼佩戴在相应的植物身上。

那时，我、方姐和王主任共用一间办公室。三张木桌，三把木椅，两个木质书架，一台固定电话，是全部的办公设备。我从第一天上班开始书写植物名牌，历时两个多月写完 1000 多张。之后每年，我都要花上两三个月的时间重复这项工作，直到三四年后，植物园启用了金属吊牌。

那天早上，方姐一进门就神色慌张地说药用植物展示区里的杜仲被人剥了皮。事态严重，我们仨一同赶往出事地点。

远远地，就看见七八棵杜仲裸露出白花花的树干，在晨光里，像几根亮晃晃被啃去了肉的骨头。有的树皮被拦腰环剥一周，有的被割掉了大半圈，最长的伤口，足有一米。洁白的树身刺得人眼睛生痛，用手触摸失去了表皮的树干，潮湿新鲜，泛着微微的凉意，显然是昨晚被人下了黑手。

王主任指着树干上我写的名牌说："唉，是这个牌牌害了它。这事我也有责任。"我一下子愣住。

"我当时忘记给你叮咛了，杜仲就不该挂牌。杜仲皮是名贵中药材，补益肝肾，强筋壮骨，它的价值很容易遭人惦记。你写的这名牌，恰是毛贼盗皮的精准指示牌。刚建园时，我们植物园也发生过同样的剥皮事件。教训深刻啊！

"杜仲皮可以剥取，但有严格的剥法，一般用点剥。像这样上下各划一刀，然后把整圈树皮剥掉，简直是丧心病狂！这棵树肯定没救了，树身上下运送水分和有机营养的管道，被齐茬茬割断了，它今后怎么吃怎么喝啊？这毛贼，太不懂'人活脸，树活皮'的道理！"

我即刻陷入深深的自责。无意间，我成了迫害杜仲的帮凶。站在满目疮痍的杜仲前，我的眼泪止不住流了下来。王主任也很自责，他安慰了我几句，吩咐我赶快去买一些伤口涂抹剂和塑料薄膜。

尽管我们采取了一系列补救措施，却只能眼睁睁看着两株被拦腰环割一周的杜仲日日枯萎后死去。我第一次感觉到真实也有短板。真实，并不能立足于所有地方啊。

树皮，是杜仲的主要药用部位。自从人类开始觊觎杜仲树皮，居住在人附近的野生杜仲，头顶总悬着一把把尖刀，被剥皮是它的宿命。杜仲无时无刻不处于神经紧张状态，枝叶里蓄满了恐惧，白花花的树干，是它白花花的哭喊。

杜仲不知道什么时候自己的树皮就会被尖刀利刃剥掉，是被点剥、块剥，还是被环剥。就算侥幸不被割皮致死，也需忍受一次次被切割的伤痛。杜仲身旁的空气里，始终氤氲着恐惧，交织着悲伤。

如今，杜仲的栽培品种，又一次遍布世界各地。只是，对杜仲而言，这种生存疆域的扩大，少了远古时代的惊喜，人们栽培它当然是为了利用它。尽管现在人们采用了较为科学的剥皮手法，只剥去树皮的二分之一或三分之一，再涂抹伤口愈合剂，包扎。三五年后，新的杜仲树皮又会长出来。

然而，作为药用植物，这种被活活剥皮的恐惧和伤痛，始终是存在的。

4

有意思的是，作为中国传统药材出口的植物，却像是拥有一个人名——姓杜名仲。伯仲叔季，他该是杜家的第二个孩子吧。

李时珍在《本草纲目》中也说："昔有杜仲，服此得道，因此名之。"即一个名叫杜仲的人，吃了这种树木后得道成仙，故把该树叫杜仲。也有人说，是一位名叫杜仲的大夫，用这种树木给人治病，民众感念他，便称此树为杜仲。

民间关于杜仲的传说故事非常多，大都绕不开杜仲"补肝肾，强筋骨"这个神奇功效。诸多传说经过历朝历代的演绎，变得神乎其神。有的故事里，甚至让主人公用嘴巴直接啃咬树皮，嚼服后如同注射了止疼针，瞬间药到病除。

果真如此吗？我不敢苟同。

或许是源于中医以形补形的理论，杜仲白色的胶丝形似于动物的韧带，"断了骨头连着筋"，所以杜仲皮便同川续断、接骨木等植物一样，有了"强筋骨"的药效。

从古至今，中医选择优良杜仲的标准有两条：树皮必须有0.3厘米以上的厚度，树龄在 10 ～ 15 年，折断后杜仲丝韧性强，拉力好。

然而遍查资料，却发现杜仲胶并非杜仲的有效成分，在中药炮制过程中还需要加热将其破坏，以利于"有效成分"的煎出，那么，杜仲入药时的有效成分，究竟是什么？

发表在 2020 年 4 月第 17 卷第 12 期《中国医药导报》上的综述文章《杜仲化学成分的主要影响因素概况》中说，杜仲富含脂素、黄酮、环烯醚萜、苯丙素等196种活性成分，具降压、降糖、调血脂、抗肿瘤、抗衰老、抗炎、抗菌、抗毒、抗骨质疏松、抗氧化及保肝护肾等功效。

文中列有一表，表中数据显示，各类化学成分中，木脂素类最多，环烯醚萜类、挥发油类和黄酮类次之，抗真菌蛋白及糖类化合物种数占比最少。其中，松脂醇二葡萄糖苷、京尼平、京尼平苷酸、槲皮素等降压作用明显；京尼平、京尼平苷、京尼平苷酸等，抗肿瘤效果很好，且与其抗骨质疏松作用密切相关；杜仲木脂素与其护肾、抗骨质疏松作用也有关……

请容我暂停两秒，喘口气哈。

如果不是我付费下载了这篇论文，不是特别想要搞清楚杜仲到底有哪些有效成分，我是不会有耐心把这篇文章看完的。

说实话，读罢有些失望。文中列举的有效化学成分太多，功效也太多，这么多化学名称和功效晃得我眼花缭乱，以至于让我怀疑杜仲功效的真实性。什么都能治，也就是什么都治不了。如果这些功效是被科学验证了的，那么非常遗憾，杜仲传统功效的排名，显然非常靠后，且有生拉硬拽之感。

而发表在《中国组织工程研究》第25卷第5期的论文《杜仲活性成分抗膝骨关节炎滑膜炎病变分子机制的网络药理学阐述》是这样说的：杜仲有效成分存在抑制关节炎滑膜成纤维细胞生长的作用，但杜仲对膝骨关节炎病变过程的滑膜炎症病变作用的分子机制目前尚不明确。唉，这句子，包括文章的名字，是如此之长，我阅读时好几次想帮作者加进标点符号。

简言之，直到现在，杜仲"强筋壮骨"的药效是肯定的，但其作用机制，依然不清楚。

我曾经因为跳绳减肥，膝盖出了问题，一度上下楼梯时膝盖疼痛难忍，看西医，说是退行性改变，只开了补充软骨素的氨糖和非甾体类止疼药。治标不治本。后来，我又去看中医，医生给开具的药方是服用独活寄生丸，加之功能锻炼，效果还可以。该剂药方中有 15 种药材，其中就包括杜仲。

留心杜仲后，我发现古代医家治疗痹证、腰脊伤痛、高血压和妇科疾病等药方，基本上都是用杜仲配伍不同的中药，列举如下：

唐《备急千金要方》里的"独活寄生汤"，杜仲与独活配伍，治疗肝肾不足之痹症；《杂病证治新义》里的"天麻钩藤饮"，杜仲配伍天麻，治疗肝阳上亢型高血压；清《伤寒科补要》里的"杜仲汤"，杜仲配伍赤芍，治疗腰脊伤痛；清《产孕集·补遗》里的"生熟地汤"，杜仲配伍桑寄生，治疗肝肾不足、气血亏虚之胎动不安……

检索国家药监局网，含有杜仲的中成药有：杜仲降压片、强力天麻杜仲丸、杜仲壮骨胶囊。细看说明书，这些降血压、强健筋骨、祛风除湿的药，都有拉大旗，作虎皮之嫌，并非杜仲的单一药方。其中，杜仲降压片里与杜仲配伍的药材最少，但也有 4 种。而杜仲壮骨胶囊里，与杜仲配伍的药材，多达 22 种。

这到底是杜仲的功效，还是与其配伍的中药的功效，不得而知。所以，中药杜仲的作用尚需仔细研究，甚至，需要重新审视。

5

杜仲树最显著的特征，是无处不在的胶丝。无论你撕开它的树皮、树枝、叶子还是果皮，都能拉出一条条长长的、细密的白色胶丝。"藕断丝连"，这也是杜仲树的有趣之处。

我曾经用一片杜仲叶子，成功给一位南方的朋友展示了我的"魔术"。

那是个秋天，杜仲树上的叶子已所剩无几，它们早已像蝴蝶一样，在一场场秋风里，款款地飞临大地，唯余光秃秃的枝干，手臂般伸向蓝天。我从地上捡起一片风干了的焦糖色叶子，在掌心里轻轻搓揉。叶子在双手的来回挤压下，发出噼噼啪啪的断裂声，就像牙齿咀嚼薄脆饼时发出的声响。

见证奇迹的时刻，我伸开手掌，朝碎成一堆渣渣的叶子间，吹了一口仙气，那叶子慢慢舒展，再吹，再舒，最后竟然完整地展示出一枚杜仲叶子应有的形状。朋友看得目瞪口呆，她提起叶柄，对着太阳看，叶面上满是裂纹，然而没有哪块缺失，在裂纹间隙布满了横七竖八的白色细丝，俨然一件叶子形状的冰纹艺术品。

帮我完成魔术的，是叶子里住着的天然橡胶的姐妹——杜仲胶。杜仲胶在树皮、树根、树叶和果皮里均有分布，其中，果皮里含量最多，为 $10\% \sim 17\%$，树皮内含量是 $6\% \sim 12\%$，叶子里含量是 $2\% \sim 5\%$。

现在，人们已经搞清楚了杜仲胶是普通天然橡胶的同分异构体，化学结构是反式 – 聚异戊二烯，国际上称之为古塔波胶，或巴拉塔胶。

拥有热塑性、橡胶弹性和热弹性的杜仲胶迷人极了，也有用极了，它那优秀的触角已经探入工业、军事、医疗器械等领域。甚至，因其对人的齿髓无刺激性，亦用于人们补牙。

人类的注意力重新分配，不再仅仅只盯着杜仲的树皮。杜仲的风采，开始被杜仲胶重新焕发了出来。笑容又回到杜仲身上，一阵风过，杜仲也会唰啦啦、莎啦啦地唱歌。

后来我想，或许是上天怜惜杜仲，专门派了这种天然橡胶来解救杜仲的。否则，从远古存留下来的孑遗植物杜仲，就一直要忍受剥皮之痛。

我了解了一下，目前，提炼杜仲胶的主要部位是杜仲的叶子，虽然杜仲叶片的含胶量不算多，但是叶片的产量高啊，据说10年生单株杜仲的产叶量可达10千克。所以，有人极力推荐，杜仲叶片是我国橡胶工业原料的补充资源，并且可循环利用。

看到这则消息后，我真的非常欣慰。我看重的，不是杜仲胶弥补了我国天然橡胶的严重不足，而是人类终于可以放过杜仲树皮，仅从落叶中便可加工获取杜仲胶。杜仲树的价值被重新定位，尽管这定位也是以人为本的。

想必，杜仲树也是欣慰的吧。树叶每年都要飘落，从飘落的树叶里能提炼出对人有用的天然橡胶，当然是你好、我好、杜仲也好的事情。

真心希望有一天，杜仲能彻底告别伤痛，不必再为头顶上的那一把把尖刀利刃恐惧。

草木甘甜

紫藤的安慰

　　一只蜜蜂离开蜂巢，这次，它没有像往日那样飞临片片菊花。它郁郁而行，漫无目的，嘤嘤嘤、嗡嗡嗡，分不清是风声，还是自己的叹息。恍惚里，它停歇在一片紫色花瓣上。花里升腾的香气，即刻从头到脚包裹了它，像是回到曾经孕育它的温暖的蛹里。心里的隐忍和委屈，瞬间决堤，眼泪夺眶而出。泪珠，沿花瓣落入花舱的蜜里。

　　哭泣过后，心里轻松了许多。泪流出来，空出一大截，又可以盛放好多委屈了。

　　蜜蜂擦干眼泪，发觉自己站在一串紫藤花上。满地的落叶和刮过面庞的风都告诉它时令已是深秋。这株紫藤怎么现在开花？环顾藤架，叶子和豆荚的间隙，只有零星的紫花串，在秋风里摇晃着单薄的身体。它顿时明白，紫藤正二次开花。这株紫藤一定也经历了某种不公、委屈，让它感觉错乱，误把秋天当成了春。

这只蜜蜂，是我。此刻，我就坐在紫藤架下，不远处，三两串璎珞般的紫藤花序，像是别在秋天发髻上的发卡，聚拢着一缕忧伤。这里，山野般寂静，没有人知道，我刚刚在紫藤架下哭过。

这株紫藤，攀爬在植物园湖中心的小岛上。小岛，是一座三面环水的人造小山。藤架沿小山的台阶顺势搭建，紫藤的枝枝丫丫，从山脚一直逶迤到山头。整个小岛，除过一座亭子的尖顶，几乎都是紫藤的天下。

1

20多年前的夏天，我大学毕业分配到这所园子，从此，我生命中许多重要时刻，都是在这株紫藤旁边度过的，伤心时来，开心时也来。这株紫藤看着我一天天越来越忙碌，一年年从青年步入中年。花开的时候，我们同时走进春天，我用眼睛和鼻子向它问好，紫薇用它漫溢的花香，拥抱我，在我耳畔低吟李白写给它的诗："紫藤挂云木，花蔓宜阳春。密叶隐歌鸟，香风留美人。"

多少次，受了委屈，或是心烦意乱，我便来到紫藤跟前。只有坐在这里，我才不会像平日里那样假装从容，强迫自己事事得体。只有在这里，我才回到真实的自己。

这些时候，紫花串或是绿色的小果荚躲在叶子里，它们探头探脑，它们也在倾听两个我的谈话。

蜜蜂哭诉：是我做得不好吗？是我不努力吗？我哪里错了？凭什么这样对我？公平在哪里？天理何在？

我：不，你一直很努力，你也没有做错什么。和人打交道，你就得忍受人性的弱点。

蜜蜂不为所动。

我继续：想想吧，你的这些委屈，和紫藤的遭遇比起来，其实都是小事。你看这紫藤，一旦扎根，就岿然不动，风吹来，雪飘来，雨打来，它躲避吗？它退缩吗？有人摘它的花，有人砍它的枝条，雷电曾击毁过它一根主干，它疼吗？它颓废过吗？你见过它自暴自弃吗？困难、挫折和创伤，都是紫藤壮大的肥料。同样的，坎坷、不公和露骨的人情冷暖，也让你觉醒、深刻并且通透。你不是常说"忧患增人慧，艰难玉汝成"嘛。

再说了，每个人都是孤独的旅者。谁不是在生活的丛林里披荆斩棘、遍体鳞伤啊？伤痕，或许是另一种恩赐，科恩就说过："万物皆有裂痕，那是光进来的地方"。

这多少有点儿鸡汤的味道，但蜜蜂似乎全部喝了下去。它擦掉眼泪，顿了顿，点头：嗯，是我还不够强大。我既没有当众撕破脸的勇气，也缺乏就此不干的决心。

一片叶子从头顶晃悠悠飘落时，蜜蜂似乎下了决心，说：看在紫藤的面子上，我已经宽恕了他们。她的一手遮天，他们的嫉妒中伤，不过是秋风中的叶子。我继续修炼吧，像紫藤那样从大地深处汲取营养，暗自生长，暗自强大。

好。我和蜜蜂终于达成了共识。

或者说，隐藏在身体里的另一个自己，安慰了眼前这个无比委屈的自己。等她用眼泪卸下包袱后，两者合体，再回到现实。

风过处，紫藤奇数对生的小叶似在鼓掌，唰啦啦，唰啦啦。一切似乎被风吹跑了，什么都没有发生过。

2

前年冬天，我去江南开会，会后，去了苏州博物馆观看文徵明特展。在那里拜会了文先生手植的紫藤。

那是冬天里的一个上午，除了鸟雀的啁啾，园子里没有别的声响。紫藤叶子已经落尽，黝黑的枝条上，悬挂着暗褐的长条荚果。主干蜿蜒，筋骨凛然。交互缠绕的枝蔓，游龙般凝固在头顶的铁栅栏上，覆盖了一整个院落。比满架繁花时还要耐人寻味。

它看上去沧桑却有蓬勃的力量蕴蓄其中，近 500 岁了还在生长，一阵春雨几缕春风，就会呼啦啦冒出嫩芽。藤架上扭曲的豆荚，在开裂的一瞬，早已将它的下一代递送了出去。

冬日阳光里，光秃秃的枝干黝黑似铁，扶疏有致。每根枝干似乎都懂得曲尽其妙的道理，枝条呈现出的艺术感与规矩的栅栏达成了一种有趣的和谐。数百年的光阴，似都存储在它的性情里，养就了从头到脚的从容。

一只麻雀落在一侧的枝条上，叽叽喳喳，向紫藤诉说着我听不懂的话语，我似乎听见紫藤发出了含蓄而意味深长的回应。

当我静下心来仔细倾听时，"从容"一词突然间被擦亮，那是一种与生俱来的、婴儿般的光芒，它流动在紫藤的果荚里，闪耀在斑驳的树皮上，镶嵌在嶙峋的骨骼上。

这光芒让我局促。我感觉自己离开"从容"已经很久了。每天一睁开眼睛，我的脑海里就出现课题、项目、专著、论文这些字眼，它们排了长队，站成了我的日程。耳畔总有个声音在催，快，快，快，不然真赶不及了。我加足马力奔跑，却总是磕磕绊绊。时有暗箭袭来，让我丢盔卸甲，狼狈不堪。从容，已经被我彻底弄丢了。我也好久不曾悠闲过了。我该怎么办？

紫藤不语，就像我刚刚见到它时一样沉默。那主干，那枝丫，那树皮，那姿态，无一不是从容的模样，它已经这样淡泊从容了几百年。我只好定定地凝视它，希望从它身上汲取从容的力量。我感觉它才是这个园子的灵魂。这个园子因了这架紫藤，才这么吸引人，滋养人。

这架紫藤，姓文，原本根植于拙政园里。

500多年前，一位官场失意的中年男子，辞官回到了故乡苏州，与好友文徵明一起，耗时16年，用叠山、理水、建筑和植物，造了一所园子。"得山林之性，逍遥自得而享闲居之乐"，取名拙政园。

拙政，拙政。当我默默咀嚼这两个字的时候，我仿佛看到两位归隐者嘴角的自嘲与讥讽——多么笨拙的官员，多么无能的政府。

文徵明，明代"四大才子"之一，他归隐后在拙政园吟诗作画，悠游林泉，并且亲手种植了这株紫藤，人称文藤。可惜，文徵明对这株文藤的笔墨很少，在他存世的几十幅画作与诗文中，几乎找不到紫藤。这很像画家马蒂斯，他经历了两次世界大战，却从未把战争画入自己的作品。

文徵明54岁那年才进入官场，他任职期间，发生了一场嘉靖皇帝与群臣间的"大礼议"，16位反对派大臣被当场廷杖而死，文徵明因病侥幸躲过了一劫。但权术之争和仕途的险恶，令他心灰意冷。他在朝廷干了三年半，接连写了三封辞职信，终获批准归乡。

弃官后的文徵明，画花写文，赏月咏雪。麦黍菽瓜，哺育了他的身体；山水植物，安慰了他在官场上受伤的心；静谧的园林，滋养了他的灵魂。"逍遥自得而享闲居之乐"的他，至90岁寿终。四大才子中，徐祯卿34岁早逝，文的同龄人唐寅只活到54岁，祝允明67岁离世。

临走，我购买了一小盒文藤的种子，说是一盒，其实只有三粒。回家后，我没有把种子种进土里，而把它们埋进心里，让从容重归于我，并且扎下根来。

3

三年前的秋天，我母亲离世，如果她活到现在，该84岁了。母亲在世的后半生，我常常觉得她像一棵大树。比如一棵泡桐，一棵槐树，或者，就是一棵紫藤。

母亲16岁时和外婆从陕南汉中市逃荒来到关中农村，爷爷奶奶见她长得端庄清秀，是儿媳的人选，就收留了她们。半年后，外婆因病离世。如一粒种子被大鸟衔来落地生根，母亲开始在一个完全陌生的环境里艰难生长。我不知道少女时期的母亲是如何度过丧母之痛的，也难以想象她在适应城乡、地域和语言差别时，都经历了什么。好在有父亲的宠爱，10年间，又有我们姐妹四人相继出生。这该是母亲生命中风和日丽的一段光阴吧，她伸枝展叶，忙碌着，也幸福着。

父亲因一场疾病去世的时候，母亲只有48岁。这一年，排行老三的我刚上高中，12岁的妹妹上小学。失去了另一棵大树的陪伴与呵护，母亲这棵树，一时间风雨飘摇。

要让一个家正常运转起来，要照顾和忙碌的地方实在太多，吃、穿、住、行，还要供我和妹妹上学……母亲瘦弱的身体，独自肩负起这些。如一棵羸弱孤独的树，沉默而又坚强地面对呼啸而来的暴风雨，其间的磨难与苦痛，只有母亲知道。

大学毕业我分配到省城工作，女儿出生后母亲赶来帮我，那是一段忙碌而又温馨的日子。朝夕相伴、柴米油盐中，我更多地感受了母亲的大度、平和与良善。每当我遇到无法排解的烦恼时，母亲的一个拥抱，几句安慰，便能引我走出困境。那些日子，母亲就是一棵树，在她的绿荫里，我不担心有风雨袭来，也不怕骄阳如火。我女儿渐渐长大，母亲的绿荫又去护佑我的外甥、外甥女以及第三代其他的孩子……

如今，作为母亲的我也走在人生的秋天。遭遇烦恼挫折时，本能地，还想让母亲抱抱，本能地，会一步步走向那株紫藤。那架清香里，有太多母亲的气息，有太多记忆犹新的画卷。

坐在紫藤架下，眼前会晃动起一老一少的身影，那是母亲领着我的女儿在紫藤树下玩耍。

年逾百岁的紫藤，一定记得她们一起在藤架下背诵唐诗，一起在花朵间追逐蜂蝶。紫藤也一定记得，新叶刚刚长出来的时候，婆孙俩喜欢把紫藤叶子夹在两个大拇指间，双手合拢，用嘴巴对着叶子吹气，竟也吹出了笛子般的音响。吱、吱、吱，唔、唔、唔，母亲曾经自嘲她俩是炒蹦豆。婆孙俩也曾经采来藤架下的狗尾巴草，编织出一只又一只毛茸茸的兔子。手抚兔子尾巴，兔子就会蹦跳。一老一少喊着、笑着令兔子赛跑，女儿着急了会自己跳起来，活脱脱一只兔子。紫藤也该记得，一场雨后，我、母亲和女儿常去花架下捡拾紫藤花瓣。回家后，清水洗干净，裹上蛋液和面糊，一起做好吃的藤萝饼……

趁我回忆这些的时候，紫藤用绿叶和芳香母亲般将我环抱，我胸口积压的浊气，一缕缕游走。

想起一株生长在美国加利福尼亚州寒拉迈德的巨型紫藤，它被誉为世界上最大的开花植物。枝干长153米，覆盖面积4100平方米，浩浩荡荡地向世界展示出一株植物也可以海纳百川——在这棵紫藤上，居住着十多种植物：多种蕨类、苔藓、地衣和不知名的藤本植物；栖息在树上的昆虫、爬行类、鸟类动物，多到不计其数。这棵超大个中国紫藤，是这帮动植物的挪亚方舟，是它们温柔良善的母亲。

后来，我在《山海经》里遇到了一株特别的紫藤。这株紫藤，是人类的母亲。或者说，所有的母亲，都是一棵生长在泥土里的紫藤。

大意是，起初天穹苍茫、宇宙混沌，慢慢地，轻清的物质上浮，重浊的物质下降，于是分出了天和地。那时天上仅有太阳月亮，地上仅有草木山川。可以炼石补天、积灰止水的智慧女神女娲从亘古中醒来并行走于大地时，她感觉孤寂又荒凉。女神于是拔起一株长到天边的紫藤，将其伸进泥潭，搅浑泥浆后凌空舞动。四散的泥点，溅洒到土地上，立即变成许许多多活蹦乱跳的小人，有男有女，有丑有俊，有的欢喜，有的悲伤。自此，人类开始了繁衍生息，绵延不绝。

这场惊心动魄的紫藤雨，造人的同时，也让世间有了丑陋和悲痛。

我们都是紫藤树的孩子，也必将成为孩子们的大树。浮生流年，我们都是艰辛跋涉的旅人，像神农尝百草那样，遍尝世间的各种滋味，酸甜苦辣咸。因为我们都愿意给孩子们更阔大的绿荫，让他们的味觉里少些苦涩，多些甘甜。

4

20多年前的那个春天，我第一次目睹了紫藤花的盛开。三面环水的小山，全被紫藤花占领。

站在藤架下，繁密的花序从天而降，粉白、深紫、浅紫、紫红，流苏般垂挂成紫色的云烟。紫藤花串上大下小，上浅下深，悠然摇曳，仿佛齐声诵唱的赞美诗，把它周围的一切都唱成了紫色，紫色的笑容，紫色的台阶，紫色的风。紫光流逸，犹如洪荒时代女娲娘娘用紫藤制造出来的那场惊心动魄的生命雨。

"我在开花！"它们在笑。

"我在开花！"它们嚷嚷。

面对紫藤花，大作家宗璞的这两句话，竟一下子从我的嘴里蹦了出来。眼前的花朵，仿佛都长了会说笑的嘴巴。一只蹁跹的蝴蝶，一定是被一串藤花的甜言蜜语打动，它翩翩起舞，轻盈盈投入花儿的怀抱。我感觉自己的眉毛弯曲，嘴角上扬，一朵微笑的花，也开在我脸上。我也有了与大作家相同的体验：沉浸在这繁密花朵的光辉中，别的一切都不存在了，有的只是精神的宁静和生的喜悦。

我从地上捡起一朵紫藤花瓣，把它夹进我日记本的一页纸间。那时的我刚刚失恋，紫藤花所在的页面上，记录了自己灰暗的心情，似乎还有泪滴。当紫藤的芬芳和那些文字拥抱的时候，萎靡、沮丧已经化作一缕尘烟，远离日记，远离了我。一架繁花，把失恋的乌云驱散，天晴日暖。世间的事都讲缘分，能在一起，是缘分，不能在一起，也是缘分。我错过了一场人与人的缘分，却因此缔结了人与紫藤的缘分，甚好。

多年后，我整理房间，偶然从日记本里翻出了那朵小小的枯槁的紫藤花，花色灰白，花香也没了，失恋的文字透过花瓣显现出来。我伸手轻抚，仿佛抚到那个名叫岁月的东西，抚到了我的青春年华和那场酸涩的初恋，这一刻，20岁的失恋竟不如一朵失色的花，更能牵动我的情绪。

草木能治病，草木也医心。时间和花朵，都是好的医者。

记得有一年暮春，也是紫藤盛开的季节，我刚刚走到藤架下，就见一男子对着串串紫藤痛哭流涕，正当我犹豫着要不要上前劝说时，却发现他突然天真地笑了起来，他的笑声很响，旁若无人，眼睛亮亮地盯着紫藤。笑过之后，嘴里絮叨着我听不清的话语，完全沉浸在他和紫藤的世界里。藤架下观花的人不少，都心照不宣地躲着他走，我听见一位妈妈小声对手里牵着的孩子说，我们快点儿走，他是个疯子。

我愣住，心里涩涩的不是滋味。我不知道一位精神失常的人，何以这样对着一架繁花又哭又笑。他和紫藤间究竟有过什么样刻骨铭心的故事？

可以肯定的是，他曾经来这里观赏过紫藤花。是夫妻两个或者是一对恋人一起来的吧，后来，她死了？还是她绝情地抛弃了他？或许，他曾经带着自己的孩子一起来过，可如今，他的子女已故去或是远在异国他乡。也或许，他感觉这个世界太冷漠，只有紫藤花愿意听他讲述悲喜。

这一切，都成了谜。

但这一幕却留在我的记忆里，氤氲着一棵树的温情。

那分明就是——当他感觉全世界都厌恶他的时候，还有紫藤，他可以去亲近，去诉说；抑或，当他感觉这个世界都可以抛弃的时候，却始终牵挂着一棵紫藤。

「白鸽」翩跹

1

去年 4 月，在秦岭南坡，我见到了心仪已久的鸽子树。

之前，我只在图片、视频、论文资料和同事的口口相传中，勾勒它的身影，浅知它的习性。去年春天，我应邀赴秦岭参与一场亲子游学讲学，出乎意料地，途中偶遇一片大树，栖息着无数翩翩"白鸽"。恍惚间，我俨然走进了 1000 万年前新生代的第三纪时空，和这个时期的兴盛植物珙桐，进行了一场面对面的交流。

走近一树"鸽子"，在它面前站定，与一朵花儿"鸽子"对视。我喜欢近距离寻味花朵，欣赏它们用开花表达的诚意和那些用香气展露的心思。

几十上百粒紫红的雄蕊，从一个点飞溅出来，每一个花药，都尽力向上向外伸展。淡黄的蕊柱高低错落，合围成半个圆球，像节日天空里绽放的烟花。雌蕊兴味盎然地端坐在密密麻麻的雄蕊中间，或安静沉思，或浅吟低唱。烟花般的雄蕊或与一枚雌蕊组成一个头状花序球，藏匿在一对手掌大小的白色"花瓣"下方，搭眼一看，这对"花瓣"，分明是鸽子轻盈的双翅。

那一刻，我们共沐一片旭日，同呼一林空气。

鸽子花轻灵地蹁跹在绿叶间，像在举行一场声势浩大的聚会。在一双双白色的翅膀下，在吹过它们的风里，是看不尽的春和景明。

许是应了那句"不识庐山真面目，只缘身在此山中"，远观一棵珙桐，那感觉却不是热闹，而是无边的安宁。

美丽神奇的植物都被神话故事包裹，珙桐也不例外，"昭君的信鸽"是我最喜欢的一个。传王昭君奉旨出塞，嫁给匈奴的呼韩邪单于，到了边塞的她日夜思念故乡秭归，随提笔写下家书，托白鸽为她送信。白鸽越千山过万水，不分昼夜地飞啊飞，终于在一个寒冷的夜晚，飞抵昭君的家乡附近。只是经过长途飞行，白鸽已十分疲倦，便选择栖在一棵大树上休息，从此化为美丽洁白的"花朵"。

2

1869年，一位名叫David的法国人踏上了我国神秘的西南山地，在海拔2000多米的高山上，当他与一棵绽放"白花"的乔木相遇时，David与珙桐、珙桐和这个世界的缘分从此开始，他们将彼此成全。

在四川宝兴的穆坪林区，身为传教士与博物学家的

David，发现了一种当地人称为"水梨子"的植物。David 的这一发现，被载入全球植物界大事记。从此，中国鸽子树珙桐，振动着美丽的翅膀漂洋过海，飞往北美和亚欧，让这种中国特有植物的美，遍布全球。

之后，珙桐的植物学名便取名为：Davidia involucrata Baill.，在这个拉丁名中，珙桐（蓝果树科珙桐属）的属名便是 Davidia，这是植物命名史上，对发现者最高规格的礼遇。

时光倒退 1000 万年，地球历史上，新生代第三纪生物如被子植物、哺乳动物、鸟类、真骨鱼类、双壳类、腹足类、有孔虫等，和谐相处，画面美好祥和。珙桐，就是这个时期最繁荣最茂盛的被子植物。

噩梦，是随第四纪冰川而开始的，分布于全球的珙桐，在千里冰封、万里雪飘的冰川纪相继灭绝。人们一度认为珙桐和恐龙一样，从地球上销声匿迹了。幸运的是，我国中部及西南多崇山峻岭、高山峡谷，独特的地理构造，成为各种动植物的天然避难所。珙桐就是在这里幸存了下来，成为名副其实的"植物活化石"。后被《中国植物红皮书》和《中国珍稀濒危保护植物名录》收录，成为国家 I 级保护植物，跻出我国八大国宝植物。

历经地球千万年变迁的植物元老，在被发现之前，珙桐只在我国湖北、湖南、贵州、云南、四川、重庆、陕西这七个省（市）的小范围山川上隐居落脚，陕西陕南境内的镇坪和岚皋，是珙桐野生家园的最北线。

可以看出，自然状态下，珙桐的分布地域和大熊猫的栖息地几乎吻合。换个说法即是，孑遗植物珙桐，是植物中的大熊猫。

所谓的孑遗植物，就是和它同科同属、亲缘关系相近类群的植物，多数已经灭绝，只有它活了下来，并且，保留了可以在化石中发现的已灭绝同类祖先的原始特征的植物。

1000万年何其漫长，难以想象珙桐在冰川期经历了什么样的挣扎。如今我徜徉在白色的翅膀下，不由得对鸽子树肃然起敬。

3

春末夏初，珙桐的鸽子花陆续缀满了树的枝丫，似群鸽栖息。一阵风过，鸽子们便开始了振羽起舞。

珙桐之美，美在其"花"。但此"花"非彼"花"。

说珙桐花像白鸽，只是人类的脑洞。珙桐花可不这么想，珙桐把花序的苞片长成类似于鸟翅的形状，不是为了好看，也不是为了飞翔，它有自己的想法。

较真起来，珙桐花其实是没有花瓣的。大家看到的那两片一大一小白色的"花瓣"，在植物学上，叫作苞片，初为淡绿，继而乳白，雌蕊受精或是雄蕊完成授粉任务后，苞片便失色变得暗淡发褐，之后脱落，关门大吉。

在珙桐看来，洁白美丽的苞片，可以代替缺席的花瓣，吸引媒婆昆虫前来传粉。珙桐花在绽放前，总苞片和叶子的颜色不相上下，绿色、狭小且坚硬，访花昆虫对此毫无兴趣；待到雌蕊雄蕊成熟时，总苞片变得乳白、轻盈又柔软。一时间，这魅力让访花昆虫难以抗拒。科学家曾经在花期去掉珙桐的总苞，用乳白色的纸片剪成类似的形状，挂在珙桐的花序上，也能让蜜蜂等昆虫趋之若鹜。看来，小小昆虫大约只是味觉动物，至于视觉嘛，马马虎虎，差不多即可。

其次，珙桐把花苞片长成这样的形状，它的原意，其实是想让苞片充当雨伞。

珙桐的分布区域大多位于华西的雨屏带，珙桐开花期，难免遭遇大量的雨水。而珙桐知道，自己的花粉非常脆弱，若是吸收了过多的水分，花粉就会炸裂而死，还怎么传粉受精？还怎么繁衍后代？所以，或许得益于珙桐的一个脑筋急转弯，我们便看到了像雨伞一样，覆盖在花序外面的苞片，在雨季里，显示出它可贵的护卫作用。

再回头看一眼珙桐的植物学名 *Davidia involucrata* Baill.，在这个学名里，种加词 involucrata，翻译过来就是"花朵被苞片包裹着"的意思。

保护花粉不被雨水淋湿炸裂，同时吸引媒婆昆虫传粉，这才是珙桐"白鸽翅膀"存在的真实意义。

4

珙桐树形高大，树身挺直，树冠圆润。可以拥有 25 米的身高、1 米多的胸径。心形的树叶，阳光下绿得发亮，叶脉清晰，叶缘有一圈细密精致的锯齿。尤其那别致的"花朵"，像鸽子，像雨伞，充满了童趣。

后来，在我国其他地方又发现了一枚苞片和粉红苞片的珙桐。

David 当年在中国发现鸽子树的消息，如投入西方植物界湖中的巨石，激起了层层波浪。欧美植物专家纷纷来华寻找珙桐。1897年，法国人法戈斯把他采集到的37枚珙桐树种子带回国播种，只有一枚发了芽。这枚种子不负众望，在远离故土的法国生长良好，10年后开了花。1899年至1918年，植物猎人威尔逊，先后受聘于英国维奇园艺公司和美国哈佛大学阿诺德树木园，他5次到中国采集植物，将大量的中国植物带到英、美等国。其中，令威尔逊最为得意的便是珙桐。法戈斯和威尔逊之后，西方对"绿熊猫"珙桐感兴趣的人越来越多，德国慕尼黑植物园、瑞士日内瓦植物园、英国皇家邱园、英国希列树木园等地，相继都有了鸽子花翩翩飞翔的身影。

相比之下，我国对珙桐的研究起步很晚。

1925年，我国老一辈植物学家陈嵘教授赴鄂西考察时发现了珙桐，又在1927年夏季专程赴四川调查，在穆平林区采集了珙桐的种实。四川大学农学院于1928年10月采集珙桐种子数百颗，1929年春播，翌年发芽79颗，后存苗50余株。1954年，周恩来总理到瑞士日内瓦参加世界和平的国际会议，在下榻宾馆的院子里，几株美丽的珙桐神采飞扬，乳白色的苞片如和平鸽展翅。当他听到当地人侃侃而谈珙桐的传奇经历时，禁不住大吃一惊。总理回国后，即要求我国林业工作者重视珙桐的研究和发展。从20世纪60年代开始，北京、南京、郑州、昆明、西安等地才开展了珙桐的引种试验。

北京植物园里栽培的珙桐，能正常开花。这是目前所知中国大陆栽培珙桐的最北位置。

2008年北京举办奥运会时，66棵栽植于奥林匹克公园里的珙桐，在奥运会期间开出了107朵美丽的鸽子花；2008年12月23日，17棵珙桐树苗与大熊猫"团团""圆圆"一起，搭乘专机飞往台湾；2016 年 6 月 18 日，陪同习主席出访的彭丽媛和塞尔维亚总统夫人，一起在贝尔格莱德植物园，种下一棵北林大精心选育的珙桐……

美丽的鸽子树，是和平的使者，是两岸一家亲的纽带，也是绿色的国礼。

5

90 年代初，我大学毕业分配到西安植物园工作时，老一辈植物专家从秦岭引种的珙桐，在一次次土地变更中已香消玉殒，我只在单位的植物名录中见过它的身影。

听负责珍稀濒危植物保护的邢老师讲，珙桐对生长环境要求苛刻，迁居到城市植物园后，水土不服。它性喜温凉湿润、多雨多雾的气候，不耐瘠薄，尤其不能忍受夏季 38℃以上的高温，而西安又是个火炉城市，所以夏季给它拉遮阴网是必需的。活下来的珙桐，生命力并不旺盛。

珙桐用种子繁殖也相当困难。因为，珙桐每个果核中，仅有 1～5 枚种子发育完全，败育现象十分严重。棘手的是，珙桐种子还存在较长的休眠期，传粉机制到现在也不十分明朗，确是"千花一果"。想当年，英国皇家邱园，先后于 1897 年、1898 年派人来中国采集珙桐种子，但都没能成活。

从资料上看，珙桐自然林下枯枝落叶层厚，种子落地后，发芽率只有 3% 左右。令人揪心的是，珙桐对外界环境的变化非常敏感，继而造成天然林更新困难。如今人类的介入，已成为破坏野生珙桐最致命的因素。

珙桐俊美飘逸的长相、优质的木材和含油量颇高的果皮、种子，都成为悬挂在珙桐头顶的利刃。在私欲的驱动下，珙桐已成为不法分子偷偷采伐（大树做家具）、采摘（果皮种子炼油，有人收购）或采挖（幼苗倒卖）的对象。如今在野外，已经很难发现珙桐的实生苗了。

　　树木，一旦被贪婪的人惦记，它的头顶，便笼罩了乌云。

　　希望躲过了冰川纪漫长的地质灾害的珙桐，千万别毁灭在现代人的贪欲里啊。

植物糖

好些糖就藏匿在草木里。不包括瓜果，瓜果的甜，丰沛充盈，但它们多数生长在我童年的藤蔓之外。那时舌尖能触摸到的甜，在草木的花心里，在玉麦秆秆里，在糜子穗穗里，在茅草根根里，羞涩、稀少、若有若无，却也一次次满足了我对于甜的渴望。

1

当蒲公英和婆婆纳开始喧哗的时候，空气里也开始飘着丝丝甜味。这味道自上而下，顺着蜜蜂蝴蝶的翅膀滑落下来，流入我的鼻孔。抬头，我家门前的一树泡桐花，正举着紫色的酒盅谈笑风生。甜味，就是在酒盅相碰时溢洒出来的。

还没有长出叶子的泡桐树，像一团燃烧着紫色火焰的广告牌，芬芳、招摇、轰轰烈烈。蝴蝶蜜蜂按图索骥，纷纷振翅而来。嘤嘤嘤，嗡嗡嗡，它们要和泡桐花来一场甜甜蜜蜜的爱恋。泡桐花欣然捧出花蜜花粉款待来客，蜜蜂蝴蝶吃饱喝足后，在花朵间跳舞歌唱，协助泡桐传花授粉，繁衍子孙。

站在树下，总有紫色的酒盅掉下来。啪嗒一声，像一个梦的句号。这个时候，我会三步并作两步跑过去，捡起来，那可是一粒"花糖"。

那年月清苦，饭菜里少荤腥，日子里少糖，亦无零食。只有在大年三十的晚上，吃完年夜饭，全家人围坐在炕桌边，父母才会给我们四姐妹面前的盘子里分别放进 8 粒水果糖、10 粒核桃、一把花生和一把瓜子。水果糖，是过年时除过花衣裳外我最期待的年货。因为稀少，我竭力说服自己，两天吃一粒糖，这样，新年分得的吃货，就能一直吃到正月十五。

只是我再怎么节省着吃，那些亮晶晶甜蜜蜜的水果糖，过完十五，也就了无踪影。因此，当春季里泡桐树送给我花糖时，我是多么的欢喜。

落地的花糖，花儿酒杯依然新鲜完好，紫里透白，从花心腾起的一抹黄上，撒着几粒雀斑。学植物后我才知道，这斑点原来是泡桐为蜜蜂专设的餐厅指路牌。

那时的我尽管瘦小，但和蜜蜂比起来，体量还是超级庞大，要钻进花朵里食蜜显然是不可能的。可这难不倒我。我左手捏住硬硬的花蒂，右手稍稍用力一拉，酒盅形的花冠便完整地捏在手里，用嘴巴对着酒盅的底部，轻轻嘬一下，一粒微凉的蜜水，便在舌尖上洇开。而我总要用舌头在唇齿间搅动一番，嘴唇吧嗒两下，才美滋滋地咽下去。

大部分凋落的酒盅里，蜜蜂都光顾过，留不下多少蜜水。

但总有例外。就像是泡桐树为树下等待观望的我专门预留的。或者，是泡桐为树下的蚂蚁军团留的。当我忙于玩耍忘记嗍花蜜这件事时，蚂蚁们很快就会爬进花糖里享用。

"成都夹岷江，矶岸多植紫桐。每至暮春，有灵禽五色，小于玄鸟，来集桐花，以饮朝露"。多年后，我读到这段文字时，不禁莞尔，眼前即刻浮现出那株高高的泡桐，和一次次弯腰的我，原来，我也充当过一只桐花鸟啊。

村子周围好多野花的花心里都兜着一粒蜜。米口袋、麦瓶花、地黄、飞燕草、紫花地丁，等等，我和琴琴去剜猪草时大都尝过。其中地黄最受欢迎，我们叫它蜜罐罐，花冠合围成一个黄红色毛茸茸的罐罐，里面兜着一大滴花蜜。选一朵罐罐饱满的花，揪下，放进嘴里一吸，清甜的蜜水瞬间在口腔里激荡，你便很难控制自己不把手伸向下一朵花儿。

嗍花蜜多了，也发现了一个规律，早晨太阳升起前嗍花蜜，蜜汁既多又甜，太阳升起来后，花蜜的量慢慢减少。日过三竿，花心里的蜜汁便如同露珠一样，了无踪影。

我喜欢吃糖，我相信花草也是。不然，草木里不会收集那么多的糖。你看，糖分子沿阳光奔跑时，很快被好多花儿穗儿兜住。糖粒在晨雾里晃荡时，被好多叶子果子留住。糖水沿土壤行走时，被好多的根系系住。糖，从此不再流浪，在一株株花草里安顿下来，被珍藏，被酝酿，被当作报酬，支付给蜂蝶，还有童年的我。

2

上大学前，甘蔗的蜜汁是水中月镜中花，只流淌在文字里。干旱寒冷的渭北旱塬上，从来没有过甘蔗的身影，倒是有很多甘蔗的远房亲戚——玉麦和高粱，玉麦，也就是玉米，我老家人都是这么叫的。

那时，第一眼看到玉麦我的视点不是玉麦棒子，而是它光滑细长的秆秆，那里住着糖。

我经历过好几茬玉麦的生命旅程，吃过好多甜甜的玉麦秆。

20世纪70年代，粮食总捉襟见肘。有限的土地上，乡人只愿意种主粮小麦。只是小麦连作几年后，土壤板结，肥力也会下降，这时就要用玉麦倒茬来改良土壤。若是一块田地决定种玉麦，这块地，必定要经历一段长长的空窗期。地的空窗期对父母来说是不得已而为之，可我分明是开心的，终于要有甜秆秆吃，也要有玉麦棒子解馋了。

刚钻出泥土的玉麦苗细细嫩嫩的，春风一吹，浅绿色的子叶左一片右一片舒展开来。几天不见，再去地里就会发现，玉麦的个头蹿高了，叶片长大了增多了，颜色更绿了，该间苗了……放学后，我和家人一起进入玉麦地，把多余的苗子拔掉，顺带着拔掉地里的杂草。

清理门户后的玉麦，撒着欢儿长，一天一个样。站立田间，不时能听到玉麦拔节的声响。一个多月后，玉麦的身高就超过了我，叶片修长，随风舞，遇雨歌，模样俊俏。

进入7月，玉麦开始抽雄吐丝，它们即将开启一段甜蜜的爱情。玉麦间是否相爱，关系到能否结出玉麦棒子，也关系到我们能否吃上甜秆秆。

玉麦头顶抽出的穗状花序，村里人叫它天花，是雄花，充当植株体上的男性角色，任务是抛洒花粉。在大约一周的传粉时间里，漫天飞舞着神秘的花粉，张扬而热烈。

天花绽开一两天后，叶腋处幼小的棒子顶端，会抽出无数花丝，花丝柔顺光亮，绿中透黄，太阳一晒，晕染出嫩嫩的粉红，展脱，顺溜，像洋娃娃的秀发，我们叫它玉麦缨子。这缨子，便是玉麦花，是植株体上的女性角色。

7月的天空下，天花在风中摇头晃脑，洒下薄雾般的花粉。缨子一旦接收到花粉，会悸动般突然蜷曲，神奇的新生命在缨子的另一端着床。缨子，也只有遇到爱情——花粉，才会戛然停止生长，变成一个内心甜蜜的妈妈。那些一个劲儿伸长的缨子，则一定是没有授粉的。这种状况无端会叫父母着急，却也无能为力——花开后遭遇了连日阴雨，或者抽丝太晚，都会让缨子错过爱情。

那些最终没能结实的玉麦秆，在玉麦看来是被爱情遗忘的个体，孤寂，清瘦，两袖清风，但在孩子们的眼里，却是难得的口福，这些"光棍"，就是不久后供我们享用的甜秆秆。

尽管甜秆的出产率很小，丰年里一亩地大概有六七株的样子，但甜秆的存在，分明是大地犒赏孩子的礼物。没能结出棒子的茎秆里，营养不分流果实，全都转化成果糖，被玉麦秆收藏。植株里的糖，总要有个归处。

玉麦棒子快要成熟的时候，地里的甜秆也被大人咔嚓一声折断，舍头去尾，从结节处折分成尺高。似竹而内实，表皮黄中泛红，折射出内里玉液琼浆的颜色。咔嚓咔嚓，汁水在口腔里激荡，直吃得咬肌酸胀，舌尖、胃里和心里，却是前所未有的甘甜。不一会儿，一大捧甜秆秆便在我们姐妹的咔嚓声里，化为一堆没有汁水的碎渣渣。

吃甜秆秆时，我喜欢从细往粗里吃，也就是从玉麦秆的梢头往根部吃，我喜欢越吃越甜的感觉。妹妹则相反，她喜欢从粗往细里吃，她说，她吃的每一口，都是最甜的。这"秆糖"，让我们都变成了乐天派。

大二时，在学校门口的盘旋路（兰州市）上，我第一次吃到了甘蔗。一口下去，感觉和小时候吃玉麦秆差不多，吃第二口，觉出了分别。甘蔗比玉麦秆甜太多了，汁水也多，连结节处都是甜的。这才知道，天外有天，甜外有甜。在甘蔗的甜面前，当年的甜秆秆，就像是混进米兰时装周里的乡下丫头。

这个发现，并没有让我沮丧，也没有让我从此厚此薄彼。想来，是因为甘蔗从没有甜蜜过我的童年。后来，生活里的甜东西越来越多，也越来越容易得到。甘蔗，就始终生长在我的期盼之外。

童年时，除了玉麦秆可以满足我短暂对于甜的渴望，家乡的高粱秆也给我解过馋。高粱秆比玉麦秆细些，质硬，味道也甜，后味有点儿馊。外皮始终是绿色，上覆一层银白的霜，在根结部位，有时会看到颜色鲜艳的红点。用牙齿剥下来的秆皮锋利似刀片。一次，我竟被它割伤了手指，血一下子染到高粱秆上，那是甜蜜的代价。

高粱在村子周围的地里种植不多，偶尔会出现一片，很少能见到影片里的青纱帐。我是不敢随便去吃这种甜秆的，记得母亲说过，那是别人家的粮食。

3

秋天，糜子成熟了，谦逊地弯下了头颅。

收割，脱粒，脱皮，磨面。我们要忙碌几乎一个白天的时间，才能让糜子面变成杠子馍。那杠子外形如同被劈成了两半的圆柱子，尺余长，金黄色，表面滑溜溜的，很有分量。

杠子切成的薄片，就是我们的甜点，我们也叫它甜馍馍。黏黏的，甜甜的，还夹杂着一丝苦，一丝涩。

决定做杠子馍时，得起个大早。天还黑黢黢的，我们一家人已经围绕在灶台上忙碌了。

锅内添水，水上加糜子面粉覆盖，并不做任何搅拌。我负责烧火，大火烧至面粉三分熟时，取出，母亲和二姐趁热揉搓，妹妹做替补队员，跑腿添水加面。杠子馍是否劲道，在于搓揉拿捏的力道，也在于面水比例是否协调。面团变光滑后，母亲用手细细雕琢成半根圆柱体。返回锅里，文火闷蒸，直到杠子馍变甜。最后，再用大火蒸熟。从文火焖蒸开始，我们便用手指头盘算着，再过多长时间能吃到甜馍馍。这段等待很长，大约需要八九个小时。

"妈，好咧么？""没有。""妈，好咧么？""再等等"……

当杠子馍馍亮晃晃地呈现在案板上时，味觉即刻被它点燃，三姐妹你争我抢。起初几片肯定是囫囵吞下去的，舌头刻意略去了苦涩，直奔其中的甘甜。这时母亲就会提醒，娃呀，少吃些，慢慢嚼，细细咽，杠子馍好吃难消化，吃多了屙不下。

村子里的人都知道，直接用糜子面蒸馍馍，只有苦涩，没人吃得下。母亲的巧手烹饪，凉水与热水的适当搭配，加上足够的时间，才让原本苦涩的糜子焕发出了甘甜。母亲那时会趁机用杠子馍教育我们：凡事下足了功夫，苦就能变甜，铁棒也能磨成绣花针。

那时，人们种糜子还有个用途，就是用糜子的茎穗绑笤帚，物尽其用。糜子笤帚枝条纤细、柔韧，外形小巧，有一段天然的弧度，适宜打扫。家家案板和炕上，几乎都有一把。少有人用高粱做笤帚，高粱穗子硬，爱掉渣，扫面粉、扫炕显得尤其笨重。

多年后，我总是回想起一家人一起做甜馍馍的场景。那时，我大姐已经参加了工作，那份劳作的甜蜜里便少了她。母亲和我们三姐妹一起忙碌时，老屋里热气蒸腾，欢声笑语不断。现在的乡村，再也不会有这样的场景了。先是糜子的身影在村子里彻底消失了，村里的年轻人也大多去了城里打工，家庭成员少，冰锅冷灶的，热闹不起来了。再者，现在的小孩子从来就没有见过杠子馍，而那些留守村庄吃过杠子馍的中老年人，嫌弃糜子面苦涩，做甜馍馍费事、费时，也不再种它、吃它了。

糜子和谷子的长相相似，当年的我总是傻傻的分不清楚。当年吃甜馍馍时，我也不知道糜子竟是五谷之一的黍，它滋养了人类千年，到如今却身影难觅，想回味都不知道去哪里找寻。人生一世，草木一秋。即便是能找到糜子面，那个和我们姐妹一起做甜馍馍的人，也已经不在了。那些飘浮在记忆里金黄的糜子，像是被时间收割了，装进越来越遥远的杠子馍里。

黄灿灿的糜面杠子，宛如一座天桥，我们在这边，母亲，已在那边。存留在我舌尖上的糜子面馍馍的甜，便被永远高悬了起来。

记忆中，母亲也爱吃糖。后来日子慢慢好起来了，母亲便想方设法地给我们蒸甑糕，做糖包，烙糖饼，让日子处处充满甜。

母亲说她怀我大姐时想喝红糖水，说了好几次，我奶奶都没有满足她的愿望。那时候，村里人大都吃不上糖，红糖凭票供应，家里有人坐月子，才可以去生产队申请领票。也不知道是奶奶没去领票还是家里的确没钱，总之，第一个孕期里没能吃上红糖，是母亲心头永远的遗憾，她说过不止一次。

谁都没有料到，母亲快 70 岁时患上了糖尿病，她开始对糖敬而远之。那些含糖的食品被束之高阁，被拒之门外。就连糖分高的水果也不吃了，医生还建议她少喝米汤少喝粥。辛苦了大半辈子的母亲，又开始对着一大堆丰富的食材发起愁来。听说苦可以降糖，我们去市场上买来苦瓜，买来苦荞麦粉，甚至去药店里买来苦参，母亲从此天天用苦涩和她血液里的糖分对抗，她似乎又回到了以麸皮野菜为主的艰苦岁月里。

生活就像魔术，这一刻的甜，在下一刻却变成了苦。直到母亲 81 岁离世，全家人一起陪她在甘甜的日子里寻找苦，在苦涩的吃食里回忆甜。

在苦中找甜，也像我们的人生。

4

初春，田里的麦苗刚刚返青，四望绿莹莹的。此时的玉麦、糜子和高粱，都还躺在种子里呼呼睡大觉。

没有花糖，没有甜秆秆、甜馍馍的季节，田野悄悄地给我们烹饪起另一种甜食——一种名叫白茅的草根，汁水清甜，回味悠长。

那时候大人叫它白茅，我一直以为是白毛二字。秋天里，从细长的绿叶子间，会抽出一根根高高的花葶，上面开出白色丝毛状的花，轻盈，轻巧。白得纯粹，白得醒目。一阵风过，白茅一起顺溜地飘过来，又荡过去，那是风儿的形状。

白茅飘飘的时候，大雁也经常从头顶飞过。我在一旁剜猪草时常常心不在焉，千万朵白茅织成大地华美的衣裳，是张爱玲笔下的生命之袍吗？白茅有自己的心思吗？一阵风过，白茅整齐划一，有种萧瑟薄凉的美，像是应和着空中的大雁，像一句诗：秋风起兮白云飞，草木黄落兮雁南归。

幼年的白茅草秀气，叶子修长柔软，有点儿像兰花的叶子。慢慢地，叶片变硬，叶缘长出看不见却能摸得着的锯齿，剑一样锋利。据说，鲁班发明的锯子，灵感便来自白茅。

村子里也有手巧者用白茅茎叶编草帘，编坐垫，编草帽，结实耐用。上学后，我从语文书里知道，杜甫草堂的屋顶上，曾经铺着白茅。"八月秋高风怒号，卷我屋上三重茅。茅飞渡江洒江郊，高者挂罥长林梢，下者飘转沉塘坳。"背诵这篇唐诗时我一直想不明白，为什么处境这么艰难的诗人，房屋被大风刮破时，先考虑的不是自己，而是天下贫寒人士？"安得广厦千万间，大庇天下寒士俱欢颜。"老师告诉我，那是一种境界，一种宁肯自己苦也要别人甜的情怀。

记忆中，白茅皮实，一直以杂草的形象，密密麻麻地生长在撂荒地、塄坎上和田边地头。除过铁锨和镢头，没有什么东西可以阻挡它蔓延的脚步。但只要它不挤进庄稼地，也没有多少人愿意去和它计较。

对白茅，我始终是喜爱的，除了心思可以在秋天的白茅上放飞外，它那白白嫩嫩的根系，于我也是一种糖。那是除过花糖、秆糖和穗糖之外，来自草木另一部位的糖果，我私下里称它为根糖。回想起来，正是因为有了这些植物糖，那些贫苦的日子，依然充盈着甜意。

剜猪草累了，走进一片茅草地，用铲铲剜开泥土，往深里刨，使劲刨，才能看到白茅根，一节节的。挑选出中意的甜根根，匀着劲缓缓地往外抽拉。它的根很长，多数时候并不能完全抽将出来。抽不全也没关系，好在白茅多，甜根根也多。揩净根面上的浮皮后，就露出白亮亮的根糖，白白胖胖，像一截袖珍的莲藕，内含乳白的汁液。我们那时叫它"咪咪甜"，咪咪是小的意思，咪咪甜也就是微甜的意思吧。放进嘴里嚼，汁水充足，但那滋味却甘甜，还带着牛奶的淡香，咂吧完一节，再咂吧下一节，一截又白又嫩的根很快便面目全非。

陈忠实老先生在《白鹿原》里称白茅根为"羊奶奶"。有一个情节意味深长：与白嘉轩争斗了一生的鹿子霖最后疯了。疯子鹿子霖匍匐在地上扭动着腰腿，使着劲儿从草丛刨挖出一棵鲜嫩的羊奶奶，捡起来擦也不擦，连同泥土一起塞进嘴里，整个脸颊上的皮肉都随着嘴巴香甜的咀嚼而欢快地运动起来，嘴角淤结着泥土和羊奶奶白色的液汁……鹿子霖把一截羊奶奶塞给白嘉轩，说："给你吃，给你吃，咱俩好。"白嘉轩轻轻摇头，转过身时忍不住流下泪来。

这画面让人动容。一个曾经那么卑劣的人，一个失忆了的人，当他尝到草木的甘甜后，竟然滤去了大半生的阴险，唯留童年的记忆与喜好。甘与苦，狡诈与纯真，荣辱与悲欢，在白茅根上无痕融合，令人喟叹。草木，果真是生命的滋润剂，是一个人灵魂安居的巢。

今年秋天，母亲过三周年时我回乡悼念。村北的那片坟地里，只有母亲坟茔上的泥土是新的，四周，长满了高高低低的白茅。泪眼蒙眬中，白茅在天地间雪白地舞，舞出了一片海。我知道，那片海的下面，是密密麻麻的白茅根系。

《圣经》中说，天堂是美好宽阔流奶与蜜之地。笃信耶稣基督的母亲，勤劳善良的母亲，就安歇在一大片甜根根中间。

突然间觉得，那些纵横交织的咪咪甜，就是固化了的牛奶与蜜汁，它们周围的泥土里，一定含有许多糖。

是的，母亲已在天堂里。

草红花

1

步入中年后，草红花开始频繁地融入我的生活。

如果说每日里的红花茶还有点儿草木怡情的话，红花油和我的频繁交集，就很有些令人沮丧了。它不时提醒我的膝关节正在走下坡路，提醒我年轻时的爱美和轻狂多么荒唐，提醒我不听妈妈言，吃亏在眼前……有很长一段时间，我都需要红花来帮我，帮我舒筋活血，赶走不适。

我的左膝盖，下肢重要的负重关节，在经历了"自杀式"跳绳减肥后，从五年前开始频繁罢工。每当一阵冷风袭来，我的左腿都会先于身体，现出肿胀僵硬的姿态，不仅如此，就连晚饭后的散步时间，左膝盖处也会不时嘎噔一声警告我，提醒我它的存在。这时，我就不得不搜寻街边的长椅，坐下来用双手按摩抚慰它。回家后再打开红花油，用亮红的液体一遍遍拥抱、浸润和滋养，以期获得它的原谅。

稍顷，我感觉肿胀紧绷的膝盖在红花绵长的气味里，慢慢舒展放松，继而解除和我的对立，销声匿迹于身体的骨骼大军，不那么特立独行了。人体是一台精密的仪器，在大脑的指挥下，206块骨骼、639块肌肉和60亿条肌纤维各司其职，配合默契。如果哪个地方突然跳出来显示自己的存在，一定是这个地方出问题了。

问题既已出现，总得想办法应对。那时，我最先想到的是去医院。进入其中后发现，我身体里的各个器官，在医生的眼里都有了嫌疑。医生头也不抬，就开出一长串化验单：血液，尿液，血沉，血象，风湿、类风湿因子，肝功能，肾功能，骨密度，X光片，超声波……经由里里外外楼上楼下高科技天眼扫描后，医生大笔一挥，写出诊断结果：骨关节退行性改变。至于病因，大约可归咎于每晚跳绳千余次，因为医生听我陈述曾经这样减肥时立即打断了我，说这是膝盖自杀式运动。随后，医生吩咐千万别爬山，少爬楼梯，多晒太阳，多休息，多保养。

这样的结论，不啻为一声响雷，眼前的色彩尽数消失，一切都成了灰色，灰色的人影，灰色的街道，灰色的树……按说，岁月迟早会让一切具象的东西失色，人所要做的，就是在拥有时珍惜，在来临时无条件接受。然而，对我来说，腿疾来得太早，早到完全出乎我的意料。步入中年没多久呢，就罹患了老年病，而且竟然无药可医。

医生开列的禁忌里，别爬山，似乎最容易做到，城市里一马平川，无山可爬。可谁的生活会囿于四四方方的水泥森林里呢？有句话说，生活，不只是眼前的苟且，还有诗和远方。不能爬山的远方，还有什么诗意可言？少爬楼梯，于我也做不到。我家住二楼，办公室也在二楼，家属楼和办公楼都是有年代的小高层，当初没有设计电梯。每日里上班下班，至少八次上楼下楼，除非退休蜗居，否则，爬楼梯无可避免。年轻时，腿脚倒是利索，可是没钱没闲。好不容易熬到有点儿钱也可以有点儿闲了，膝关节竟然出了问题。这世间的事，大概永远都处于无休止的矛盾里，处于无可奈何的惆怅里。

妈妈在电话那头说，你也别太担心，西医治不了，咱用中医，去中药店买些红花吧。红花，你不记得了吗？我以前经常用呢。唉，当年，让你别那样跳绳，少穿短裙注意腿部保暖，你就是不听。

悔不当初，悔不当初啊！可是，这世上哪里有卖后悔药？

2

红花，红花，我嘴里反复念叨着这俩字，脑海里，渐渐有了红花的身影。

一方小土院，西边的土墙边，高挑的草红花长成了一排花墙。阳光在碧蓝色带刺的叶间跳跃，汇成一股绿莹莹的河流，红花就漂在"河面"上。花墙的东边，是四小畦菜地，每畦大约两个平方米，依次种了韭菜、白菜、辣椒和黄瓜，横平竖直，参差有序。花开时，蝴蝶蜜蜂不时前来造访，翻飞出色彩和声音的层次。

花墙和菜地，都是父亲的杰作。父亲能写会画，是当年我们村为数不多在县城工作的人。兴许是遗传，父亲在绘画方面无师自通。打我记事时起，常见他在放下铁锨和锄头后，拿起画笔,在乡邻送来的油漆好底色的木质家具上,他画田间的野花,画鱼缸里的小鱼,也画院子里的麻雀、燕子和喜鹊。只寥寥数笔,花像真的一样,鸟儿活了一般。

父亲用红花和蔬菜在院子里"画"出的这幅画,与田园情调无关,更多是为了生活。父亲希望红花和身旁的蔬菜一样,发挥其实用功效。

种红花的起因,源自母亲的一次崴脚。那天,母亲带我去赶集时不小心踩到石子滑了一跤,脚腕即刻红肿起来,很快变得像一个光滑溜圆的红芋,疼得她龇牙咧嘴。我一路小跑请来村里的大夫兼捏骨匠四伯,四伯用手触摸脚踝后说,骨头好着呢。针对肿胀疼痛,四伯只开出了一味药方——红花。

四伯嘱咐母亲用红花油涂抹患处,用红花泡茶喝,还要用红花泡热水洗脚。母亲那次经过了多少天才痊愈,我已经记不得了,只记得,从此草药红花就进驻到了我家院子里,成了家人使用频率最高的花草。母亲常常用它,父亲和我们姐妹偶尔也用。

父亲是在我上五年级时病退回家的。他病退的那年夏末,长宁乡发大水,父亲在齐腰深冰凉的洪水里,连续工作了一天一夜,直到一条胡同里每一家值钱的家具,都被转移到安全的地方。然而疾病却从此缠上了父亲。风湿性心脏病和胃病,让身高一米八的西北汉子迅速垮了下去,40多岁便病退回家。

在母亲的督促下,父亲吃一大堆红绿药丸的同时,也用红花水泡脚驱寒。

父亲病退后,请父亲画家具面的人少了,人们那时都买现成的家具,父亲在家时也很少提笔作画,只有一次例外。

　　那是个周末，天空里飘着毛毛细雨。父亲剪来一大把草红花，插进一个盛了清水的罐头瓶里，放在四四方方的炕桌上，花叶上挂着细密的水珠。阴暗的老屋，因了那瓶红花，一下子亮堂起来。多年后我每次回想起父亲画的那瓶红花，都觉得非常像梵高的向日葵，只不过花儿是袖珍版的。

　　那天我和妹妹趴在炕桌边上，看父亲铺开画纸开始素描。

　　父亲对着红花稍一凝神，起笔画出罐头瓶的形状，接下来，他画了一个狭长的五角星，从星星的中心向后伸出一个上大下小的喇叭管，像彗星那样拖了长长的尾巴。尾巴的小头一直伸到了罐头瓶底。紧接着，父亲又画了一个五角星和它的长尾巴，尾巴同样伸进了罐头瓶里，只是倾斜度有所不同。

　　我有点儿蒙，说，爸爸你画错了，红花不长这样。妹妹也点头附和。

　　父亲停了下来，只见他从罐头瓶里拿出一"朵"红花，又从红花上揪下一"瓣"，平放在掌心里。好奇怪，他的大手掌上，真的躺着一个星星形状的花朵，橘红色，拖着长长的尾巴，从星星的中心，伸出一根细长的红色花蕊，小巧而精致。

　　父亲把这"朵"红花的花梗剪掉，顺手掰掉了几片叶子后，平放在瓶插红花的一旁，炕桌上，即刻出现了一件微型"插花"——无数朵橘红色的星状花，将它们细细长长的花管，插进绿白色的"罐头瓶"里。彼此独立，又相互照应，合围成一个热烈的半球。"瓶"花虽小，却天然吻合了西方式插花的所有要素：几何造型，圆润丰满，比例均衡，色彩耀眼。

　　身材微小的天然插花和一旁的罐头瓶插花，竟非常相像，只是体量悬殊，妹妹拍着手说它们是爷孙俩。在我眼里，那个小小的天然"罐头瓶"更艺术一些，因为它的表面上，还雕刻着此起彼伏的三角形浮雕。

之前我只觉得红花艳。那是我第一次觉得草红花很美。

父亲说，你俩数数看，这小小的"瓶子"里，有几十朵小花呢。等我俩数完，父亲再次拿起那朵拖着长尾巴的小星星说，一开始，我和你们一样，走马观花，看东西只看个大概。直到昨天，我看见一只蜜蜂落在红花上，用头使劲往下钻，蜜蜂飞走后我再细看，才发现了这些小花。你们看它虽纤细弱小，却长得非常精致，即便是用放大镜看它，也挑不出毛病。对比一下，我画的花多粗糙啊。说完，父亲还有点儿不好意思地嘿嘿笑了两声。

多年后，当我读到一句话时，突然间就想起了当年的这个场景。Roman Vishniac 说："在大自然里，每一个细小的生命都是可贵的。而且，放大倍数越大，引出的细节也越多，完美无瑕地构成了一个宇宙。"

3

我的小学生活，是在"祁家村小"里度过的。我们乡的村名大都直来直去，祁家村，唐家村，翟家村，郝家村，上孙家村，下孙家村……现在依然沿用。毫无悬念，一个村子里绝大多数人都是一个姓。

小学毕业后我升到了一里外的翟家村中学读书。初中有晚自习，冬天放学时天已经很黑了。无论我多晚回家，父亲都会坐在我家门口的石门墩子上等我，收音机的音量调到最大。他给邻居说，我女子听见这声音就不害怕了。

这台收音机也是我们村第一台洋玩意儿。起初父亲刚买回家时，大家都来看稀奇，翠婶非要父亲打开收音机后盖让她看个究竟，她一边看一边念叨："这个黑匣匣里面，一定藏着几个碎人（小人儿），是他们在里面又说又唱呢。"

下晚自习的路上，好多次，我都听见同一首歌在空中飘扬，我踏着它的节拍走路回家，黑暗、孤独和恐惧，都被婉转深情的女声屏蔽。那是电影《闪闪的红星》里的主题歌：

> 夜半三更哟盼天明
> 寒冬腊月哟盼春风
> 若要盼得哟红军来
> 岭上开遍哟映山红
> ……

那时，我和父亲都没有见过映山红。看电影时，我只顾了情节，并没有留意这种花的长相。唯一确定的是，它是红色的花朵。后来，我们的语文书里，也出现了这个名字，老师说，映山红的红色，是烈士的鲜血染成的，它们是英雄花。一开始我不理解这个说法，老师帮我将顺了这句话的逻辑：英雄的鲜血染红了土地，红色的土地上，便长出了英雄的红色花朵。

父亲1949年参加工作，工作不久就入了党，他的青春是被红色歌曲填满的。我常常看见父亲在收音机里唱响红歌时，情不自禁地张嘴合唱，沉醉写在脸上。那些红歌，应该多次带领父亲回到了当年的某个场景。

院子里的草红花也是红色，它们成片盛开时，灿然如锦。

我那时常想，草红花也是鲜血染红的吗？是谁的鲜血呢？又会象征什么？

开春，家里的电灯常常出现故障，尤其是雨天，电灯会莫名其妙地明明灭灭。父亲沿线路巡查后发现了症结。原来，从村上引入我家的电线，要经过门外的一棵泡桐树，晴天还好，下雨天湿漉漉的枝叶会引起电线短路。父亲给村上反映了好几次，一直没有人管。父亲不忍见我和妹妹雨天就着一盏昏暗的煤油灯写作业，便自己搬了梯子，爬上泡桐树准备去截掉挨着电线的树枝。不承想前一天下过雨的枝叶依然带电，父亲甫一伸手便不幸触电，从高高的梯子上跌落，重重地摔到了地上，母亲说，父亲跌落的地方，有一摊鲜红的血。新伤引燃旧疾，父亲在病痛中度过了他人生的最后一周。

这一年，父亲53岁。

父亲去世后，母亲和我们姐妹四人不得不坚强起来。我是家里的老三，那年15岁，妹妹12岁，父爱的缺失，让我和妹妹迅速成熟，我难以说出一个孩子早熟的感受，我宁愿自己不具备这种由残酷淬炼出来的成熟。

接下来的那个春夏，院子里的草红花，开得比往年都红都艳，花色赤红如血，璀璨纯粹。狂风和冰雹，也无法阻挡那种轰轰烈烈的绽放。

是父亲的鲜血染红了它吗？或许，是草红花用颜色来表达它们的哀伤。红红的花朵一定记得父亲对它们的凝视，高大的枝叶，也一定忘不了父亲年年为它们除草施肥。草红花习惯了父亲的照料，我们习惯了用红花泡脚，父亲、红花和我们，一直都是彼此的慰藉啊。

多年后，我在上班的植物园里，发现了一片草红花。

一个夏天的傍晚，我去园子里散步，临时改变了散步路线，没有直接去花卉区而是走到了药材区，一片云霞一样的花朵，让我的脚步停了下来。是草红花！我像是见到老朋友那样，用欣喜的声音和红花拥抱，互致问候。

天空里的晚霞和田地上的云霞自然衔接，我一下子置身于一幅绯红的画里，耳畔似有《闪闪的红星》的主题歌响起。风穿过草红花星星一样的花朵，吹到我的脸上，我闻到了流溢在花朵中的芬芳和药味，也闻到了我老家院子里的气味。父亲、妹妹、炕桌上的罐头瓶插花，一一在红花花朵上浮现。我身体前倾，皱起鼻子使劲儿吸气，仿佛要把红花的馨香和它身上的人和事，一一装进体内。

学了植物后我才知道，草红花的"一朵"大花，其实是一朵红花花序，里面包含了近百个红花花朵。而当年，没有专门学过植物学的父亲，却早早向我展示了这个知识点。父亲故去的日子里，父亲画红花时的专注与细致，仍如一部老电影持续播放，在我性格的幕布上，逐渐烙印出了相似的痕迹。

那段时间，我几乎天天傍晚来到草红花前，绕着它们行走，如同当年我家院子里飞翔于花朵间的蝴蝶或是蜜蜂，直到两年后，那片地上改种了其他草药。

橘红的花朵在傍晚的风里微微摆动，枝叶间响起轻微的摩擦音，沙沙——沙沙——，瓶刷般一点点一点点刷洗掉我工作与生活里堆积起来的压力和烦恼。四周静谧，空气清新，我俨然走进彼得潘的梦想里。

后来，西安植物园的土地上，还长出过一种名叫番红花的植物，花蕾入药人称藏红花。尽管它也是一种红花，长相美艳，但因为没有生长在我年少时的院子里，我和番红花之间，始终缺乏我与草红花间的那份亲切。

4

父亲过世后，我渐渐觉得，母亲其实一直是我们姐妹们的红花。

母亲16岁随她的母亲从陕南汉中市逃荒来到关中农村，不久我的外婆就病逝了。城市里长大的母亲很快适应了乡村生活，纺线织布，割草喂猪，缝衣绣花，洗衣做饭，她把每样事都做得无可挑剔。在母亲48岁、妹妹12岁时，父亲病逝，母亲又用她瘦弱的肩膀扛起了生活的全部重担，拉扯四个女儿成家立业，供养我和妹妹读完了大学……

母亲得知医生给我的膝盖出的诊断结果的第二天，母亲从90公里外的老家赶了过来。和她一起来的，还有一个一尺多高的木桶。母亲说这木桶是她当年用红花泡腿脚时用的，这些年腿脚还算利索，自己暂时用不上了。

傍晚，母亲煮沸了一锅红花水，倒入木桶。红花水温热的感觉，即刻从脚心腿肚直达膝盖，四肢百骸都舒坦起来。母亲在一旁一会儿递来毛巾，一会儿递来水杯。母爱，氤氲在满屋子的红花水汽里。

我的眼泪不由自主滑落，无论我长多大，在母亲眼里都是一个需要照料的孩子。可母亲明显老了，头发几乎全白，背也微微佝偻着，这个给我做了40多年母亲的人，这个需要我来照顾的老人，在听见我的膝盖罹疾后，第一时间赶来照顾我。

母亲没有看见我的眼泪，她说，腰腿受凉后疼痛不是啥大事，用红花水多洗洗泡泡就好了。我一个劲儿点头。

从母亲赶来照顾我这天起，我天天用红花水蒸汽熏蒸膝盖，用红花油按摩关节，以红花花朵入茶，偶尔，还用红花泡酒。我频繁用中药红花来拯救我那被西医判了无期的膝关节。我选择相信红花，此后，一日也没有离开过红花。

草药红花，就这样又一次长进了我的日子里。

喝红花茶、泡红花热水熏蒸膝盖一个多月后，我渐渐在肌肤上感觉到了红花的润泽，走路时身体也明显轻盈起来，果然见证了医书上红花活血通经、补血养颜的效果。这个时候，东汉《杂病论》中的一段话，也给了我信心："妇人六十二种风，乃腹中气血刺痛，红蓝花（是红花的另一个称呼）酒主之。"瞧这红花，该取名"女人花"才对呢。尽管那时，腿部关节的某些症状依然存在，但红花的功效和母亲的爱，一路鼓舞着我继续与腿疾作斗争。

记忆中，医书上没有提及的功效，也曾经被母亲开发了出来。

我清楚地记得，草红花还医好过丫丫姐脚上的鸡眼。丫丫姐比我大两岁，那时她家和我家同在一条胡同里，暑假里常来我家串门。一天，她一瘸一拐地走进我家，说她的右脚掌上长出了一个茧子，开始的阵痛她没当回事，后来发现这个地方特别像天气预报员，每遇阴雨变天时就喊叫疼痛，只几天工夫茧子变得又厚又硬，她用剪刀剪掉后还长，简直是打不死的小强，现在疼得连路都快要走不动了。她来我家，是想让我妈帮她想法子。

母亲看过丫丫姐的病脚后，俨然一位大夫，给出了诊断结果和治疗方案——你脚上长了鸡眼，我给你试试红花外敷，刚好我家还有红花。我不知道这治法是母亲的一个脑筋急转弯还是她听别人说过这偏方，反正，我是看着丫丫姐的脚一日日康复起来的，10天左右便恢复了她原本快如风的走姿。

具体操作方法我还记得，也极简单，将红花研磨成粉加水调成糊状，敷在鸡眼处，两天换一次。

被母亲治好鸡眼的丫丫姐，风一般穿梭在我家的麦场上，帮忙晾晒和搬运麦子，脸上铺满了阳光。

母亲古道热肠，街坊邻里遇事总爱来我家讨方子。母亲也常说自己久病成医，那些常见的小病痛根本难不倒她。我们姐妹跌打损伤或是患了伤风感冒，也基本上都是母亲用草药或偏方给医好的。在这点上，我特别佩服母亲，大半生和泥土打交道，却深知好几种草药的秉性，且能准确地拣选出它们，让它们有效参与到我们的生活里，弥补我们身体上的不适。

这也是草药的伟大之处。

我的左膝关节尚未痊愈，但那时我分明感到红花正通过某种手段，潜伏在我的膝关节处辛勤劳作，这里的疼痛，也有了逃跑的迹象。

康复，只是时间的问题。

5

那段时间，我下班后喜欢和母亲在植物园里溜达。母亲的视点，却不是那些大块头鲜艳的花朵，而是我小时候熟悉的茅荠菜、打碗花、蒲公英、苦苦菜和刺蓟等。遇到了，我们就停下来，用小时候与之相关的故事，浇灌这些野菜野花。比如母亲走到一株正在开花的刺蓟面前站定，说那时候我们家自留地里到处都是刺蓟，怎么拔都拔不完。"你看它和咱院子里的红花长得多像，就是矮一些，花儿是紫色。你记得不？有一年我们去割麦子，你不小心被镰刀割破了手指头，血一下子就涌了出来。我赶紧拔了一把刺蓟叶子，顾不得叶子上的刺，直接塞进嘴里用牙齿鼓捣成糊糊，糊在你的手指头上。血，很快就止住了……"

周末，我会陪母亲去教堂，听赞美诗和牧师布道。母亲在教堂里也认识了几个姊妹。菜阿姨的老伴去世早，膝下无儿无女，靠捡拾破烂和给别人打短工为生。母亲每次去教堂礼拜，包里总要给菜阿姨带一包副食或是自己在家里蒸的包子花卷。好几次，菜阿姨来我家，我看见她身上穿的衣服，就是我之前给母亲买的。

和母亲一同上街，见到路边乞讨的人，母亲必定上前掏出一元两元。我告诉她报上说一些乞讨者白天行乞，晚上变装后去豪华饭店消费。母亲说那也是可怜人，能帮一点是一点。母亲从电视里看到汶川"5.12"大地震时，流着泪祷告了一个上午，拿出平日里积攒的500元，加入我们单位组织的捐款行列。母亲的姓名，现在依然在网上那个捐款名单里。

冬天里，母亲会把家里的剩饭，倒在我家南阳台外她专门给鸟雀放置的不锈钢盆里。窗外是一片玉兰园，园子里有好多鸟。她说大冬天鸟儿没啥吃的，与其把饭菜倒掉，不如给鸟吃。那些鸟真灵，母亲放进剩饭，用筷子敲两声，灰椋、麻雀，还有不知名的鸟，便扑棱棱赶过来，像是我们家养的一样，天天准时报到。阳台的钢筋栅栏上，落满了白花花的鸟粪。有时候家里没有剩饭，母亲会给盆里添一些大米、小米或是豆子……

因一场骨关节炎重新认识草红花，同时享受母亲陪伴在身旁的温暖，感受母亲的良善，也算是不幸中的幸运。膝盖提前磨损，是生命在向我提醒它的无常，也是在为我现身说法。它让我明白，那些束缚我的东西，让我难受和痛苦的东西，可能是为了让我停下奔忙的脚步，回味和见证另一种美好。

后来，在红花和母亲全方位的呵护中，我的左膝盖逐渐康复，从开始使用红花到最后行走如常，用了三年多的时间。膝盖康复后，红花水泡腿脚的次数越来越少了，但一天一杯红花茶，我却一直坚持了下来。

草红花盛开在夏日里，凋谢于瑟瑟秋风中，花朵上有日月的印记，有蜂蝶的亲吻。花谢后，又在滚烫的开水里重生，晕染出独特的药效，一点点帮我舒筋活血，清除体内的毒素。

在草红花走入我的生活两年后，母亲去世，终年81岁。母亲的突然离世，令我的世界再一次失色，眼前顿时空茫。那段时间，我常对着一杯红花茶默默流泪，心在哀痛中摇摇欲坠。妈妈，说好的等我腿脚利索了一起去看山看水呢，可是现在，我到哪里去找您？

红花不语。滚烫的热水中，这朵花儿落下，那朵花儿浮起。无数悲欢前来，无数日子远去……

蓖麻的爱与恨

1

刺啦一声，他像往常一样撕开一封信。他的桌面上，每天总是有好几封信躺在那里，等待他的阅读和批示。

好像有什么地方不对劲？他分明看到无数细小的颗粒从信封里呼啦啦跃起，阳光斜斜地照在桌面上，也照在四处奔跑的白色微粒上。它们如尘埃一样细小，一阵撕扯的风，就让它们欢快地动了起来。

他闻到了特别的气味，那不是办公室平日里的味道。显然，一些粉末已进入他的鼻腔，甚至尾随呼吸抵达了肺部，在那里安营扎寨。

阳光愈发强烈，那些直射的光线刹那间变了路径，上下左右晃动起来，晃得眼睛都要睁不开了。他不知道那一刻，他的瞳孔正在无意识地放大。口渴起来，他端起水杯往嘴巴里灌，手却哆哆嗦嗦的不听使唤，并且，一口水也难以吞咽，咽部灼痛，呼吸困难，胃里开始翻江倒海。

他隐隐约约地看到，那封信里只有几个字：你去死吧。

哈，别紧张，这其实只是我看罢相关资料后，脑补的画面。

庚子年的秋天，一封邮寄到白宫带有"蓖麻毒素"的信件一时间登上热搜，让这个既熟悉又陌生的词语再次进入大众视野。美国的历任领导人，大都遭遇过蓖麻毒素的恐吓。

蓖麻，有点儿岁数的乡人是熟悉的，也都知道蓖麻有毒。陌生的，是蓖麻与毒素这个组合，据说，2 毫克蓖麻毒素，就能杀死一个成年人，显然，这已不只是有毒这么简单了。

说说蓖麻吧。

2

时光倒退 30 多年，在我的小学校园里，就有一片蓖麻地。阔大的掌状叶，肥硕、盈盈地绿着。叶子的外形和八角金盘的叶子很像，七八片大叶子花瓣一样散开在一个平面上，叶面上分布有平行精致的纹路。分节的茎秆拇指般粗壮，宛若一棵棵通身碧绿的小树。

有那么两三年，我们和粗枝大叶的蓖麻一起成长。在那爿蓖麻地里，我们一起挖坑、播种、拔草、浇水。秋日里，老师和同学们摘蓖麻、晒蓖麻、剥蓖麻。最后，亮晶晶、有着神秘花纹的蓖麻子被送到供销社，换回一笔钱，学校会给我们每个人分一个本子、一根铅笔。这是我记忆中最早的勤工俭学经历了。

蓖麻花的长相很不起眼，但相当别致。一朵圆锥花序上，雄花在下，雌花居上。雄花的花蕾像个圆圆的尖顶小包子，开放时，小包子突然炸裂，露出淡黄的花粉。顶部的雌花花柱鲜红，似一个个细长的六角海星，等待花粉的宠幸。

蓖麻开花显示出严格的秩序，花朵沿花序由下往上逐次绽开，并且一边开花一边长个儿，这点和芝麻相似，都是"花开节节高"的践行者。

花开后会长出浑身带刺的蓖麻果，如同一嘟噜绿色的刺猬。起初，果刺软乎乎的，等到秋天就变了颜色，发黄变褐，摸起来硬硬的扎手。去除外壳的蓖麻子，胖乎乎的外形油润光亮，黑白棕三色相间的表皮，宛如蛇皮，也有点儿像古装剧脸谱。田野里，这种模拟毒蛇的警戒色，也让一些妄图吃它的小动物不敢轻易张嘴。

老师说，蓖麻子之所以能够换钱，是因为蓖麻是油料作物，蓖麻油在低温状态下不易冻结，因而在工业上有大用途，譬如可以充当飞机和汽车上用的高级润滑油。

这么高大上的用途，让我们一下子对带刺的蓖麻肃然起敬起来，之后的田间劳动，也就格外卖力。

老师还说，蓖麻叶是一味中药，捣烂涂抹患处可以消肿拔毒和止痒；蓖麻的根具有祛风活血、止痛镇静的功效，可以治疗风湿关节痛和破伤风。蓖麻的叶子还可用来养蚕，蚕吃蓖麻叶吐出的蚕丝，是精美的纺织原料……总之，蓖麻的全身都是宝。可惜，这些用途那时我们都没有机会一一实践。

我家院子里也种了几株蓖麻。蓖麻皮实，很容易成活，几乎不用怎么打理，就兀自伸叶长个儿，开花结果。那时候我父亲在县城工作，节假日会骑一辆永久牌二八自行车回家。那年月，自行车可算得上家里的大件，农村女子结婚讲究用"三转一响"四大件陪嫁，自行车、缝纫机、手表，是三样能够转动的物件，一响，则指的是收音机。

父亲很爱惜那辆自行车，每次骑车回家都要擦拭一番。父亲把蓖麻子包裹在一块抹布里，然后放在石板上，用钉锤击打让蓖麻子出油，之后用油抹布擦自行车，车身很快就变得锃亮，齿轮也跟着轻松地旋转起来，声音由原来稍显粗涩的哒哒哒，变得轻盈而悦耳。

大戟科蓖麻属植物蓖麻最突出的特点，是它的种子具有超高的出油率。一般情况下，蓖麻的出油率高达42%～45%，比我们常见的油菜出油率还高。据此，蓖麻成功跻身"世界十大油料作物"之一，是目前唯一可代替石油的"绿色石油"资源。

"三转一响"的时代早已远去，随着汽车、航天工业的飞速发展和人们对于生态环保的要求，纯天然蓖麻油将会在越来越多的地方显示出大爱。

回想起来，当年我们用蓖麻子点燃照明，正是利用了蓖麻子含油量高的特点。用线绳把一颗颗剥去外皮的蓖麻子串起来，挂在一根细棍子上点燃，就变成一个小小的"冰糖葫芦"串火把，火苗如豆，不旺，冒着忽忽悠悠的黑烟。小小的萤火，照亮了乡村寂静的夜晚，也照亮了我们的童年。

蓖麻的全身都有股刺鼻的气味，这气味在父亲的眼里也是有用的，我见过父亲把新鲜的蓖麻叶子捣碎后，用来对付旱厕里面的蚊蝇蛆虫，效果非常好。也有老乡在种红薯和土豆的田地里套种几株蓖麻，用来驱赶地下害虫：蛴螬、地老虎、蝼蛄、金针虫等。

大自然的确是一个神奇的生态共同体，相生也相克。一些植物散发出来的强烈的刺激性气味，在一些虫子的眼里，是要命的，避之唯恐不及。譬如，万寿菊能够灭杀金线虫；日本常山的叶子，能够杀死家禽和牲口身上的寄生虫；花椒叶片的气味可以驱赶甲虫；一些蒿类可以熏走红蜘蛛；等等。植物制造出来这些有毒的化学物质，大都是为了自我防御，目的很明确，那就是用气味和苦涩的口感，来警告猎食者，离我远点儿。

当年，老师和父亲都告诫我们，蓖麻子有毒，不可以入口。我们也是听话的孩子，一直和蓖麻和平共处，看到和感受到的，都是蓖麻与人为善的一面。那时我们并不知道，从蓖麻中提炼出的毒素，是可以被当作生化武器的。

蓖麻毒素的主要成分是蓖麻毒蛋白和蓖麻碱，其中，2毫克蓖麻毒蛋白，就可以使一个成人死亡。

庆幸的是，食用蓖麻油一般不会发生中毒。一方面，因为蓖麻毒素是水溶性蛋白，几乎不会溶解在蓖麻油中；另一方面，在提取和烹饪蓖麻油的过程中，温度都会超过80℃，这个温度下，蛋白质早已变性，蓖麻毒素的毒性也随之消失。所以，若用蓖麻子入药，也一定要记得炒熟哦。

资料上说，蓖麻毒素的毒性是眼镜蛇毒素的2～3倍，是氰化物毒性的6000倍。通过口服、吸入、肌注及静脉注射等多种途径均能导致中毒者死亡，潜伏期约4～8小时。

毒性极强的蓖麻毒素，它的提取工艺却比较简单，任何一个刚刚毕业的药剂师，都可以成功完成提取工作，而该毒素的制作原料蓖麻，也非常容易获得。这点，细想起来，其实是非常恐怖的。

这或许也是蓖麻毒素近年来常被恐怖分子用作生化武器进行暗杀的原因。

3

提起蓖麻毒素，就不能不说到一个人。

19 岁，正在大学学习工业化学的他，不幸患了肺结核，不得不辗转各大医院治疗。治疗期间，他开始尝试写作，28 岁正式发表文学作品。33 岁发表的小说 Men，获得了保加利亚作家联盟大奖，并因此顺利加入该联盟，成为专业作家。之后，随着几部作品的问世，他很快成为保加利亚炙手可热的青年作家。

然而因为政见问题，他之后写的剧本或书籍，大多被当局禁止上演或出版。

40 岁，他离开保加利亚，前往意大利他哥哥的所在地，他原计划等政府不再禁止他的作品出版后回国。然而，保加利亚政府拒绝了他延长护照的请求，于是他决定留在西方生活。

一年后，他前往伦敦，学习英文并加入了英国广播公司，成为一名专栏作家。

他经常在专栏里调侃共产主义下保加利亚人的生活，并不时抨击保加利亚政府和当时的领袖。他万万没有想到，这些文字很快就变成他走向死亡的铺路石。保加利亚政权早已把他列为眼中钉、肉中刺，对他策划了至少两次暗杀行动。

1978 年 9 月 7 日，他在泰晤士河边的公交车站等车上班时，突然感到大腿后方传来一阵尖锐的刺痛。

他转过身，一名手里拿着伦敦街头常见的长柄雨伞的男子，向他说了句抱歉，转身迅速离开。他发现腿上多了一个红色包块，像是被蚊子叮过一样。

除此以外，他感觉身体没什么大碍，便继续等车。回到英国广播公司的办公室后，他发现伤口处鼓起来一粒粒红疹，阵阵痛楚逐渐加剧。

当晚，他发起了高烧，被送进医院。三天后，不治身亡。

因为他曾经向医生表示怀疑自己被人下毒，伦敦警方受命进行尸检。果然，法医在伤口处，发现了一个直径仅有1.7毫米大的空心钢珠，钢珠上有两个小孔，小孔的两端，被一层糖衣巧妙地覆盖了起来。

随后的化验证实，小孔里还残留有蓖麻毒素。

显然，这粒钢珠被射入他的身体后，糖衣在体温下融化，将其中的毒素释放了出来。

所谓的雨伞，不过是一把披着雨伞外衣的枪。

当杀手按下伞柄上的扳机时，带毒的钢珠顺着枪管高速射出，轻轻一吻，便要了他的命。

他，就是保加利亚政府与克格勃合作除掉的作家——乔治·马尔科夫。这个事件，被后人称作"雨伞谋杀案"。

这也是我看到过的最离奇的蓖麻毒杀案。

想必好多人和我一样，看罢心生疑问，为什么有人吃了一把蓖麻子，都只是中毒并没有失去生命，而蓖麻毒素，就那么一点点剂量，竟然能置人于死地？

想起经常在新闻里看到儿童误食蓖麻子的中毒事件，误食后会导致出血性腹泻及肝肾损害，但幸运的是，似乎很少有过死亡的报道。

专门私信问了一位搞植物化学的同学，方才知道了原委。同学说，蓖麻中毒后结果迥异的原因，其实取决于蓖麻毒素进入人体的方式。

如果是提纯后的蓖麻毒素，直接注入人体，那么它将干扰人的中枢神经系统，且作用迅速，最终致人死亡。

何以如此迅猛？因为蓖麻毒素的毒性作用机理，主要是抑制蛋白质的合成。一个分子的蓖麻毒素进入细胞内，就足以使整个细胞的蛋白质合成停止而死亡。并且，到目前为止，蓖麻毒素没有任何解药。

正因如此，无论哪个国家，提取、贩卖和购买蓖麻毒素，都是一项重罪。1975 年，《禁止化学和生物武器公约》生效，蓖麻毒素成为被严密监管的对象。2016 年，曾在美国纽约大学留学的一名中国留学生，因从美国网络黑市中购买蓖麻毒素，被判处 16 年有期徒刑。

蓖麻无罪，而利用提纯的蓖麻毒素进行买卖与恐怖活动，都是在犯罪。

4

想起《圣经》中一个关于蓖麻的故事，颇耐人寻味。

先知约拿被上帝差遣前往尼尼微，宣告再过 40 日，该城必倾覆。尼尼微人野蛮凶残，他们的横征暴敛是举世闻名的，更曾经对以色列人犯下了滔天罪孽，约拿内心也希望这样的罪恶城市早日灭亡。

约拿畏惧那城里的恶人，不愿意带口信给他们，于是改道乘船前往他施。途中，大海突然起了风浪，风大浪高，船儿如同一片树叶飘摇。待恐惧的水手们知道风浪因约拿而起，便将他抬起来抛入海中，海面即刻归于平静。

约拿被大鱼吞进了肚里。他在鱼腹中祷告耶和华他的神，让大鱼把他吐到尼尼微的岸上。果然，大鱼把约拿吐在了目的地。

约拿把噩耗告知了尼尼微城里的人。出乎意料，上至君王下至百姓都披麻坐灰，禁食祷告，向上帝虔诚认罪。上帝见他们真心悔改，就没有把所说的"审判和硫黄的灾难"一起降下。

上帝没有向尼尼微城降下灾祸，这大大出乎约拿的意料，让他颇为恼火。约拿不甘心原本罪恶的尼尼微人不遭受报应。他在尼尼微的城边上，为自己搭了一个小棚子。坐在那里，等待尼尼微人像猪一样，洗干净了又回到泥里去滚——意思是尼尼微人前脚悔改，后脚又犯罪。

约拿心想，如果尼尼微城的悔改只在表面，那自己就有话对上帝说：你看，你怜悯尼尼微城的人，结果他们就只是做做样子罢了。

在约拿建棚的地方，上帝安排一夜间长出了一株可以遮阴的蓖麻树，大大的蓖麻叶子，宛如一把把小伞，为约拿遮挡烈日的炙烤，约拿也因这棵蓖麻大大喜乐。炎热夏天的中午，没有比坐在一棵枝繁叶茂的树下更惬意的事了。

次日黎明，上帝又安排了一条虫子去咬这棵蓖麻，很快蓖麻枯萎，约拿又暴露在炎炎烈日下。大中午时，热风和太阳使得约拿发昏，心里愤怒。他向上帝为自己求死，说："我死了比活着好"，怨气溢于言表。

上帝对约拿说：这蓖麻不是你栽种的，也不是你培育的。

一夜发生，一夜干死，你爱惜它，为它伤心愤怒。对一株蓖麻你尚且如此，难道我就忍心看到一座拥有十二万孩子连同成千上万的牲畜的大城市，在一夜间毁灭吗？他们，难道比不上你眼里的一棵蓖麻树？

这棵蓖麻，让约拿明白了上帝对整座城池里百姓的大爱。

有人说，"约拿的蓖麻"比喻朝生暮死，长得快、谢得也快的事物。而我在约拿的身上，却看到了自己的影子。

我和约拿一样，常常喜欢抱怨。当约拿说"我死了比活着好"这句话时，他的潜台词是：上帝啊，你让我好没面子，我说了我不去，你非要让我去，现在我去说了，可你倒好，又不惩罚他们了。

我和约拿一样，像个任性的孩子，因着各样的理由，选择逃跑和躲避该做的事情。认为自己的"嫉恶如仇"是"伸张正义"，并依自己的眼光和打算，固执地走自己的路。

我和约拿一样，会因自己的需要去爱，常常为头顶的"蓖麻树"患得患失。每一天，都生活在"事业、财富、名誉、地位、健康、优雅"庇护的绿荫里，奔忙于它的鼓掌中，并不清楚这些看似美好的存在，哪一夜就会忽然枯萎和逝去。

这也是我从蓖麻身上学到的生存哲学。

草玩意儿

草尖拱出地面，旋转着嫩绿的茎叶，它缓缓地爬上我的脚背，沿脚踝绕上腿肚，呼啦啦覆盖了我的腰身，俨然绿色的河在我的身上倒流。

阳光穿过清浅的草香，唤出藏匿在其间的花朵。在熟悉的气味里，藤蔓上悬挂出一个个玩具——童年的草玩意儿，就这样穿越了 30 多年的光阴，纷纷苏醒在我眼前的草丛里。

1. 咪咪猫

家乡人把狗尾巴草叫咪咪猫。狗尾巴和猫咪的共同点，大概是身上都毛茸茸的，依此给一种穗子上布满绒毛的小草冠名，贴切又亲切。

我用咪咪猫编兔子的本事，最先是和我二姐学的。编兔子不难，比和她下跳棋容易多了。和她下棋，我总是输，而编兔子，都是不分输赢的。我一直觉得自己比她编得好看。

草长莺飞的季节，田埂地畔到处都有咪咪猫那毛茸茸的小身影在风里摇摆。阳光下亮闪闪的咪咪猫，宛若掀动风儿的魔法棒，那摇头晃脑的姿态，充满了神秘与动感。

揪来一把咪咪猫，剥去细长的叶子，挑选出长短粗细相当的两个穗子，用来做兔子耳朵。选四根长相一致的穗子，做四条腿，再挑出一个细小的兔子尾巴。其余的咪咪猫，都是兔子的血肉筋骨，是用来穿针引线，充当绑扎的绳子用的。

把两只草耳朵交叉叠放，拿根长点儿的咪咪猫在此缠绕，用来固定耳朵，也绕出兔子的脑袋。再缠再绕，依次完成兔子的前腿、身体、后腿和尾巴。

说起来容易做起来难。起初，我要么编出个四不像，要么编出奇奇怪怪的动物，就是不像兔子。

我不气馁，地里有的是原材料，我有的是时间。三天后，当我拿着一个活灵活现的草兔子出现在我二姐身旁时，即刻点亮了她的眼睛。二姐的反应让我找到了自信，比得到她的表扬更受用。

和二姐下跳棋，基本上都是她赢。二姐善于围追堵截，常常以我意想不到的步伐，完成乾坤大挪移。而我的棋子，则在突破重重封锁后，总是最后一个步履蹒跚地归队。和二姐下完棋，沮丧就爬满我的全身，我觉得自己好笨，输是必然的，我缺乏二姐拥有的智慧。

回想起来，在下跳棋这件事上，二姐一直都是我家的常胜将军，她不仅常常赢我，也赢我们的大姐。就连父母，通常都是她的手下败将。二姐下跳棋时反应快，会战术。

在我学会编草兔子不久，二姐又向我展示了咪咪猫的另一种玩法。

她揪下一根咪咪猫，掐断细长的穗柄，将穗柄那端朝着天空，放进她握起的拳头里。只见她的拳头一松一紧，一紧一松，随着她的口令，咪咪猫听话似的从她的手心里往外攀爬，一厘厘露出头和腰身来。

二姐一边动作，一边口里念念有词，像是给手心里的咪咪猫施展魔法：咪咪猫，上高窑。金蹄蹄，银爪爪。上树树，逮雀雀。逮了雀雀喂老猫，扑棱扑棱飞完了。在她叽里咕噜说完最后三个字"飞完了"时，原本待在她手心里的咪咪猫，果真踩着节拍爬了出来，一下子没了踪影。

这是个作用力与反作用力的简单游戏，悟出这个道理已是几年后了。当时，它那么神秘，瞬间就吸引了我，我又一次对二姐崇拜得五体投地，缠着她让咪咪猫飞了好几次，直到我也学会了放飞的魔法。之后，有狗尾巴草的地方，随时放飞猫咪，也放飞烦恼焦虑，我和我的同学、我的同事、我爱人我女儿、都一起玩过……

二姐其实还会画画和绣花。那时，农村女子出嫁，讲究用自己绣的门帘和枕巾陪嫁，结婚那天是要晒手艺的，手巧不巧，她的针线活就明晃晃地摆在院子里，人人都能看见。别人绣枕巾和门帘时，都拓印买来的花样。那些色彩浓郁的图案和配色，透着乡野的风。二姐和她们不一样，二姐自己先设计了图案，再用针线去细细耕耘。

寒暑假里，二姐的巧手都会诞下一两幅绣品。二姐绣花时，我喜欢坐在她身旁，看她手里的绣花针上下穿梭。那些针线分明是她的笔，起起落落，一撇一捺，既有书法的俊，也透着绘画的美。二姐每完成一幅绣品，都被当作样板传来传去，大姑娘小媳妇争相拓印。二姐很快成为村子里人见人爱、人见人夸的巧女子。

然而，巧女子没能等到初中毕业，就不得不回家务农了。

那一年，我父亲突然从工作岗位上病退，好长时间都卧床不起，母亲急火攻心，紧跟着大病一场，一时间，老屋里的空气像全都浸泡在中药里，苦苦的。意外来得毫无征兆，风雨飘摇的家庭小船亟待一个掌舵人。大姐那年已经出嫁，我和妹妹正上小学，侍弄两亩地的庄稼、参加生产队分派的劳动，全都落在仅比我大五岁的二姐肩上。

后来我时常想，这就是所谓的命运吧。二姐当年有过抱怨吗？她肯定悄悄哭过不止一次。那时，她学习那么好，头脑不及她好多的我，都考上了全国重点大学，换她，一定会考得更好，拥有比现在好很多的生活。

没有如果。

今年秋天，我母亲去世三周年，我们姐妹都回乡悼念。在母亲和父亲的坟茔上纪念完毕，返回途中，忽见路边长满了咪咪猫。我弯腰揪下两根，一根递给二姐。二姐一愣，随即掐掉长柄，把咪咪猫握在手心里，咪咪猫，上高窑，金蹄蹄，银爪爪……

二姐的双手已被农活磨得粗糙无比，关节粗大，全然不是当年放飞咪咪猫时那双修长而细腻的手了。瞬间眼眶潮湿，我扔掉手里的咪咪猫，握住了二姐的手。

要说二姐现在的日子也不算差，家里的几亩地，播种收割都是机器完成。儿女也都有出息，孝顺她。见我拉着她的手看，二姐苦笑了一下说，时间过得真快啊，你看我这手都变形了。当年还画画绣花呢，现在成天只拿镬头和锨把。一个人一个命吧。这么多年，我就像被命运攒在手里的咪咪猫，只能沿着一条道走，只有一个出路。

是呀，谁不是被命运攒在手心里的咪咪猫啊。

2. 花耳环

麦苗在鸟鸣声中打了个哈欠，抖落掉身上的尘埃，开始伸胳膊伸腿。不久，田野里将溢满密不透风的绿。返青的麦苗，正心思单纯地一节节拔高。

也有部分麦苗，心思没法子单纯，因为它们的身边不幸挤进了麦瓶草、打碗花、王不留行、麦家公等入侵者。可怜的它们，不得不分心思考竞争——竞争阳光，竞争水分，竞争营养。和人类社会一样，草木也无法独善其身。一旦资源有限，竞争就无处不在。

而且因无法移动，草木间的竞争，比人与人的竞争更为惨烈。

我和麦萍提着竹篮、手握铲子，不时圪蹴在麦田里剜草。显然，我们是站在麦苗一边的，尽管出发点并非全然为了麦子。

我俩和村子里别的小孩一样，手铲并用，找见那些麦苗的竞争者就痛下杀手，绿色的地上部分被扬手扔进篮子里。带它们回家后，竹篮里鲜嫩的个体，会被母亲选中。她走上灶台案板将它们复活，和面粉揉到一起，变身菜疙瘩，滋养我们的肠胃。余下的，就作为家猪的口粮。可谓三全其美。

在麦苗的这些竞争者中，我常常对着麦瓶草出神，它那么

鲜香秀美，被斩首断根真有点儿于心不忍。当然，谁也没有本事真正地根除它，每年初春，它都比麦苗醒得早、长得快，也长得美。

麦瓶草的叶子细长如面条，我们也叫它面条菜。四散的绿色面条在根部集结，每根绿面条被一条主叶脉一分为二，叶面和叶背上覆一层软软的绒毛，闪着银色的光。叶面上深陷的主叶脉，是叶子的筋骨，也是雨水的导流渠。穿着羽绒服的麦瓶草比麦苗更耐寒，也出落得更肥大。在麦田里发现一片鲜嫩的麦瓶草时，我的喜悦不亚于哥伦布发现了新大陆。

麦苗大约一拃高的时候，麦瓶草就举出了瓶状的花朵，细细长长的绿瓶子里，只插一朵胭脂色的五瓣花，花瓣柔嫩娇俏，不输梅花。花后，花瓶基部膨大，状如灯笼，内含白芝麻一样的种子，可食。待种子成熟，花瓶上部缩窄成瓶口，恰容种子一粒粒泼洒出来，很有节制的样子，不必担心它倾倒时种子会覆水难收。胖嘟嘟的瓶身上有琴褶一样的竖棱，模样精致，聪明又有趣。

这个时候，麦瓶草已不再是人畜嘴边的青菜和青草了，它是田野里的亮色，是我们的耳环，也是我们的小小甜点。

剜罢猪草，我和麦萍采来一大把麦瓶花，先摘下幼嫩的花苞送进嘴里，舌尖上顿时腾起清甜的滋味。过完嘴瘾，我们又开始化妆，把两根麻花辫子解散，在脑后合辫成一根长辫子。选长相俊俏的麦瓶花，插在彼此的辫子里。然后自选出最美的两朵花，做成耳环。

麦萍瓜子脸，柳眉，凤眼，樱唇。想不通上天为何只偏爱她，把所有美的元素一并都给了她。挂在麦萍耳朵上的草耳环，像凝固的水滴上又绽开了一朵红梅，一眼望去，脑海里只会蹦出一个成语——锦上添花。

麦萍长得好，也会打扮。粗布衣衫穿在她身上，都有婀娜的腰线。好几次，我看见她在上衣的腰部缝出细长的褶子，之后又用烧热的铸铁熨斗隔了湿毛巾熨平。改造后的衣服，完美贴合了她纤细的腰身。

打扮好的麦萍开始唱秦腔样板戏《红灯记》："红灯高举闪闪亮，照我爹爹打豺狼。祖祖孙孙打下去，打不尽豺狼决不下战场。"唱念做打，有板有眼，完全是戏台上铁梅的模样。额前的齐刘海被风掀起来，柔顺得仿佛绸缎。

麦田里唱秦腔的麦萍，像是从《诗经》里走出来的美人："野有蔓草，零露漙兮。有美一人，清扬婉兮"。草香踏歌而来。

轮到我了，我清了两声嗓子，手执一朵打碗花话筒，抑扬顿挫地背诵起书本上学来的诗词，把自己沉醉在豪放或婉约的诗意里。那些年，在麦田这个巨大的绿色舞台上，常飘荡着麦萍的秦腔和我的朗诵声。

夏天，麦萍的耳环换成了喇叭花。戴上大花耳环的麦萍更好看了。

我家院子里种了一片紫红的喇叭花，从春到秋，泼剌剌地开着。那时，我不知道它的大名就是听起来无比优雅的紫茉莉，我们也叫它地雷花，它成熟的黑色种子，外形、花纹与凸起，完全是一个迷你的小地雷。我俩常用小地雷玩五子棋，玩腻了，就开始制作花耳环。

把喇叭花连同花萼一同摘下，一手捏住子房和花萼，另一只手轻轻一拉，紫色的花冠便离开花萼，哧溜一下子就悬吊在长长的花丝下面，露出圆溜溜的子房以及子房上那根细长的花蕊丝。花蕊，恰好被小小的花冠口卡住。

把圆溜溜的子房往耳朵上边一架，花耳环在麦萍脸蛋旁凌空出世，一左一右，荡出喇叭状的柔媚的风，香香的，靓靓的。一天，我奶奶看到戴了喇叭花耳环的麦萍，昏黄的眼睛里立马放出光来，说：这娃长得赢人的，像画廊上的女子。

麦萍初中毕业后，借她舅舅的关系，进了一家秦腔剧团，成为一名演员，这是她心心念念已久的职业，麦萍绽放在适合于她的瓶子里。

前年春节，初中同学在县城聚会。我刚一进门，一位女同学喊出了我的名字，说她是麦萍。对视的瞬间，我却怔住，眼睛上上下下旋转了两圈，愣是找不出麦萍的影子，她的腰身足以装下当年的两个麦萍。我的眼睛有意识地移向她的耳朵，那里，是一对硕大的金耳环。

聚会前，我是有过期待的，尤其是麦萍，这些年我不止一次地想起过她，想她的美貌，她的秦腔，还有她戴着花耳环的样子。我知道，30 多年的光阴早已磨去了我们的稚嫩和青春，可是，当我们相聚，这个曾经被上天那么偏爱的人，她的变化，还是大大超出了我的预料。

麦萍说，秦腔团没几年就散了。很幸运，在剧团里认识了现任老公，结婚后，他们在城南开了家五金店铺，生意一直不错。心宽体胖吧，成天坐着，就越来越胖啦。

她的手不时伸向红酒杯，圆润厚实，手腕肉乎乎如一块刚出炉的面包。那个明晃晃的金戒指，让她的中指多出来一段藕节。

我想接着麦萍的话头说点儿什么，思维却不受控制地漂移，竟担心起麦萍戴的珍珠项链来，润泽的珠链，会不会被她转脖子时涌动的肥肉撑断散开？

麦萍似乎也不需要我的回应，一边动着筷子，一边自顾自地说着她的幸福生活。那顿饭我俩毗邻而坐，一直都是她说我听。

临走我问她，你现在还唱秦腔吗？

谁还唱那个呀？我倒是打算今年开始跳广场舞，血压高血脂高，走路都喘呢。

一朵麦瓶花从眼前飘过，我听到了自己轻轻的叹息。上天把曾经给麦萍的那些美丽，又一股脑儿收了回去，装进一个个瓶子里。

岁月的瓶子。

3. 麦秆蚂蚱笼

布谷声声里，麦田翻起金黄的麦浪，空气里漂浮着麦香。

割麦的前几天，父亲就磨好了镰刀，月光下，墙上大大小小的刀刃亮晃晃的闪着寒光。平日里束之高阁的胖水壶也被父亲擦洗得光亮如新。

天不亮,我们三姐妹和父亲带着水壶已经在麦地里开镰了。麦黄谷黄,绣姑娘下床。我们不是绣姑娘,可是赶上暑假,没有理由不去地里帮忙。

父亲甫一弯腰,就割过去老远,一大片麦子倒在他的脚腕儿上。那些麦子,不像是被他割倒的,倒像是在镰刀的唰唰声中主动躺下的,躺得规规矩矩。父亲手脚配合,一边割一边用腿脚带动麦子向前移动。等父亲觉得脚上的麦子可以打捆时,拿起两撮麦子,头对头拧个结,变成麦捆的腰带,放在要捆扎的麦子下面。接着,把"腰带"尾对尾拧一圈,再从被捆的麦秆里分出一撮,和腰带的两尾巴参股,拧个麻花辫收尾,麦捆就成形了。

提起腰带拎起来,麦捆啪的一声站在麦茬地里,挺胸昂首,像个身穿黄衣的士兵。

妹妹走了过来,抱起和她一般高的麦捆,一步步移向停放在地头的架子车。那年,妹妹10岁左右,个子还没有长起来。

太阳一寸寸爬高,气温也一丝丝攀升,汗水从我的额头、鼻子、脸颊上冒出来,聚集成珠子,一滴滴滚落,几乎来不及擦拭。手帕很快就拧出了汗水,发出难闻的汗臭味。

大太阳下,热倒在其次,最难耐的是腰酸背痛。刚开始时我像父亲那样弯着腰割麦子,五六个麦捆后,就变成了圪蹴下割。没坚持多久,我又尝试坐在麦秆上割,割一把麦子,就垫在屁股下面,身体再往前移。这个姿势,也只维持了一会儿,腰背就抗议起来,我开始跪在麦捆上割……十二三岁的我,不停地变换姿势，以乞求肢体的谅解，却不能罢工不干。

抬头，父亲已看不见身影，我和他之间，隔着十来个麦捆的距离。我感觉眼前的麦子越来越顽固了，刀刃几乎不能把它们割断。我改用镰刀剁麦子，但即便是剁，也很难如愿。

是刀刃变老了吧？眼看着不远处的二姐挥镰自如，唰唰唰，左手边的麦子应声倒地。我非要和二姐交换镰刀，换过来后却发现，还不如我之前的那把锋利……

"喝口水吧。"父亲终于发话了，父女几个走向地畔子的那棵楸树。我们席地而坐，胖水壶在四个人之间传递。

身心一下子舒畅起来，蓝天高远，白云悠悠，微风习习，凉白开甘甜如饴。

父亲突然说："我给你们编个蚂蚱笼子。"他随手捡起草丛里的两根小木棍，拿了一把麦秆，扯下上面的叶子，只保留空心的穗梗。

他先把小棍子十字交叉固定，然后用麦秆在骨架上上上下下缠绕。一根麦秆用完，拿起另一根，将小头一端插进早先那根麦秆的大头里，无缝对接后继续缠绕。麦秆的花纹一圈圈从十字骨架中心荡漾开来，如粼粼河水。

父亲看起来气定神闲，麦秆在他的手中灵巧地辗转腾挪，一层层麦秆有序增高，带出螺旋一样的弧度，渐渐呈现盒子模样的底座。几分钟后，一个宝塔状的蚂蚱笼收口成形，塔层旋转着上升，曲线玲珑。

喝水歇息完毕，父亲和二姐继续割麦子。妹妹提着笼子，和我在收割过的麦田里找蚂蚱。绿色的蚂蚱很多，也很容易捉住。小心掀开笼子上的麦秆送入其中，再煞有介事地摘几片蒲公英叶子放进笼里。那时候我们并不知道蚂蚱平日里吃什么，只想着放进人可以食用的绿叶子，蚂蚱一定也喜欢吃。

把蚂蚱笼挂在架子车辕上，我和妹妹回归夏收队伍，开始往架子车跟前一趟趟搬运麦捆。

回家的路上，提着蚂蚱笼的妹妹神气极了，眼角眉梢都挂着笑，巴不得能碰见她所有的伙伴。说心里话，我也羡慕妹妹，我也想拥有一个自己的蚂蚱笼。

麦子上场后被碾打，被晾晒，我和妹妹的任务是分时段赶麻雀。麻雀不会一刻不停地前来盗食，这给了我练习手艺的机会。满场的麦秆都可以供我调遣，我仗着回忆和不言败的韧劲，在经历了无数次推倒重来后，终于编出了一个像模像样的蚂蚱笼，和父亲编的那只放在一起，工艺和品相都不相上下。

父亲，一直是我们姐妹心目中的英雄。父亲高大英俊，棱角分明的脸上那一双粗黑的眉毛，像是蘸了浓墨画上去的。他能写会画，是当年我们村为数不多吃公粮的人。休假时，父亲放下铁锨和锄头后，就拿起画笔，在邻居们油漆好底色的木质家具上，他画田间的野花，画鱼缸里的小鱼，也画院子里的麻雀、燕子和喜鹊。

在物质苍白的年月，父亲坚持用知识来打扮我们姐妹。他先后给我们订阅了《中国少年报》《少年画报》和《科学画报》，买回无数本小人书，《鸡毛信》《阿诗玛》《高玉宝》《闪闪的红星》《小英雄雨来》……多年后，我慢慢领悟过来，这些报刊图书，其实是小山村通往外面世界的梯子。

父亲是在我上五年级时病退回家的。

他病退的那年夏末，长宁乡发大水，父亲在齐腰深冰凉的洪水里，连续工作了一天一夜，直到一条胡同里每家值钱的家具都被转移到安全的地方。疾病，却从此缠上了父亲。风湿性心脏病和胃病，让身高一米八的西北汉子迅速垮了下去。

父亲像是用自己的生命给他女儿们做启示，让我们早早地明白了生命最本真的意义。

47岁病退回家后，疾病像一个无形的笼子，无情地把父亲关在其中，直至52岁离世。之后，看见大大小小的笼子，我的眼里都会蓄满泪水。没有父亲的村庄，我的寂寞与伤心无边无际。

父亲走后，他的画，他编的那只蚂蚱笼子和他的勤奋、正直、善良，就一直留在我的记忆里。我继承了父亲的绘画天赋，我的漫画展在十多个省市巡展，为《科学画报》撰写"植物秘语"专栏文章已坚持了五年，目前还在继续……如果父亲健在，他该高兴看到我现在的样子吧。

4. 玉米秆眼镜

我童年的好多记忆里都有玉米。细细高高的玉米秆上，结出过粮食，还结出过零食、"甘蔗"，还有文绉绉的"眼镜"。

20世纪70年代缺吃少穿，我们却能从玉米棒子里，吃出零食的喜悦。爆米花就不用说了，嫩玉米棒子带皮水煮是最简单的吃法，半老不老的玉米，是最受我们欢迎的零食，如今想起来都口舌生津。

当指甲盖无法在玉米粒上掐出白汁却能压出个小窝窝时，我们把玉米粒剥下来，在淡盐水里浸泡一夜，第二天，用少许菜籽油炒了吃，鲜，香，劲道。抓一把放在衣兜里，在课堂上偷偷取一粒放进嘴巴里，能回味很久。

过了盐炒玉米粒阶段，玉米棒子该成熟了。经历了掰棒子、脱粒、研磨后，玉米粒变身大小颗粒不同的玉米糁子。区别于大颗粒糁子，我们把颗粒最小的糁子叫碎糁糁。

吃碎糁糁粥时，我和妹妹开发出了新玩意儿。

冬日里，刚出锅的碎糁糁在碗里依旧翻腾着细浪，静置片刻，表面会凝出一层果冻样的皮。母亲说那是层糁糁油，我们干脆就叫它油皮，油香油香的。

不知道从哪天起，我和妹妹吃碎糁糁前先要"玩皮"一下——用筷子在靠近碗边一厘米处戳一个小洞，嘴巴对着小洞吹气，那层油皮和下层分离，慢慢鼓起来，像一个扁扁的黄气球浮在碗上。

一次，妹妹吹了个亮晶晶的黄气球给我炫耀，我本该竖大拇指的，却故意摆出了不屑的表情。妹妹有点儿失落，她运了口气，又把嘟起来的小嘴对准了那个筷子洞。呼——啪！黄气球爆裂，失去弹性的油皮，反过来糊在了妹妹的鼻子和嘴巴上，"哇——"妹妹的哭声警报器一样响起，老屋里的空气顿时上蹿下跳。母亲赶忙用毛巾给她擦掉，鼻子和嘴巴周围，已留下一块淡红的印子。

母亲重重地拍了我一巴掌，严厉地说，让你们不要"玩皮"，就是不听，看危险不？玩吃食就是对粮食不敬。你是姐，还带头耍。我心虚地点头，又伸出舌头，好险，再高点儿，就到眼睛了。

秋天的院落里，满是玉米的身影。院子中间堆满了玉米棒子，房檐下挂着串串玉米辫子，南墙根堆起小山一样的玉米秆。

我们净完棒子，就站在小山前寻甜秆秆吃。能否找到甜秆秆全凭运气，一些看似甘甜的橙色"甘蔗"，不一定甜，要用牙齿剥开秆皮尝后才知道。有那么几天，我们像食草动物般咔嚓咔嚓，用舌尖探寻蕴藏在玉米秆里的丝丝甘甜。玉米让无聊的日子，变得竟然甜蜜起来。

日子朝朝暮暮地过，玉米秆很快褪去了颜色和汁水，风干在阵阵秋风里。

一天出门，我看见隔壁的柱子，眼睛上戴着一个用玉米秆做的眼镜，有模有样，像是从电影里走出来的长衫少年。看到我，他不好意思地摘下了眼镜。我岂肯罢休，嚷嚷着要照猫画虎地做一个。柱子拗不过我，笑眯眯地帮我选了玉米秆，我们一起剥皮，切玉米芯，很快，一副眼镜也挂在我的鼻梁上。彼此相望，哈哈大笑，电影里民国时期的人，就戴着同款眼镜。

用玉米秆做眼镜，没什么技术含量。把玉米秆的皮剥下，分成半厘米的细长条，将长条的秆皮弯成环形，对插到裁切成1厘米高的玉米芯里，做成圆圆的镜片环，在两个镜片环间加上一道横梁。同样的方法在镜框两边做出眼镜腿，一副圆形眼镜大功告成。

柱子和我同姓，同岁，小学和初中，我们都同班。

柱子一直成绩出众，品学兼优，是母亲嘴里别人家的孩子，是我心目中遥不可及的星星。他家兄妹八个，他排行老五，是男孩里的老大。每个节假日，他都挑一副担子走街串巷，叫卖他家地里产的蔬菜水果，补贴家用。

那副担子可不轻，我是绝对挑不起来的。当然，担子重不过是借口，我不愿去卖货才是真的。我拉不下脸面，我会顾忌别人怎么看我。那时，走村转街的货郎，都是上了年纪的人，从没见过少年货郎，更没有少女货郎。母亲没辙，只好常常在我面前啧啧地称赞柱子，瞧瞧人家，多能干，和你一般大呢。

初中毕业，柱子考取了一所中专，我则考上了高中。那阵子，考初中专比考高中难，考上便意味着"鲤鱼跳农门"，从此走出乡村，拥有了铁饭碗。柱子的录取通知书，红彤彤地书写着知识改变命运的道理，那时的柱子，是全村孩子的旗帜，是我们刻苦读书的灯塔。

我刚参加工作那年，秋天里从西安回到老家，见柱子家有人穿着白孝衫进出，不时传出嘤嘤的哭声。

二姐说，柱子昨天没了。他开着装满玉米棒子的卡车翻了，下雨路滑，人和车一同翻下了山梁。

啊！柱子没了？！这话如凉水兜头，我不得打了个寒战。其时，正是秋末，南墙根又堆起小山一样的玉米秆。侧耳，玉米叶正唰啦唰啦地哭泣，如同一把锯子，锯着秋天的肌肤和我的记忆。

二姐说，柱子中专毕业后，分配到咸阳的一家单位工作，可能是单位效益不好，一年后，他就辞职承包了距离老家20里地的一片荒山，种玉米，种花生，种土豆，还种了好多果树，忙得没黑没明。唉，他家日子好起来也不过一两年，人命如草啊！

初中毕业后，我和柱子从来没有碰见过。他上中专，我先后上高中和大学。假期里，倒是见过他母亲几次，问起来，他母亲都说柱子不在家，在咸阳呢，在山里呢，在外地呢，语气里满是赞许和自豪。

有阵子，我很想和柱子说说话，说说我们的小学初中，说说当年的学习，说说分开后各自的生活。或者，什么都不说，就一起做一副玉米秆眼镜。

留在我印象里的柱子，依然是初中毕业时的样子，瘦瘦高高，戴一副圆框眼镜，有点儿像电影里的溥仪……

世异时移。草兔子、花耳环、蚂蚱笼、玉米秆眼镜……这些儿时承载了美与快乐的草玩意儿，在岁月的风尘里，纷纷逸为发黄的老物件，如一张张过期的年画，画里的人和故事，都与我渐行渐远。

柿事如意

漫过天空的秋风，在富平漫山遍野的柿子上，逐渐皴染出一层亮黄。深秋，当柿子从里到外都泛出红色的光芒时，柿子就要离开树木了。它们将以另一种姿态，走进富平人的生活。

瓷实光洁的红柿子，被人们从树上一一摘下。卸下来的柿子，河水般流向田间地头和小院的房前屋后，堆成一座座柿子山。所有的空闲地儿，在这个季节，都成了繁忙的柿子加工场：削皮，串线，悬挂。

柿子山前，忙碌的村民，熟练地打着转儿削柿子皮。旋落的红色柿皮条，一缕缕从手边飞起，袅袅娜娜地落在一旁，颇有"谁持彩练当空舞"的意境。累累红果握在手中，也就握着生活的希冀——富平县的柿子和柿饼，出口海外，热销韩国、日本、加拿大。

是一幅取名"柿事如意"的照片，吸引我专程赶往富平的。

画面上，削了皮的红柿子，珍珠般串起，并排悬挂在用椽头搭起的架子上，一面又一面。串串橘红色的柿子，像条条裁切齐整的太阳光线。"光线们"士兵般列队，站成了一面面红彤彤的柿子墙。农人在柿子墙间穿梭忙碌，笑容明媚。

震撼的柿子墙，人们质朴的笑容，都让我心驰神往。

走进柿乡曹村，果真就走进了这幅画。

村落里，柿子墙这里一面，那里一片，比赛似的晾晒着甜蜜和喜悦。柿子们鼓胀着红色的脸膛，一副热情的模样。

穿行在此起彼伏的柿子墙里，感觉耀眼的橘红，似一排排巨浪，一个接着一个，从眼前翻腾着涌向天边，那气势，真叫磅礴。金瓮山红了，脸颊红了，衣衫红了，心情也跟着灿烂起来。不由得感叹，秋天原来可以这样酣畅淋漓。

酣畅淋漓的，还有富平柿子的口感。柿树上那些没有被摘下来，直接变软成熟了的红柿子，宛如一掬红色的蜜汁。在蝉翼般的表皮上撕开一个小口，直接吸食，如吮蜜吸糖。富平人说：这柿子润燥败火，暖肚子。

和柿子相比，富平柿饼的口感更好。一口咬下去，它先是会微微抗拒你的牙齿，然后绽出溏浆，内里的糯、甜、香，会挨个儿和味蕾言欢，激荡起回味无穷的涟漪。

富平柿饼似乎清楚，它们的甜蜜里，一定要有风霜的砥砺，有雨雪的洗礼，还要融入人类的汗水和智慧。这好品质，就像一个人拥有的功夫，需要"外练筋骨皮，内练一口气"的。那些速成的柿饼，弄虚作假的柿饼，尝一口，就知道功夫没有到家。

太阳升起落下，风来霜往。场院里那些削掉皮悬挂起来的柿子，开始去了桀骜，由硬变软，表皮和内里，就都成了蜜色。再经历几段秋阳、几段风霜后，柿子里的水分荡尽，一个个瘦弱下去，颜色也越发深沉。小雪节气来到时，柿子的表皮上，便有白色的粉末浮起，这是柿子中的葡萄糖和果糖的析出物，像一层霜雪做的衣衫。

到这个时候，当地人会将晾晒好的柿子收起，放入一口口大缸里，回软。待变软泛红后，用双手捏成脐脐相对的饼状，至此，柿子们便拥有了另外一个响当当的称呼：合儿柿饼……

世间美好的事物，大抵和柿饼一样，都是经历过艰辛与磨砺的。

石川河静静地流过富平，向我诉说了一个关于柿子的故事。

一天，一位衣衫褴褛的乞丐，流落到富平北部的金瓮山下。几天水米未进，本以为会命丧于此，仰天长叹之际，忽见一树丹红点点，走近细看，原来是红红的尖柿，遂捡起掉落树下的红柿子，急火火塞进嘴里。很快，甘如蜜饯的柿子，填饱了他的肚子，也帮他恢复了体力。

这位乞丐就是朱元璋，那一年，他25岁。16年后，当了皇帝的朱元璋，时常感念曾救他一命的柿子树。不仅命当时的富平知县张得先精选一批柿子树苗送往京城，栽植在皇宫御苑里供他回味享用，还专程故地重游，把自己身上的黄袍脱下，披挂在这棵柿子树上，册封柿树为"凌霜侯"，建庙纪念。

至今，当地还流传着民谣："唐王陵上神仙伞，千年古槐问老柿。皇上亲封凌霜侯，柿叶临书自古留。"这凌霜侯可真够高寿博学呢，不仅知晓唐陵千年之前的往事，古槐还要向他讨教！

矗立于曹村唐顺宗丰陵前的凌霜侯，如今，变成了博物馆里的一张图片，一面旗帜。

曹村马家坡的马大爷说，在他的印象里，凌霜侯需三人围抱，树冠遮天蔽日，一年能结 1000 千克左右的柿子。可惜的是，因为没保护好，那棵柿子树在十几年前的一次雷电霹雳中被烧死了。

来富平前，我看过这里的资料，未见柿树已先慕其名。据日本吉野市柿子博物馆记载：世界上柿子的主产国是中国，柿子的优生区正是陕西富平。

在富平县新建的柿子博物馆里，听讲解员说，富平柿子已有 2000 年以上的栽培历史。明朝时，富平柿饼的制作工艺，就已经十分了得。富平县志载：明朝万历年间，太师太保孙丕扬，曾将柿饼和琼锅糖作为贡品，进献神宗皇帝朱翊钧。

富平柿子，除过作为吃食，还可以凤凰涅槃，变成酒、变成醋、变成茶、变成药，等等。小有名气的富平柿子醋，对于爱吃面食的老陕，有着难以抗拒的吸引力。午饭时，吃到的凉菜和汤面条，就是用当地柿子醋调制的，口感的确醇香。

在最接地气的农家饭桌上，本该说道当地美食，我偏偏想到了风雅的柿子诗。作为我国久远的乡土树种，柿树在土壤里易活，在诗行里，也扎下了根。

大诗人韩愈，曾为柿子"魂翻眼倒"："然云烧树火实骈，金乌下啄赪虬卵。"——一树树火红的柿子，像燃烧的云，如着火的树，引得太阳鸟也下到凡间，来啄食金龙红色的蛋。读来，夸张而又神秘。相比之下，北宋孔平仲眼里的柿子，要美丽风情得多："林中有丹果，压枝一何稠。为柿已轻美，嗟尔骨也柔"。这里的柿子，是不胜娇羞的美人，读罢竟让人不忍再食……

金瓮山上那些红彤彤的身影，在西斜的阳光里犹如烟霞，和天空的红云辉映，美丽得让人喘不过气来。

整整一天里，我的目光一直落在火红的柿子上，带着我的心激动地游走。我想象不来南宋画家牧溪的《六柿图》为何会有那样暗沉的色调和情感。如果，牧溪先生来到富平，他面对眼前这天上地下的红霞，又会挥毫出一幅怎样的柿子禅画呢？

就在我准备返程时，听到一位年轻妈妈给身旁的小女孩教绕口令：石狮寺前有四十四个石狮子，寺前树上结了四十四个涩柿子，四十四个石狮子不吃四十四个涩柿子，四十四个涩柿子倒吃四十四个石狮子。

柿子山前的柿子绕口令，有趣得像一串串小手，拉住了我的耳朵，也拉住了我的脚步，忍不住跟着学说起来。

晚霞连同柿子的光芒，将我和这对母女一起笼罩，如置身童话场景。

草木的大海情怀

对于一个生活在大西北，终日与草木打交道的人来说，即便是站在大海边，我的视线依然易被草木牵引。

能在海边或是在海水里立足的草木，都经历过高盐碱、狂风、干旱和海浪的千锤百炼。哪怕是不起眼的小草，它们在面对困境时显现出来的坚忍顽强与睿智，都如同身边的大海，自带光芒，并且充满了奇妙的张力。

滨旋花

一登上厦门的鼓浪屿海滩，就看到不远处晃动着一片绿叶粉花，瀑布般铺陈在一面斜坡上。这景物分明是海子的诗句：面朝大海，春暖花开。

近了，才发现那点点闪耀的粉色，不就是我小时候熟悉的打碗花么。一朵花如一个清浅的小碗。胭脂般的红，从碗缘向里晕开，与碗心流淌的白相互渗透，现出凝脂般的肌肤。小碗身旁，聚集了无数深红色旋着螺纹的花蕾。

阳光直愣愣地炙烤着沙滩，穿越耳畔的海风呼呼作响，花朵与花蕾剧烈摇晃，它们甚至无法停下来，让我的镜头对焦。

移目叶子时，我惊讶地瞪大了眼睛，还有嘴巴——这绝不是我记忆里打碗花的戟形叶子，它圆润、厚实、光亮，深绿的革质叶面上，画着浅绿的树形叶脉，有点儿像中药细辛或是马蹄金的叶子。怎么看，都不是记忆里打碗花叶该有的样子。

我半跪在沙滩上，躬身用一只手摁住叶柄，才给叶子拍了张写真。找到忙着给其他同学拍照的当地同学，询问这奇特的打碗花叫什么名字。

"滨旋花，也叫肾叶打碗花，是打碗花的亲戚，旋花科打碗花属。橘生淮北则为枳的另一个版本吧。"

好形象！再看它，果然叶身横径较纵径长，叶基凹入，顶端平，如肾状。

海风呼啦啦地吹着，扬起阵阵沙粒，我像是行走在北方轻度的沙尘暴里，沙粒随海风热情地轻叩着我的头发和衣裙。滨旋花倒是机智，把叶子变通成光亮厚实的模样，来应对干旱、海浪和风沙，并且用发达的须根和横走的根状茎，紧紧地抓握住沙滩，才有了这海风海浪里的粲然绽放。

普通打碗花的纸质叶片，显然无法抵御海风的撕扯，也无法忍受潮起潮落的海水浸泡。

后来得知，除过那些可以看得见的改变，滨旋花在人眼看不到的体内，也付出了卓绝的努力。它的器官，几乎都为适应海滩而改良——叶表细胞内有了泌盐的盐腺，出现了厚角组织，叶肉栅栏发达，茎的皮层和髓部，都充盈了大量的薄壁细胞，等等，正是这些组织器官的协同变革，滨旋花才得以以超常的泌盐泌碱能力，生存在 pH 值高达 7.0 的海滩上。

有行家从李时珍《本草纲目》里的配图判断，药效美好的旋花植物，就是滨旋花。"可养颜，涩精。能去面部黑气，媚好。其根味辛，利小便。久服不饥，轻身。"单是这养颜瘦身的功效，是现在多少美女心心念念的啊。现代医学也证明，滨旋花中黄酮的含量非常高，这天然的植物雌激素，也像专为美女量身定做。只可惜，现在市面上尚未见到开发出相应的产品。

思绪沿着海滩上的打碗花旋回我的童年。儿时，村庄周围的田垄里，年年春天，都有打碗花柔韧的茎蔓逶迤。那时大人告诫我，不能弄坏打碗花的花瓣，不然吃饭时会打破饭碗。回过头来想，这话或许就是打碗花的护身符，花儿们因此得以保全自己世代轮回。

在滨旋花身上，我也看到了打碗花家族为生存所付出的努力。这与浪花捉迷藏的精灵，立沙地，御狂风，饮海浪，依海而生，活出了不凡，活出了精彩。

后来，我在威海小石岛海滩的海岸岩石缝里，还看到过打碗花的其他远房亲戚——厚藤，旋花科番薯属，血缘上和牵牛花的关系更近一些。厚藤和滨旋花一样，都是让我赞叹的海岛本草。

至今，我一想起它们，便觉得坚韧一词，活生生就在眼前。

碱蓬草

五年前，秋日的盘锦渤海口，玫瑰色的海滩，丹霞烈焰般明媚，不知名的海鸟盘桓在红海滩上，音符似的起起落落。尤其海滩的那一抹嫣红，在之后很长一段时间，都妖娆在我的记忆里，定格成一幅画：落霞与孤鹜齐飞，秋水共长天一色。

染红海滩的，是一种名叫碱蓬草的植物。

单看一株碱蓬草，相貌平平，甚至毫不起眼。叶子和茎秆，都细细圆圆的，肉肉的，高不盈尺。而当无数碱蓬草肩并肩手挽手连成一片，海滩因之而色变，味变，感官变！那种美，博大如大海。

从辽河各支流流向辽东湾的河水与渤海的海水在辽河口交汇后，会堆积出一种几乎只适合碱蓬草生长的环境。若从植物学的角度看，碱蓬草是这里天然的先锋植物，它能很快将根脚插入严重缺土和高盐碱的滩涂，呼啦啦伸枝展叶，以倔强的姿态，沐浴在海风海水里。

碱蓬草一旦落户滩涂，便一簇簇，一蓬蓬，恪尽职守地只干一件事儿——为脚下的土地脱碱、脱盐，像一台台天然的盐碱粉碎机，把泥沙里的盐碱一点点降解，直到脚下的海滩，可以让继任的芦苇或者稻米愉悦地登场。

是的，若是稻米或芦苇能够长起来，便意味着这片滩涂，已经从荒滩嬗变为良田。盘锦的好多良田，都应该感谢碱蓬草率先冲锋陷阵。

碱蓬草让我想起了另一种拓荒植物，它落户在西沙群岛最南端的中建岛。

据说，中建岛很小，涨潮时只有两个足球场大，遇到台风，小岛几乎全部被海水浸没。中建岛很荒凉，岛上无土，由珊瑚沙和贝壳残骸堆积的白沙滩，盐碱度极高，几乎拒绝所有的绿

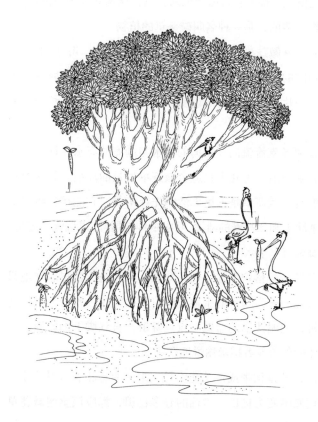

色生命。岛上温度极高，常常飙升到五六十摄氏度。直到现在，中建岛也不适宜渔民居住。

但是，中建岛是祖国的边防重地，军人的脚步必须抵达，军人的职责必须守护。

最初，岛上有"祖国万岁"四个大字，是天涯哨兵搜集珊瑚碎石拼砌的。然而，一场台风后，字就被刮得七零八落。如此三番五次，有人想到了用"海马草"种字，草有根，风刮不跑，浪打不掉。

海马草是小岛上寥若晨星的绿色生命。于是，大伙儿四处搜集栽种，用口里喝的淡水浇灌后，白色的沙滩上，终于有了用海马草书写的四个大字。之后，字再也没有被海浪吞没过。水分充足时，海马草的叶子是绿色的，太阳暴晒后，叶子变得嫣红，醒目异常。看到它们，哨兵们就像是看到了祖国，花儿般的微笑绽放在脸上。

我自然没有去过中建岛，这些内容，是我在报纸上读到的。

海马草，该是天涯哨兵对小草的昵称。从报纸的照片上看，这种娇小然而刚强的小草，外形很像碱蓬草，也像番杏科海马齿类植物。我是偏向于后者的，因为海马齿是一种更具拓荒精神的先锋植物，况且，海马齿与海马草的发音，也基本吻合。

无论海马草是什么，叫什么，它们肯定也是中建岛上的天涯"哨兵"，站在人们难以想象的艰苦环境里，时时刻刻守护着脚下的疆土。

想必，每一株海马草上，都有大海的波纹，每片叶子上，也都闪动着大海的光芒。

"咕咚来了"

小时候听父亲讲故事，第一次知道了有一种名叫木瓜的热带植物。

大意是一只兔子正在海岛边上吃草，突然听得"咕咚"一声，吓得转身就跑，一路上碰到猴子、蜥蜴、乌龟等小动物，兔子都喊"不好啦，咕咚来了！"大伙儿听罢，也都稀里糊涂地跟随兔子奔跑起来，直至遇见喜欢刨根问底的狮子。待大伙儿返回出事地点时，恰逢一只熟透了的木瓜从树上掉进海水里，发出"咕咚"一声巨响。

父亲讲这个故事的时候，没有照片，甚至没有画片。我问父亲木瓜长什么样，父亲说，木瓜是热带水果，你就把它想象成木头做的瓜吧。

1999年我去云南学习，在世博园里第一次见到了木瓜树。和许多南方植物一样，瘦瘦高高的木瓜树干上没有分枝，树冠疏散，远看像一朵绿花。极长的叶柄，直接从顶部的茎干上抽出来，叶子大而花哨。上小下大的长圆形木瓜，就长在叶腋里，一圈圈挂在茎干上，挤挤挨挨。大部分木瓜是青绿色的，最底下的一两个表皮泛黄，有着木头的质感。待看清树木胸牌上"番木瓜"一名后，我兴奋地喊"咕咚来了"，引得众人侧目。

一年后，在安徽合肥，我第一次吃到了番木瓜。番木瓜果实甜软，入口即化。尽管这里的人也叫它木瓜，但无论口感还是外观，都和我熟悉的北方木瓜没有一星半点关联。我所工作的植物园里，生长着许许多多《诗经》里的植物，木瓜就是其中之一，“投我以木瓜，报之以琼琚”。只是，现世里的木瓜太平凡，甚至算不上水果，它闻起来香甜，吃起来硌牙，味道既酸又涩。

因着木瓜的平凡，当它以垫背的角色出现时，更能体会到蕴含在诗句里的人性光辉——回报东西的价值远高于受赠的东西，多么美好！爱情如此，友情亦如此。赠我木瓜，因为有情；回赠琼琚，尤见赤诚。

记得在一本书里，我看到闻一多先生对于这句诗的解读：“女士投以木瓜，示以身相许”，不禁莞尔。这木瓜果真可以当作绣球来抛么？也不怕它铅球般的体量砸伤意中人？

会不会是闻先生读这句诗时想起了“掷果盈车”的典故呢？西晋时期，美男子潘安每次驾车行走洛阳城时，都会有城里胆大好色的女子向他抛掷水果，场面狂热，潘安的车里，很快就堆满了大大小小色彩纷呈的水果。美男带回家的水果里一定有木瓜，但却一定没有番木瓜。其时，番木瓜还在墨西哥南部和美洲中部的海风里摇曳，明代中晚期，番木瓜的脚步才抵达我国闽粤台一带。

听本地木瓜园里的师傅讲，对于不结果的木瓜树，只要往它的树干上钉上钉子或打入木桩，这树就会结果，这自然是木瓜面对不良环境做出的应激反应。

回家查资料后得知，番木瓜真的是适应环境的高手，它竟然会“变性”。它能够调整自己的性别以适应环境温度的变化。气温超过 32℃，会结出噘嘴皱皮的“木瓜公”雄瓜；气温低于 26℃，又会结出皮厚肉少的雌瓜，雄瓜和雌瓜都不能成为商品；只有温度在 26℃～32℃之间开出的长圆形两性花，才能长成我们想吃的美味。

不能改变环境，就改变自己去适应环境。适者生存，对于创伤做出的应激反应以及懂得变性，都显示出番木瓜顽强的生命力和生存智慧。

红树林

2006 年初，我有幸获得（国际植物园保护联盟 BGCI）奖学金，赴香港嘉道理植物园进修学习。

登上香港湿地公园的浮桥，由木榄、秋茄、桐花树等常绿乔木组成的红树林，像一群未曾谋面的朋友，举着呼吸根、支柱根和"胎生"小宝贝，迎接我的目不暇接。

在高盐、缺氧、潮起潮落的海水里，红树们经历了怎样漫长的摸索？遇到过哪些障碍和敌意？又用了多少耐心、毅力和智慧，才拥有眼前的从容生长和怀胎生子呢？

革质绿叶间，茄子般细长的胎生小红树，正聚精会神地吸吮母亲的乳汁，它们无暇顾及我的好奇。

在去香港之前，我就对红树林的胎生繁殖有所耳闻，也查阅过不少资料。胎生繁殖在植物界是个传奇，种子成熟后，不经历休眠，就在果实中直接萌发成幼苗。这点，大概类似于哺乳动物猫、狗的胎儿，先在母亲胎盘里成长。

在动物出现以前，红树们就率先如此这般生长繁衍，那么，动物胎生的智慧，是否也起源于植物呢？

嘉道理植物园的 Madam 黄说，红树怀胎，大约会持续半年左右。待种子在母体上长成一个末端尖尖、有叶有根的棒状体幼苗（香港人称水笔仔），足够应对脚下的险恶环境时，红树就会在催产师风儿的协助下，开始分娩。

这是一个神奇的过程，水笔仔因地心引力垂直掉落下去，一下子就扎进滩涂淤泥里，几小时内，便能长出新叶和支持根。红树幼苗扎根后，生长速度极快，平均每小时长高 3 厘米，待长到 1.5 米高时，就可以开花结果了。

若分娩时恰逢涨潮，幼苗便漂浮在海水中。不必担心胎苗被淹死，红树母亲早有准备，这些幼小的胎苗，体内富含空气，在海上漂浮两三个月也不会丧失生命力。一旦海水退去，水笔仔很快就会向下扎根，开垦出新的地盘。几十年后，又一片红树林傍海而立。

"几乎所有的生物在新陈代谢时都依赖于淡水，这些生长在海水里的红树植物，其实是生理缺水的，对吧？"

听见我这样问，Madam 黄领我走到一株植物前，翻开一片稍稍发黄的叶子。在褐色的叶背上，赫然覆盖着一层薄薄的盐粒，有大有小，阳光下，闪着莹莹的白光。

"你看，这是海茄冬的叶子，它会把体内多余的盐分转运到衰老的枝条或叶片上，脱落时，便可排走体内多余的盐分。"Madam 黄说得轻描淡写，我却听得句句惊心。

那天，在标本馆里，我看到了红树林庞大且独特的根系。红海榄的支柱根、秋茄的板状根、海茄冬的指状呼吸根、海桑的笋状呼吸根、木榄的膝状呼吸根，等等，林林总总，奇妙智慧，它们是红树抵御潮水冲击和获取氧气的法宝，是红树林的灵魂。

一旁的资料上说，百米宽的红树林，能化解十级台风；2004 年 12 月 26 日，东南亚发生海啸后，统计发现，种植红树林的村庄，死亡人数普遍较少……

在盐水浸透的黏性淤泥里，在潮涨潮落的击打下，红树林俨然训练有素的军队，镇静从容地做自己，顺带防风消浪、固岸护堤、净化海水和空气。

站在红树林下，我听见海风拂过红树叶时，发出唰啦啦的轻响，远处，鸟鸣阵阵和着海浪声声，感觉自己像是在音乐厅里，听德彪西怀了圣洁与虔敬之心创作的那首交响音乐《大海》。

当时光的脚步从炎夏步入秋天的时候，一些树明显按捺不住内心的悸动。

雁翔路上，两排高高大大的栾树，偷偷裁切下阳光，给绿树冠织出了金灿灿的衣裳，映得街景和树下的行人都亮闪闪的。

鸟雀仿佛在黄灿灿的小花间穿梭呢喃：莫不是大树要送给我们黄冠？叽叽喳喳，嘻嘻哈哈。当它们在芬芳的枝叶间展翅跳跃时，真有金色的小"黄冠"落在鸟雀的翅膀上、额头上。

这小黄花个性。金黄的四枚花瓣，集中围成了半圈。没错，是半圈，像黄冠。第一次从地上捡起栾树花朵时，我还以为只捡到了半朵花。

栾树的花瓣不像油菜花那样两两对称，平分空间；花瓣也不老实，没有斜向上伸展，而是像瀑布那样垂下，花蕊从另半圈袅袅娜娜伸出来，和下弯的花瓣一起构成了一个俊俏的"S"。在花瓣反转处，形成了皱褶似的鳞片。这鳞片可是花朵上的神来之笔，是蜜蜂前来觅食的灯塔。花朵成熟时，鳞片由黄变成恰到好处的红，像王冠上镶嵌的一圈红宝石，俏色，夺目。

秋天的傍晚，我喜欢在这条路上散步。看栾树在沉寂了春夏两个季节后突然爆发出的魅力。一阵风儿摇醒了小花的梦，轻轻一旋，便飘洒起细碎的黄花雨，像唐诗，像宋词，像它诗意的英文名字"golden rain tree"（金雨树），一滴一朵，一朵一咏。

相比之下，"栾树"一名就显得晦涩难懂。我曾经在古籍里找寻答案，到现在依然云里雾里，倒是看到了栾树曾经的地位。

栾，最早现身《山海经》："有云雨之山，有木名曰栾"，此栾"黄本，赤枝，青叶"，单是前两项，此栾就非栾树。我比较赞同《说文解字》里说法："栾木，似欄。欄者，今之楝字。"记忆中，楝树的奇数羽状复叶和眼前栾树叶子的长相相似，科属方面也算得上是近亲。后来，又在《救荒本草》中看到过类似的说法，只不过这本教人在荒年里如何讨食的文字里还附加了叶子的味道："叶似楝叶而宽大……叶味淡甜"。读罢，对栾树又亲近了几许，心想，叶味果真淡甜吗？哪天摘一枚新叶尝尝。

春秋《含文嘉》一文提到栾树时，像是给树木论资排辈："天子坟高三仞，树以松；诸侯半之，树以柏；大夫八尺，树以栾；士四尺，树以槐；庶人无坟，树以杨柳。"在一个等级森严的时代，树木也要分出个三教九流。墓中是皇帝还是庶民，看看坟头栽种的树木就知晓了。士大夫的坟头多栽栾树，可见栾树那时待遇不低，属树木里的官僚阶层，普通百姓故去后是无权消受其庇护的。

如今好了，观赏性的树木的种种象征意蕴退去，恢复了观赏性本身。它们被邀请现身街道的树池里，现身广场和绿化带，现身花园小区，是城市的肺，吸尘，吐氧，降噪，增香，和城市里的所有人一起呼吸。树木不用贴上高贵与低贱的标签，不必论资排辈，也不必讨好人类。如果非要分出个高下，怕只有个人的喜好了。

　　我爱草木，在我认知的坐标里，秋天的树木中数栾树最美。十多年前，当栾树初次在这座城市里飞黄飘红时，我的惊喜无以言表：世间竟有如此富于韵致的植物！那是中秋前后，西安西大街隔离带上，大片大片波澜壮阔的红果，让身旁电线杆上的大红灯笼黯然失色。金黄、翠绿与嫣红相映，山峦起伏般一片连着一片，向着远处的西城墙逶迤而去，如盛装的明星，惹眼，霸气。一阵风过，簌簌簌飘起黄花雨，漫起丝丝缕缕的香气。金黄嫣红的花瓣雨，飘落在大树脚下行进的车辆上，飘落在行人的发梢衣裙上，飘落在青石地砖上。弯腰捡起一朵，依然鲜活明艳。瞬间，我便恋上了栾树。

　　回到家翻阅资料后，忍不住给晚报撰文，呼吁城市街头多多栽种栾树。这本是我国乡土树种的栾树，有颜值，有内涵，抗污染，几无病虫害，既宜站立南方，亦可昂首北方……

　　当栾树的小红灯笼亮起来的时候，黄花还在，绿叶依然。一棵树，三种颜色，叶翠，花黄，果红，色彩过渡得法，如一帧帧油画。单看一株栾树，花儿络绎不绝，早开的花已洒落，甚至圆鼓鼓的果子都涨红了脸，新花依然冒出来，你方唱罢我登场，挤挤挨挨，热热闹闹。

　　雁翔路上这栾树用树冠绘制的油画，能炫美两个多月。

　　和大多数植物对花期的理解不同，栾树的时间观念和集体观念，真让人束手无策——它们从不步调一致地开花和结果。即便是同一条街巷里的栾树，花期相差一两个月也稀松平常。瞧，东家的果实已招摇过市，西家的小黄花才羞涩地探出头来。

　　当大多数植物挤在春夏喧腾着开花送香时，栾树不动声色，它要把所有积攒的气力，施展在秋季。经过两个季节的沉寂和孕育，栾树在秋天，终于把自己站成了最美的模样。像天赋异禀之人，平日里无用武之地，就静心过日子，一旦有了时势，会突然间成为英雄。仿佛之前的普普通通，是因为还没有到他的花季。

　　一个"秋"字，拆分为二，一半是绿莹莹的"禾"，另一半是红艳艳的"火"，活脱脱就是绿中摇红的栾树。这半树的"红火"，自是栾树上很快冒出来的蒴果，它们都如红灯笼般精致、美艳，甚至有趣。

　　近距离端详红灯笼，栾树聪慧的小小心思，就充盈在圆乎乎的果囊里。三瓣半透明的果皮，围拢成三棱形的囊泡，有的前端还开着小口，像个鼓满风的小房子。每次走到栾树的泡泡果前，我都忍不住想用手去捏一捏，用嘴巴对着小口吹一吹。栾树将蒴果长得如此卡哇伊，大概是想让房间里的种子自带气球吧，或者，是想让果实在成熟开裂后，干燥的果瓣变身滑翔翼，携种子飞得更远。

　　想起清朝诗人黄肇敏的诗："枝头色艳嫩于霞，树不知名愧亦加。攀折谛观疑断释，始知非叶亦非花。"是的，当栾树的蒴果被秋风染红，恰如红云当头，只一种树便囊括了秋色。

　　如我所愿，后来，这座城市里的栾树逐渐多了起来，这里一排，那里一片，秋天上街，不经意间就和温暖喜气的栾树撞个满怀。蓝天白云、高楼大厦映衬下的栾树，美得不可方物，不由得心头欢喜，步子轻快。多姿多彩的身影，柔化了楼房和马路的坚硬，润泽我的眼，滋养我的肺，牵引我的双脚，一步步走近它们。

看到栾树，哪里会生出"自古逢秋悲寂寥"的感慨？栾树身上分明写着——"我言秋日胜春朝"。

秦岭的草木恩泽

工作缘故，这些年，我常常以一滴水的姿态融入大海。那海，是秦岭的苍莽林海。

开春，崇山峻岭渐次涌起绿浪，深深浅浅，明明暗暗，翻卷着美妙的浪花。

步入无际的林海，身心和灵魂，皆成为绿的俘虏，连呼吸也染了绿意和草香。耳畔，常常传来王维的吟唱。"深林人不知，明月来相照"。这声音抑扬顿挫，像拂过林子的风。大诗人晚年隐居终南山后，与世无争，写下了很多和《竹里馆》《辛夷坞》一样唯美的诗句。山水田园诗人的桂冠，该是秦岭赠予王维的。

秦岭无闲草。绿海秦岭，以花草树木涵养水源，以与太阳合作制造出来的氧气，疗愈滋养奔走在大山里的芸芸众生……

2020年春天，习总书记在秦岭月亮垭考察时说：秦岭和合南北、泽被天下，是我国的中央水塔，是中华民族的祖脉和中华文化的重要象征。

当我部分听懂了山林的草木之音，才理解了这段话的意义。对秦岭恩泽的时刻铭记，或许就是中华民族生生不息的秘诀。

银杏树

秋末冬初，正是银杏一年中最美的时候。

在秦岭终南山脚下的古观音禅寺，我拜访了一株1300多岁的古银杏。相传，这株银杏是唐太宗李世民亲手所植，已列入国家古树名木保护名录（编号：NO.0325）。之前一直默默无闻的观音禅寺，近年因了这银杏，一下子成为秦岭最有名的网红打卡地。

尚未走到树前，它的伟岸与恢宏就震撼了我。像一团燃烧着的金色火焰，远远近近的山景皆被它点燃。阳光和金黄纠缠在一起，透、亮、炫、美……我已说不出更契合它的词语了。在这株身高五丈的千年银杏身旁，单看还算高大的寺庙，显得那么低矮。站在栅栏前的赏树人，蝼蚁般细小。

走近，一树的金扇子，在风中飒飒作响。枝干轩昂，金叶笼满了树冠，无任何杂质和杂色。在黛青的山峦和纯蓝天空的背景下，美艳得叫人睁不开眼睛，肃穆得让人心神宁静。

一棵树活了1300多岁，意味着什么？我们触摸的银杏树皮，居住在这里的大诗人王维、药王孙思邈也都触摸过。我们捡拾的银杏果，秦岭里的隐士们也曾捡拾过。和我们一样，他们发现不好吃，也都随手丢入了一旁的山谷。

人类抛白果（银杏种子）的举动，对银杏树来说正中下怀，它们的子孙就是这么扩大地盘的。白果在新址上安家落户，气定神闲地长出新叶，渐渐地枝繁叶茂，静静地注视着你我何所闻而来，又何所闻而去。

1300年的漫长岁月，无疑充满了艰辛。它要忍受和承担一棵树与生俱来的宿命：狂风摧折、雨打雷劈、严寒霜冻、虫咬火烧以及来自人类的刀砍斧凿……它没有腿脚，不会奔跑躲避，只能逆来顺受，使出全身的气力往下扎根，枝条竭尽全力，向上、向四周伸展。和人一样，生命的成长其实是没有岁月静好的。它付出了千万倍于其他树木的努力和挣扎，才把自己活成了树神的样子。

它也是一棵长满故事的树。传说，唐太宗之所以栽下这棵银杏，是因为龙王曾托梦给他，让他拖住魏征，帮龙王躲过一劫。不承想，现实里魏征是被唐太宗拖住了，然而在睡梦里，魏征却将龙王斩首。因为愧疚，唐太宗便在这里建了寺庙，并且种下了这棵银杏。

传说不必当真，但1300年的岁月真真切切。

我绕着这棵树走了一圈又一圈，呼吸它的气味，感受它的脉搏。临走，我捡起了一片它的落叶。辨识度极高的扇形叶子上，二叉分支的叶脉，从叶柄基部出发，辐射状排满叶面，丝丝分明，多像呼啦啦川流不息的岁月。扇形的小叶，疗愈心灵，也疗愈人身体上的疾患。

据说，一枚小小的银杏叶子里，有170多种让食草动物忌惮的化学物质，这是银杏树保护自己不被蚕食的法宝。人们将它们从叶子里分离出来，最终变成了人类口中所说的药——对于脑血栓、老年性痴呆、高血压、高血脂、冠心病等疾病，都有预防和治疗作用。

我不知道秦岭里的古银杏疗愈了多少人，但我知道秦岭是银杏老寿星们的福地：秦岭天子峪"百塔寺"里有一株1700多岁的银杏，蓝田辋川有1200多岁的王维手植银杏，楼观台里有老子手植的2600多岁的银杏，秦岭南麓留坝县玉皇庙镇石窑坝村有一株4000岁高龄的银杏……它们，都把自己活成了当地的传奇。

几千年里，这些老寿星们扎根秦岭，深埋在土里的根系，是它们的触手和眼睛，它们知道这片土里埋葬着什么又经历了什么；它们阅人无数，洞悉是非成败，明了善恶兴衰；它们汲取了自然元素，也汲取了历史元素。

一方水土上的坚守，让祖脉人文在秦岭驻扎成最生动的历史。

华山新麦草

去年5月，我在秦岭植物园里见到了华山新麦草。

当那一蓬蓬碧绿连同名字映入眼帘时，我一下子站直了身体，仿佛被一种磁场吸住，整个心神就附着在那些看似毫不起眼的草茎上了。我知道，这是一种在我国农学抑或是在农业领域里有着特殊地位，在遗传学和育种学里将会开启一种革命性改良的野生小草。

在此之前，我只是从国家重点保护野生植物一级名录、从文献资料里看到过它的名字。它的真身很难见到，或者说，即便你有幸在山野里见到，也不一定能认得出来。

那是一个阳光灿烂的日子，晨曦正把金色的光线斜抹在草尖和麦穗上，四周安宁静谧。

一眼望去，华山新麦草长得也太像乱草了，东倒西歪，乱七八糟。茎叶与麦穗挤在一起，参差纠缠，既没有小麦抽穗后那般齐整，也没有观赏草喷泉般舒展。它们看起来任性、疯狂，浑身上下，散发着旺盛的生命力。

我见到它们的那天，华山新麦草正值花期。说是正在开花，估计看到花的人都会失望，这花儿没有通常意义上的艳丽妖媚，它们奉行的是极简主义，它们不愿意让蝴蝶蜜蜂和动物为它们倾注目光。

这花儿摒弃了花瓣，摒弃了色彩，只保留雄蕊和雌蕊，就像一粒粒细碎的虫卵，淡绿乳黄，半悬半挂地飘浮在细长稀疏的麦穗上，让人忍不住为它们担心，担心一阵微风，就能把花朵吹掉。

当然，华山新麦草可不这么认为。扬花期间，这些麦穗正翘首期盼风儿。它们要借助于风，彼此寻觅，就像我们寻觅彼此。

华山新麦草的雌雄花朵，和小麦一样，都是喜爱风儿的"风媒花"。

风，和煦地经过我拂过它们，我看到那些细长稀疏的麦穗轻轻摆动，像是惬意无比地摇头晃脑。那些看不见的花粉从小囊中纷纷跳出，搭上风儿的航班，顺利抵达心目中另一半的怀抱。

站在华山新麦草的名牌前，禁不住为这个名字叫好。这名儿至少包含了三重含义：生境、形态、用途。

我知道，作为我国特有种植物，华山新麦草的地盘，仅局限在华山的岩石残积土上。物种范围，也只有西岳华山口的三个峪：华山峪、黄甫峪和仙峪。它和同属的其他物种相比，形态差异较大，并且形成了间断的地理分布。

也就是说，华山新麦草全世界只有秦岭的华山才有，它和著名的华阴老腔一样，都是稀缺物种，有很强的地域特征。

在植物学上，华山新麦草是禾本科、小麦族、新麦草属、多年生野生草本。

千万别小瞧这野生的小草，它可是小麦育种的野生近缘种杂交材料。

华山新麦草的躯体里，蕴含着丰富的优秀基因源，比如，抗病、抗虫、抗旱、抗寒等等。这些抗性基因，目前多数已通过远缘杂交和染色体工程的方法，导入小麦的种质里。这些新种质，是进一步培育小麦优良品种（品系）的基础。

和那株著名的野生稻"野败"一样，华山新麦草是小麦育种专家们的希望。

1970年11月23日11时，一株永载史册的野生稻，在三亚南红农场的一个铁路涵洞附近的水塘边被发现。它被袁隆平院士鉴定为雄性不育的野生水稻，袁老给它取名为"野败"。袁老后来说："没有三亚的这株野生稻，就没有杂交稻。"

一株毫不起眼的野生水稻，若没有被发现，它也就只能在海南岛的某个角落里默默生长，生生灭灭无人知晓；而它幸运地被发现了，便也成就了10亿人的幸运——解决了大伙儿温饱的大事。

花开花落间，野生植物与人类，就这样彼此改变了命运。野生水稻"野败"，也因此被载入了史册。

这改变很好地佐证了梭罗的那句名言："荒野中蕴藏着拯救人类的希望"。

或许也可以这样理解，在野生植物安静的生命里，隐藏着人类的自我救赎。

想想看，现代作物都是经过人工改良的品种，一旦需求发生改变，或者气候发生改变，或者爆发病虫害，而那时，如果没有了野生的原种救急，人类的庄稼很可能就颗粒无收。

秦岭里拥有的和华山新麦草一样珍稀的野生原种，都有造福于人类的潜质，是我国育种业的保障和希望。

山茱萸

秦岭的早春，大都从一抹新绿开始。可有些山头不是，它们黄艳艳的。

前年春天，我在秦岭见到了山茱萸花海。3月，山茱萸的黄，从一座山蔓延到另一座山，从一条峪铺展到另一条峪，整座秦岭，是一幅由小黄花和灰褐树枝皴染的水墨画。

走近一株山茱萸，在花前站定，我开始与一朵花儿对视。我喜欢近距离寻味花朵，欣赏它们用开花表达陶醉，用香气展露心思。

二三十朵小黄花，从一个点飞溅出来，每一朵花，都尽力向上、向外伸展。长长的花蕊，兴致盎然地端坐在外翻的四枚花瓣中间，或安静沉思，或浅吟低唱。小小的花茎高低错落，合力伸展成半个圆球，像元宵节天空里绽放的烟花。和"烟花"一起绽开的，是花朵清幽的香，这香也秀气，*丝丝缕缕*的，与花朵很配。

数不清的山茱萸花，密匝匝挤挨挨地汹涌在还没长叶的枝头，像是正在为早春举行一场豪华派对，一阵暖风，便引燃了朵朵"烟花"。在每一朵花里，在吹过它们的风里，是看不尽的春和景明。

许是应了那句"不识庐山真面目，只缘身在此山中"，远观一棵棵山茱萸树，那感觉却不是璀璨，而是无边的宁静。山茱萸花朵细小，它的金黄被空气稀释，远观宛若黄纱，飘浮在林子上空。一团团"黄纱"氤氲在黛色的山腰上，柔和静美如水墨画。

说山茱萸花海是一幅水墨画，其实有点偏颇，我不过是站在一个游客的角度来度量和抒情的。在靠山吃山的庄户人眼里，千林万坡上这一枝枝、一簇簇黄花，是庄户人的一季庄稼，是一年的收成，是粮仓和钱袋。就像关中人眼里金黄的麦穗和黄澄澄的玉米一样。

这一树树金黄，是山茱萸在贺春，也是贺自己早早从冬眠中醒来。从此，这一年的希望，开始你追我赶地生长。风雨轮转，冷暖更迭，山茱萸悄悄把喜庆的金黄收敛，在绿叶的照应下，把出落成珍珠般的小果子由青染黄，继而染上国旗一样的红，时令，就到了秋天。山茱萸的花海，变成了红艳艳亮晶晶的果海，漫山红遍。

喜悦，开始荡漾在山头树梢，荡漾在采摘红果果的手上，荡漾在布满皱纹的脸颊和汗珠上。

听，有人在秦岭的万亩山茱萸林里，清了清嗓子，大声吟咏那首关于茱萸的诗。

恍惚间，一位翩翩少年颀长的身影缓缓而来，布衣青衫，手持一把红果，带着淡淡的药香，从我身旁飘过。只一眼，我便被他孤独的眼神击中，他，是来京城长安谋取功名的王维，时年 17 岁。王维家住华山之东、黄河岸边的蒲州，繁华的长安城，对一个前来赶考的少年，只是举目无亲的异乡。王维觉得那一年的自己，就是漂在京城里的一叶浮萍。

一晃，到了九九重阳节。王维寻思，在家乡的时候，每逢节日，朋友们都要相约去爬高高的山峰，而今年，爬山的朋友们中，单单少了自己。怅惘中，王维采来茱萸，登上京城最高处，遥望家乡，写下"独在异乡为异客，每逢佳节倍思亲。遥知兄弟登高处，遍插茱萸少一人"的千古名句。

这首流传久远、飘洒着淡淡乡愁的小诗，让无数人记住了一种植物：茱萸。后来跻身京城大诗人之列的王维，晚年在自己的蓝田辋川庄园里，种植了大片茱萸，取名"茱萸沜"。一位常和王维唱和的诗人裴迪，在深秋游览庄园后，写道："飘香乱椒桂，布叶间檀栾。云日虽回照，森沉犹自寒。"

山茱萸的红果，庄户人叫它药枣，是一味平补阴阳的药物。熬粥时，加一把萸肉，便可改善中年人的眩晕、耳鸣和腰膝酸痛。历代名医中，用山茱萸最为得心应手的，属河北籍名医张锡纯。他说，救脱之药，当以萸肉为第一。无论上脱、下脱、阴脱、阳脱，奄奄一息，危在目前者，急煎适量山萸肉服之，其脱即止。

张锡纯还开辟了山茱萸的其他疗法，诸如用山萸肉止腹痛、疗心悸，治虚痹腿痛，等等。

有了山茱萸花的金黄、果的绯红，庄户人平淡的日子，便有了色彩，有了憧憬。

紫　荆

绿，是秦岭的基色。

可秦岭是位爱漂亮的女子，蛰伏了一冬后，她厌倦了灰绿的颜色，她要在衣裙上绣出姹紫嫣红。

秦岭的女红相当好，任何一位人间女子都无法企及。

早春二月，秦岭先是选了金黄的丝线，在群山上飞针走线。那时，吹过面庞的风里尚夹杂着丝丝寒意。这位美丽出尘的女子，只晃了晃指尖，蜡梅、迎春、山茱萸、金钟、连翘……黄灿灿的花朵，便潮水般倾泻出来，从一面山坡流向另一面山坡，春阳般明艳。

初战告捷，秦岭意犹未尽。不多久，她选了白色的玉兰花、白鹃梅、四照花和梨花开始刺绣，这树树如玉的洁白，会让人想起刚刚过去的冬天。我猜，这是秦岭用它们来表达对雪花的留恋。几天后，她用了粉色的山桃花、杏花、忍冬花、毛樱桃绣前胸后背，用海棠、李花、辛夷绣领口、袖口和裙摆……片片粉红俨然轻纱鸿羽，依偎在峰峦山脚。

这时的春光，若选一个词来形容，那就是妩媚。是的，妩媚，妩媚极了。

我4月初抵达秦岭北麓的太平峪时，她刚刚用紫荆花秀出了新衣裳。

这里的天然紫荆林占尽了地利，高大茂盛，五步一株，十步一丛，或鹤立于灌木，或并立于松柏，或孤悬于峭壁，流光溢彩。

数千万亿紫红色的花蕾，密密匝匝挤挤挨挨地从树干枝头上冒出来，嘤嗡成片片紫海，腾紫雾，驾浮云，在山脊上缠绵。有那么一刻，我竟然觉得"日照香炉生紫烟"，说的就是眼前的场景。

置身其中，犹如行走在画里。

有花的地方，一定少不了蝴蝶、蜜蜂和鸟儿的身影，成群结队，触手可及。每到一处，都有它们如影随形。伴随清泠泠的水声，我听见蝴蝶振翅、蜜蜂欢唱、鸟儿们叽叽喳喳，还有紫荆林里温润细碎的声响。

这是动植物间充满激情的合欢，也是我喜爱秦岭的理由。大自然里从来不会仅有单一物种的狂欢。

4月初，秦岭的底色已是嫩绿，这清新的底色很好地帮衬了树树紫红。嫩绿与紫红，波浪形排列、镶嵌、相拥，曼妙而含蓄，层林尽染。那紫红，也绝非一种色彩，是紫里掺了粉或掺了白的色系，云蒸霞蔚般热烈，粉荷敷面般俏丽，仙女下凡般典雅。

漫步太平峪，可谓五步一景，十步一重天。这里的八瀑十八潭，也是中国北方独一无二的自然景观。难怪隋唐时期皇家选此地建了太平宫。古老的紫荆林吸引了人类的视线，也牵拽了人类变迁的脚步。

作为我国的乡土树种，紫荆树颇有文化底蕴，自古即是兄弟和睦、友好团结的象征，是兄弟树、友谊树。

南朝吴均《续齐谐记》载：南朝时，京兆田真三兄弟分家，当财产大都分置妥当后，才发现屋前的一株枝繁叶茂的紫荆树没有归属。当晚，兄弟三人商议明日砍树锯为三截，每人三分其一。谁知翌日清晨，却发现一夜间树叶落尽，树已枯死。田真见状心疼，对两个弟弟感慨道：树本同株，闻将分斫，所以憔悴，是人不如木也。他的弟弟们听后也大为感动，决意不再分家。屋前的紫荆竟也慢慢复苏，此后长势异常茂盛。

人类，原本从森林里走出，与草木天然灵犀相通，这是一种流淌在人类血液里的木质情感。

爬上崎岖的山道，一树高大的紫荆赫然兀立于半山坡上。

这株紫荆太过出众，身高几乎超过了十层楼房。我伸开双臂去拥抱它，并不能合围，目测胸径近两米。据同事讲，去年，中国林科院林业研究所的顾万春研究员考察中国野生紫荆时，走遍了我国的名山大川，最后在秦岭北麓发现了这株巨紫荆。

这株 800 岁的紫荆，霎时惊艳了植物专家，吃惊之余，他给这株紫荆树冠名为中国野生"紫荆王"。专家说，紫荆树一般生长在海拔 900 ～ 1400 米之间，多为小乔木或者灌木，能够长这么高大，太罕见了。

自古亦有"天下紫荆，源系太平"之说。在偌大的秦岭，紫荆林也仅集中在秦岭的太平峪。

在崇尚美学的唐代，诗人韦应物面对开花的紫荆树写下了名句："杂英纷已积，含芳独暮春"。朝朝暮暮岁岁年年，这里的紫荆林当年看着诗人远离家乡长安踽踽远行，如今，似用漫山的紫"手绢"，静静等候诗人的归来……

我徘徊在紫荆王的树冠下，一点点被它的馥郁席卷。仰头，树冠已嫣然红透，枝条凌空舒袖，火焰般璀璨、卓绝，紫气盈天。有山风轻轻吹来，把脸上的疲倦带走，把心底的浮躁吹散。

在湛蓝天空的幕布上，这株巨紫荆，就是美的标本。

　　秦岭，是植物生长的天堂，以绿色生命，供给、疗愈万千生命；以缤纷的生物多样性，推进世界生态文明；以浩瀚的绿海，涵养水源，蒸腾出大量的氧气，维持着大气中的碳氧平衡，是中央水塔，是国家绿肺……

　　山可平心，水可涤妄。从衣食住行到医疗、文化、审美，祖脉秦岭，不仅泽被陕西，也泽被中国，泽被世界。

草木清欢

喂　蜜

初春，拂过面颊的风里，多了丝丝暖意。草木们伸出手掌，纷纷与暖风互致问候。红叶李、紫叶小檗伸出紫红的手掌，大部分招呼风儿的手掌，是绿色。嗯，黄绿，羞羞怯怯的。

一些树特立独行，招呼风儿的手掌，居然不是叶子，是花：迎春、玉兰、结香、山桃、海棠、金钟、连翘、紫荆、榆叶梅……黄白红粉紫，每样，看起来都很好吃的样子。

童年食花喂蜜的场面，走马灯般，开始一帧帧回放。

院子里，泡桐树上，一嘟噜一嘟噜粉紫的桐花，用酒盅盛满甜香引诱我。那一刻无比羡慕蜜蜂，能嘤嘤嗡嗡地飞上枝头，喂花心里的蜜。

好在，总有单朵花儿掉下来。啪嗒！像一声安慰。三步并作两步跑过去，捡起来，那可是泡桐树送我的一粒"花糖"。

落地的花糖，花儿酒杯依然完好，也算新鲜，紫里透白，从花心腾起的一抹黄上，撒着多粒雀斑。学植物后我才知道，这斑点是泡桐为蜜蜂专设的餐厅指路牌。

凋落的酒盅里，大部分蜜蜂都光顾过，留不下多少蜜水。也总有例外，像是泡桐树为树下等待观望的我专门预留的。

左手捏住硬硬的花蒂，右手往外一拉，酒盅形的花冠便完整地捏在手里，用嘴巴对着酒盅的底部，轻轻一嘬，一粒微凉的蜜水，在舌尖上洇开。总要用舌头在唇齿间搅动一番，嘴唇吧嗒两下，才美滋滋地咽下。

"成都夹岷江，矶岸多植紫桐。每至暮春，有灵禽五色，小于玄鸟，来集桐花，以饮朝露"。多年后，读到这段文字时，忍不住扑哧一笑，眼前浮现出那株高高的泡桐，浮现出一次次弯腰的我。原来，我也曾是一只五色鸟呢。

树下的另一只五色鸟，是麦萍。麦萍和我一般大，是我的邻居。泡桐树下起花糖雨时，麦萍会跑过来，和我一起嘬蜜。后来，有花蜜的地方都有麦萍。麦萍爱笑，她一笑，右脸上就现出一个小酒窝。我想她嘬过的花蜜，大部分都流到了这个小酒窝里。

那年月清苦，粗茶淡饭勉强可填饱肚子，日子苦巴巴的，总想找点儿甜滋润一下。水果糖遥远得如同白月光，只有过年时父亲才买些回来。我家姊妹多，分到自己手里的只有个位数。平日里，我和麦萍结伴剜猪草时，野花，会稍稍慰藉一下我们的肠胃。

村子里的好多野花，花心里都兜着一粒蜜，麦瓶花、米口袋、地黄、飞燕草、紫花地丁，还有好多叫不上名字的花儿。

地黄最受我们待见，我们叫它蜜罐罐。花冠合围成一个黄红色毛茸茸的罐罐，里面兜着一大滴蜜水。选一朵罐罐饱满的花，揪下来，放进嘴里，轻轻一吸，清甜的蜜水瞬间在口腔里跳舞，你便很难控制自己不把手伸向下一朵花儿。

嘬花蜜多了，我俩发现了一个规律，早晨太阳升起前嘬花蜜，蜜汁既多又甜，太阳升起来后，花蜜的量慢慢减少。日过三竿，花心里的蜜汁便如同露珠一样，了无踪影。

不久，我和麦萍嘬蜜时用上了吸管，这让我们的甜蜜事业显得高雅了些，重要的，是不必摘下花朵，花心里的蜜，隔天还可再吸。

这方法是我在看到一只蝴蝶长长的口器后受到启发发明的。我们的口器，是蒲公英的花茎。

选一朵高个子蒲公英，摘下花茎，掐头去尾变吸管，浑然天成。嘴巴凑近花朵，将吸管伸进花心里，轻轻一吸，丝丝蜜汁入口。干净，快捷，不伤花朵。末了，连同吸管一起嚼食。

之前，我们也吃过蒲公英的嫩茎，粉红色，口感寡淡，甜味若有若无。充当吸管后的花茎，味道一下子甘甜起来，仿佛入口的，是一截微小的甘蔗。尽管那时我们都没吃过只是听说过甘蔗。

我喜欢甜食，我相信花草也是。不然，草木里不会收集那么多的糖。你看，糖分子沿阳光奔跑时，被好多花儿兜住。糖粒在晨雾里晃荡时，被好多果子留住。糖，从此不再流浪，在一株株花草里安顿下来，被珍藏，被酝酿，被当作报酬，支付给蜂蝶，还有童年的我们。

不记得我是哪一年不再嘬花蜜了，但肯定与一件事脱不了干系。

那天，我和麦萍照例在泡桐树下捡拾花糖。嘬泡桐花蜜时，我们是不用吸管的，它们是落花，不必怜香惜玉。和以往一样，我捡起一朵花，扯掉花蒂后，用嘴巴对着酒盅的底部，直接嘬。和以往不一样的是，我感觉随蜜水进到口里的，还有一个明显的异物。

用手指从舌头上拿下异物，妈呀，是一只还在伸胳膊动腿的黑蚂蚁！

我是领教过黑蚂蚁的。这个和我们一样爱吃甜食的家伙，曾经，在我们一同将目标对准一朵罐罐花时，一下子爬到了我的手指上，狠狠地咬了我一口。

蜀　葵

想起老家的那方土院时，一定有一溜儿高个子植物，大红大绿地站成土墙的花边。这方院子里，夏天于我，充满了欢愉。这欢愉，源于一种名为蜀葵的高个子草花。

蜀葵开起花来，有种咋咋呼呼的艳丽，不秀气，不雅致，也不懂节制。一株蜀葵，就像一柱劲爆的喷泉，花儿喷泉自下向上、由低至高喷出茎叶，喷向天空。明媚了灰扑扑的院子，也给我的童年皴染了亮色与欢欣。

端午前后，碗口大小的花朵陆续沿两米高的茎秆一路张扬着喷上去。我和妹妹开启了贴花瓣、吃花盘、采蜀葵叶包红指甲的欢喜日子。

后来我想，我对草木产生浓酽兴趣的起点，就是蜀葵。它的叶、花、果，全方位、多角度诠释了米沃什曾说过的一段话：

306

小时候，我主要是世界的发现者，不是作为苦难的世界，而是作为美的世界。

蜀葵的花瓣蝶翅一般，亦如蝉翼，有着与翅翼大致相同的纹路肌理。我一直弄不明白，是花如蝶？还是蝶如花？不明白就不明白吧，这世间不明白的事多了。一天，我无意间发现了蜀葵花瓣上胶水的秘密，这让花瓣瞬间变身翅膀，蝴蝶般飞翔在我们的额头、鼻尖、脸颊、双耳乃至衣服上。从此，我们和蜀葵的亲密值大为增加。

我们玩花的时候多在傍晚。那时候，太阳正从我家的土墙上一寸寸往下坠落，往西山后坠落。蜀葵站在夕阳里，脸蛋红彤彤的等待我们的宠幸。

采一片蜀葵花瓣，用指甲将花瓣基部纵向剥开，一剥为二。深度大约一厘米，伤口处很快渗出黏液，像胶水。把剥开的两绺向两边抻平，花瓣就可以牢牢地粘贴在脑门上，似顶着一个殷红的鸡冠。"大公鸡，真美丽，大红冠子花外衣……"我们一边口诵儿歌，一边背手、弯腰、伸脖子，模拟大公鸡迈步、啄食、干架，也模拟老母鸡下蛋后脸红脖子粗地邀功，"咯咯～哒，个个～大"。

若将两枚花瓣贴在一起，瞬间化身艳丽的蝴蝶。它栖息在鼻子尖上的时候多一些，也栖息过脸颊的任何一处，蝶翅随步子开合，快乐亦如肥皂泡泡，从蝴蝶翅膀间咕嘟嘟冒了出来。

两枚花瓣平着粘贴在耳垂上，花耳环悬空垂下，招摇如扇面。色彩从花瓣基部烟一样洇下来，边缘还镶了波浪和流苏。我们依衣服颜色选择色彩形状迥异的花耳环佩戴。

长相甜美的麦萍率先一手叉腰，一条胳膊甩起来，表情酷酷地扭起了模特步。土院是 T 台，院子里的鸡、狗、麻雀、猫咪，都是观众。穿着黑西装白衬衫的喜鹊，适时奏响了背景音乐，喳喳喳、嚓嚓嚓，短促的音符脆生生的，回旋在院子里，似在指点我们的步履。土院里升腾起音韵之美。

麦萍的脸颊上又浮起了小酒窝，她走模特步掠起的细风也飘着甜蜜的味道。红、粉、白、紫，多彩的花耳环在我们的耳朵上轮番上阵，每个人的脸上似乎都镀了一层光，眼睛格外明亮，连身体都像生出了翅膀一样轻盈。这是花耳环的魔力。

蝉在高高的泡桐树上叫着"知了，知了"的时候，蜀葵们开启了新的生活。上半身，花儿喷泉依然涌动，下半身，花谢处，包起了包子。包子皮绿色，是当初的花萼。五枚花萼皱褶细密地合围起来，在收口处，极其自然地一扭，其中的馅料汤汁，绝不会洒出来一星半点。单从这点来看，蜀葵比我包包子的水平高多了。

绿包子皮不能吃，白包子馅可食，咬一口，清爽，回甘。馅儿圆盘形，像整齐码放的一盘白巧克力，质地细嫩，是夏日里难得当零嘴儿的吃食。吃这包子馅的秘诀，只有两个字：趁早。晚了，就老了，就变成一圈挤在一起的褐色种子。

也试过吃花。摘下花朵，去蒂水煮，味清淡，包裹了一团透明黏液，用筷子夹起后丝丝缕缕，像现今吃秋葵果荚一样。想那秋葵、蜀葵本就是亲家，都是锦葵科大家族成员，有黏液实属正常。

多年后，我在《本草纲目》中也见到李时珍提过吃嘴儿的事儿：蜀葵处处人家种之……嫩时亦可茹食。可见，它的嫩茎叶是可以做蔬食的，只不过那会儿野菜多，吃不到它身上罢了。

蜀葵毛茸茸的大叶子，可以包裹期冀，手指甲从无色到蔻丹，是最美的期待，也要经历最漫长的黑夜。傍晚，摘两三片蜀葵叶子，裁成方块。采一把开得正艳的指甲花瓣，去厨房舀一勺盐，用勺子将两者捣成花泥，轻轻覆盖在指甲上。用一片蜀葵叶子包一根指头，包粽子一样，把指尖裹严实，用棉线扎紧。

入夜，月光从天窗照下来，对面墙壁上的一张年画敷了银灰的霜。我躺在炕上，不时举起头戴绿草帽的小小十指，憧憬着第二天晨起后指尖的妖娆，然后在蛐蛐声里充满期待地睡去。听麦萍说，用凤仙花染指甲的这个晚上不可放屁，否则指甲盖会染成屁红。我一直谨守规则，指甲盖也的确没变成过那种难看的黄色。大多数时候，卸掉绿草帽时会发现，指甲是染红了，指甲周围的皮肤也一并成为红色。没办法，那花泥在草帽里一点也不老实，就喜乱窜，即使用小刀刮去指甲盖上的釉面，也无法真正固定住它。

日子朝朝暮暮，在我家院子里流淌。玩着玩着，我们一天天长大，玩着玩着，土院消失了，蜀葵也不见了。生命的璀璨与转瞬即逝，让我理解了岑参眼中的《蜀葵》，寥寥数笔，尽显天地的寂寞与惆怅："今日花正好，昨日花已老。始知人老不如花，可惜落花君莫扫。"

之后，无论在什么地方，以什么形式邂逅蜀葵，我都会刹那间被拉回到土院的烟霞往事里去。

那时以为蜀葵的乡土味儿浓，后来，我在风流才子唐伯虎、沈周、徐悲鸿、张大千的画里见过，也在美国大都会博物馆莫奈、塞尚、梵高等人的画作里见过。这些画儿让我觉得，我曾经生活的乡村和一直以为很土的蜀葵，竟和艺术这么近，近得似乎那时的生活，就是艺术，就是一幅画。

槐　花

洋槐，是故乡人家的标配，是善于用花香讲故事的草木。

记忆里，老家的后院里，有一棵洋槐，也有一棵国槐，是母亲当年随手栽植的。繁枝茂叶间，常年栖着啾啾喳喳的麻雀和喜鹊。

冬日，洋槐与国槐一样，叶子落尽，黑黢黢的杵在院子里，枝杈布在清冷天空中，无声无息。看不出悲喜，辨不出是谁，甚至，都不知道它们究竟是冬眠还是已经离开了这个世界。

谷雨时分，洋槐花率先从枝干里挤了出来，灿若繁星的光芒，汇聚成葡萄串的形状，开始在枝头闪烁，恍若烟花从粗粝的大地深处猛然炸裂。这个时候，洋槐的叶子尚在赶往春天的路上。

是洋槐还是国槐，一目了然。

麦子拔节，鸟雀啾啁。空气里一夜间弥漫起甜香，丝丝缕缕，院子香起来了，村子香起来了。这是乡村最抒情的乐章，也是最让人惦念的味道。

星光愈发白亮，那白，在一天内就臃胀起来，眼见着毕毕剥剥的爆了皮，花香也越来越浓。不几日，星星变成了云朵栖在树梢。时光开始走得急促，一阵风过，满地落花如雪。

要吃花，需赶在花骨朵儿变云朵前采摘。没爆皮的花苞才好吃，最适合做麦饭。若花瓣全然张开，香气就散失了大半。

我和妹妹结伴去摘花，矮处直接捋进篮子里，高处的一人用钩子钩住梢头，另一人专门捋，有槐刺左抵右挡，却也枉然。因了这刺，洋槐学名刺槐，也是后来学了植物才知道的。再高处，就得用上绑镰刀的竹竿了。

常常，我一边摘槐花，一边把水灵灵的花苞送入嘴里。像李白对着明月饮酒，喜不自知，把盏忘了歇。凝脂般的花朵，在牙齿的开合间化为香甜的汁水。

槐花麦饭是所有麦饭里最好吃的。对乡人来说，若是没能吃上一碗槐花麦饭，这个春天算白过了。花骨朵儿洗净后加盐加面粉，拌匀入蒸锅。大约十分钟的光景，揭盖，放入碗里，撒上辣椒面、蒜粒等佐料，热油刺啦一声泼上去，哎呀，单是想想，已口舌生津。这是种让人兴奋的声音和气味，它们会合力冲开毛孔，慰藉肌肤上张开的所有嘴巴。

槐花亦可煎，入面粉鸡蛋，充分搅拌均匀，放入油锅，煎至金黄，口味香酥、绵长。还可包饺子，做花卷，煮槐花汤……

自然，泼油、加鸡蛋，都是后来的做法。母亲当年做的麦饭里，只加盐、醋、辣子，简简单单，却也掩不住槐花在口腔和胃肠里荡起的清鲜。

那些年，母亲从未忘记在春季里晒槐花。过一遍热水，放到太阳下晒，干透后装入布袋，就成为干菜。想吃的时候抓一把，在水里泡发，洗净，就又能蒸麦饭、煎鸡蛋、包包子饺子了。熟稔的味道，任何时候都可以流转在餐桌上，弥散在空气里，用清香的语言唤醒味蕾，一往情深。

秋冬季，抓一把干花放在鼻子下，闭了眼，感觉又一次来到了春天。

当餐桌上飘起槐香的时候，母亲总说起自己当年赶赴页梁植树造林的故事。页梁，是位于陕西省永寿县北部的一座山梁，这座山是泾渭二河的分水岭，我的父母连同老一辈家乡人一直称之为页梁。

如今的页梁，早已被密匝匝的洋槐树包裹，人们叫它槐花山，是关中地区夏日里有名的纳凉度假区。槐花绽放的时候，从高空看，身穿绿叶白花的山脉，安宁得像一种语言，素洁、温润。涌动的绿叶和白花，曾经是当地人救命的食粮，现在，依然是诸多生命的补品。

在母亲反反复复的絮叨里，我大概还原了当年的场景。因槐花可以充饥，永寿县政府在为光秃秃的页梁挑选外衣时，毫不犹豫地选择了刺槐。从上世纪 50 年代开始，每年春秋两季，数不清的男女老少，携带着数不清的刺槐，在页梁安营扎寨，埋锅做饭，植树现场红旗招展，场面浩大。

那时，母亲在县缝纫厂上班，有五六个春秋，她随厂里的工友一起去页梁参加义务植树。那是一段激情澎湃的岁月，全县农工商学界一同参与造林，页梁上人山人海。大家一起挖坑栽树，一起吃大锅饭，一起住帐篷，一起欢笑，一起流汗。槐花山，就是由这样的一群人、这样许久的时光和无数长满故事的刺槐，一起堆积出来的。

知道母亲曾去页梁种树后，每到槐花山，我都有种回到母亲身边的感觉。我会久久凝视并抚摩山里的槐树，这棵，那棵，究竟哪一棵是母亲种的？母亲过世后，我曾对着槐花山上的刺槐询问：我母亲当年的身影你们记得吗？那些和母亲一同栽树的人如今去了哪里？那些飘荡在山梁上的歌声可曾记得？那一把把锃亮的镢头铁锨现在在谁的家里？……

槐树不语，像一个符号，让流动的时间呈现出固态容颜。就像有时，我走在村子里，远远看见一个银白短发的老人踽踽独行时，心里就会一震，眼里蓄满泪水。我在一些老人的身姿和衣着上，总是能看到我的母亲。

吃槐花麦饭时，那些与槐花相互缠绕的老屋、大树、母亲也一并归来，仿佛我还是个儿童，仿佛母亲也还年轻。仿佛，所有的日子，都齐聚在槐香里。

杨树

童年，我家院子门外有一排杨树，是生产队给村子绿化时统一栽植的。齐整整排成一溜儿，列队的新兵一般，挺拔俊朗。杨树间距一米，树冠像一支蘸着绿墨汁的毛笔，相邻的两棵树尚不能勾肩搭背。

一年后，这排小杨树成了我们的双杠——竖立着的双杠。树干甘蔗粗细，树皮光滑。关键是它们柔韧，有良好的弹性。弹性的美妙就在于，我们可以在树间倒立，在树干上晃悠。

用双手握住相邻的两棵树干，猛然发力，身体瞬间在两棵树间倒立，颇像有难度的瑜伽动作。累了，把两只脚分开搭在树干上休息。阳光穿过枝条叶片跌落下来，溅起的细小灰尘都带着光。稍稍用一下气力，两棵树便晃悠起来。那感觉真是妙不可言，似乎晃悠的，不只是眼前倒立着的世界，还有一种说不清道不明的东西。

有时，我们也玩前后翻。双手紧握树干，弯腰、撅屁股，深吸一口气，啪的一声，身子便翻转过去。手不松开，再次用力，又啪的一声翻回来，小猴子一般。阳光晴好，空间却发生了神奇的改变，前与后、上与下的边界模糊了，消失了。风儿从遥远的天际赶来，又要到遥远的天际去。它们从两棵杨树的缝隙间经过，吹到我们身上，吹得整个人晕乎乎的，似乎要飞起来。

一天，我和麦萍、二妮、三丫在杨树间前后翻得正起劲时，一个苍老的声音爬上树梢，在我们头顶炸开。是村里的四爷，他喊：猴女子们，你们是玩美咧，也不想想这碎树，叫你们这么摇摇晃晃，以后还咋长个子？

赶紧收敛。我们吐舌头做鬼脸，从晃荡着的杨树身边跑开。私下里，我们提及此事时都会撇嘴，嫌四爷多管闲事。若哪天发现他不在场，我们又像一群没王的蜂，抓紧时间在杨树间翻滚和晃荡。也曾有过担忧，唯恐如四爷所说，我们的闹腾，会影响小小杨树成长。

那排杨树，并没有记恨一群少女的任性调皮。十年后，它们的高矮胖瘦，和村子里其他地方一同栽植的杨树不相上下，甚至更大一些，树干粗壮到已无法抓握。

我们，也长大了。

我家麦场的北边，小时候也有一排杨树，我不清楚它们是何时站在那里的，我知道它们的时候，杨树们已经非常高大了。树身，要我和妹妹同时伸展双臂才能合围。

三伏天，我常被安排去看守场里正晾晒的新麦。这是我那时最喜欢干的农活：用木耙耙定时翻晾麦粒，驱赶前来叨扰偷食的麻雀。大部分时间，我都待在杨树下的阴凉里，那里有一张单人凉席。干完活，我就躺在凉席上看天看云。湛蓝的天幕上，洁白的云朵不时从杨树间穿过，有薄，有厚，有飞马，有胖鹅，有棉花，有瓦片，有大海，有群山，却从来没有固定的形状……看着看着就睡着了。

突然，我被一阵唰啦啦的雨声惊醒，一个鲤鱼打挺坐起身来，抓起一旁的推耙就要去收拢麦子。麦粒依然晃眼，抬头，大太阳还挂在头顶呢。这才真的清醒过来，明白刚才的雨声，不过是杨树与过往风儿的嬉闹。忍不住朝杨树吐舌头翻白眼，又直挺挺倒下身去。

看到《古诗十九首》说"白杨多悲风，萧萧愁煞人"，第一感觉是怎么会这样？诗人一定是把自己的情绪强加在了杨树身上。我从没感觉到杨树萧瑟凄婉，相反，杨树唰啦啦的声音，除过拥有雨打芭蕉的诗词景象，还饱含一种热情，像是树叶儿在热烈地辩论，激动处，你拍拍我的背，我拍拍你的肩。何悲之有？

杨树也开花。花朵实在是简朴，无花瓣，无姿无色，毛毛虫般从新叶里垂下。村里人叫它杨絮儿。我倒挂在杨树上，眼睛往上看，只有蓝绿两种颜色，绿叶、绿莹莹的杨絮儿被晴蓝的天空衬着，极其干净，极其宁静，恍若看一幅色彩单纯的明信片。

若没有被摘下做麦饭，三五天工夫，杨絮儿便扑簌簌全掉落在地上。

这毛毛虫软软的，肉肉的，拿在手里抖抖，还会有亮晶晶的小绿粒子洒落。偶尔，我会把一串杨絮儿扔进麦萍的后衣领子里，逗她玩，当然也被她扔过。被扔的人会一下子跳起来，一惊一乍地捉"虫子"，始作俑者则在一旁得意地笑。

后来想，这杨花，多亏是家杨花序，若是毛白杨或是速生杨花序，还不把人给扎失塌了。

家杨花序可食，只是做法要多些工序。先过一遍开水，再浸泡一整天，中间还要换几次清水除去苦味，然后才能按照常规做法加工成麦饭，也有人会放一撮韭菜提鲜。

当年，母亲把苦味的杨絮儿做成麦饭时，把生活的一些道理也添了进去。在缺少主粮的年代，在青黄不接的二三月，上一辈、上上一辈人都是这样靠吃杨絮儿、吃榆钱、吃槐花，甚至吃榆树皮熬过来的。为了不至于饿肚子，就要学着妥协，学会接受你和你的味蕾都不喜欢的东西。那些熬不过日月酸涩苦咸的人，都是没参透花草麦饭里的学问。

有阵子，我突然发现，村子里大部分人的长相和杨树花相似，朴实无华，无姿无色，隐在树叶里，就像一滴水融入了江河；性格也颇相似，经年累月地忙碌，却未必有好的结果、好的收成。

果然，一次吃杨花麦饭，父亲说山东人把杨絮儿叫"无事忙"。父亲解释说叫这个名字，大约是指杨树不会结果，却还要忙忙碌碌地开花。

后来，在一本植物书里，我看到了杨树花的别名叫"无实芒"。

这些天重读《红楼梦》，读到秋爽斋结海棠诗社一节，再遇"无事忙"一名时，下意识的，我倒吸一口凉气。无事忙，是薛宝钗调侃贾宝玉的雅号，后来贯穿了贾宝玉忙忙碌碌一事无成的一生。

"你的号早有了，无事忙三字恰当得很。"合上书本，感觉宝钗对宝玉说的这句话，就像是对我说的。人生过半，因循苟且，逸豫而无为。在喧嚣的市声里，在欲望的大网里，蚂蚁一样奔忙着，望不到地平线。

　　关于吃喝，关于清欢，我只能在记忆里，一次次趑回到童年的一棵树、一朵花里。

向绿而生

　　我一直觉得，马齿苋，是我见过的最肥嫩最顽强的小草。

　　在刚刚过去的夏天，我吃过一盘来自我家花盆里的马齿苋。一次去南阳台上浇水时，我发现好些绿叶红秆秆的小家伙，从弃用的花盆里爬出来，从韭菜的间隙挤出来，从燕子掌的身下钻出来。那天我浇水后，拔掉了燕子掌下和韭菜间的小苗，唯余撂荒花盆里的绿叶红秆，让它们自由生长。

　　一周后，直径两尺的大花盆，被绿叶红秆铺得满满当当。马牙般的对生小叶，四片一簇，从紫红色蚯蚓般的茎秆上伸出来，胖乎乎的，似汪着一团绿水，翠绿光亮。这些红红绿绿的小生命，每年都不请自来，率真而任性。它们曾经是我童年最熟悉的猪草和野菜。多年后，它们从我的花盆里冒出来，想必就是来和我的牙齿握手言欢的。

　　这绿叶红秆的小草，植物学名叫马齿苋，据《本草纲目》记载："其叶比并如马齿，而性滑利似苋，故名"。而《本草经集注》中是这么描述马齿苋的："马齿苋，又名五行草，以其叶青，梗赤，花黄，根白，子黑也。"把五行都占全了的小草，它的能耐自然是不可小觑的。

夏秋季节，田野、路边、沟坎，甚至是石头缝里，都有马齿苋蚯蚓般蠕动的身影，绿叶像"蚯蚓"身上长出的翅膀，带领马齿苋向四方飞翔。贫瘠炎热，不算什么，刀砍铲挖，也无法停止它爬行的脚步。

小时候的马齿苋更多。除过偶尔走上人类的餐桌，大部分都充当猪的餐后"点心"。有时候这种草拔多了，猪吃不完，便被扔在一边。即便是过了十天半个月，只要有一场雨淋到马齿苋身上，那些乍看已经萎蔫干枯了的茎秆，便又神奇地长出鲜嫩的叶子，焕发出勃勃生机。三五棵几天就能铺展成一大团，如果空间狭小的话，茎叶便高高地抬起身来。

掐一段马齿苋的茎叶，随便丢在土里，都很容易生根发芽，继续它们蔓延的脚步。马齿苋的花朵极小，顶生，五瓣，金黄，朝展暮合。花后，极细极小的种子会被风带到任何地方。只需一把土几滴水，就会萌发，开出一片新天地。不由得感慨，这马齿苋要换作是人，可真不得了，在人世间，它一定能如鱼得水。

关于马齿苋耐酷暑以及抗干旱之能耐，还有一段有趣的传说——远古时代，天上有十个太阳，晒得大地上苗焦草枯，民不聊生。部落首领后羿擅长箭法，拿着射日弓一口气射下九个太阳，第十个太阳吓得东躲西藏，最后藏匿在一棵马齿苋下才躲过一劫。太阳君感动异常，为报答救命之恩，许下诺言："百草脱根皆死，尔离水土犹生。"

回到科学的话题上。马齿苋之所以耐酷暑抗干旱，一是因为马齿苋的根系粗壮发达，二是因为马齿苋红茎粗、绿叶肥，体内存储的水分和营养物质多了，抵御不良环境的能力就强。

有人选取马路边、沙地、田野、菜地、大棚五种生境的马齿苋作为实验材料，研究比较马齿苋在不同生境下生理生化代谢的部分抗性指标。结果发现，菜地里生长的马齿苋可溶性糖的含量、脯氨酸含量、过氧化氢酶的活性均最低，也就是说其抗性较弱；而马路边和沙地生长的马齿苋过氧化物酶活性和根系活力显著高于其他生境下的马齿苋，表明其抗性较强。由此得出结论：不同生境下的马齿苋，能够通过调节自身的生理生化代谢，来适应外界不同的环境。

记忆中，小时候我吃马齿苋的次数远没有吃灰灰菜和仁汉菜的次数多，原因是马齿苋焯水后太过滑腻，酸酸的，而且有股土腥味儿。但也有人就爱吃这种味道，譬如我的母亲。

那时我们家最常见的吃法是凉拌。挑选鲜嫩的马齿苋，淘洗干净，将茎叶切成二三指长的小段，焯过开水，捣点儿蒜泥拌了，撒上五香粉、盐和辣椒面。可夹在馒头里，也可卷在煎饼里吃。

还有一种吃法是将马齿苋剁碎，拌入面粉和调料后，在平底锅里煎得两面焦黄。相较而言，我更喜欢后者。尤其是夏天，高温炎热，人没有精神，也少胃口，吃马齿苋饼，感觉特别开胃。

有营养专家专门做了量化研究。每千克马齿苋鲜品中含蛋白质 23 克、脂肪 5 克、糖 30 克、粗纤维 78 克、胡萝卜素 22.3 毫克、硫胺素 0.3 毫克、核黄素 1.1 毫克、维生素 230 毫克、钙 850 毫克、磷 560 毫克、铁 15 毫克，可谓营养丰富。

马齿苋作为菜蔬在我国历史悠久，杜甫的《园官送菜》里便提到了马齿苋："苦苣刺如针，马齿叶亦繁。青青嘉蔬色，埋没在中园……"传说武则天特别爱吃马齿苋做的汤或汁，用以美容养颜。唐朝时，除过宫廷，在普通官员和百姓家里，也流行用马齿苋做菜，并一致将马齿苋看作是强身健体的菜蔬。"长命菜""长命苋""安乐菜""长寿菜"等别名，就是这个时期人们送给马齿苋的。

明人王磐编写的《野菜谱》，记录了 57 种野菜，马齿苋位列其中。《西游记》里马齿苋也作为野菜，翩然出现在餐桌上。

有些人见不得马齿苋里的酸味儿，于是发明用青灰"盘"。盘马齿苋用的灰，一般是由秸秆或麦草烧成的草木灰。概因草木灰属于碱性物质，能中和马齿苋里的酸性物质。具体做法是用草木灰搓揉马齿苋，灰粉腌制后放到太阳下晒干，方可食用。据说盘出来的马齿苋虽然看起来灰不溜秋，但味道好极了。

城里人吃腻了大鱼大肉后，吃一盘马齿苋，那酸酸滑滑的滋味里，有童年的酸涩，也有绵绵的乡愁。

马齿苋不单能食，更能入药，防病治病，有"天然抗生素"的美誉。

明朝李时珍把马齿苋写进了《本草纲目》，说它以全草入药，性寒，味酸。清热，解毒，消肿，主治痢疾、疮疡等。

马齿苋消肿的疗效我深有体会。记得小时候，倘若我们身上长了疖子，或者被蜂蜇被蚊虫叮咬，或者皮肤痒痛发炎什么的，母亲便掐一把马齿苋，将其捣烂，连汁带渣敷在患处，一两天后，肿毒痛痒就会奇迹般消退。有一位朋友腹泻，连吃三天马齿苋后病去身轻，连称神奇。

唐山大地震后，时令是蚊蝇肆虐的夏天，缺水无电，一些人开始上吐下泻，痢疾横行。救援队伍便采来随处可见的马齿苋，煎煮成汤水给震区人员服用，有效治疗和防止了震区肠道传染病的大爆发。

前些年的热播剧《武媚娘传奇》中提到的流产神器五行草，就是马齿苋。《本草纲目》中说它"散血消肿，利肠滑胎"，由于马齿苋性寒滑，故怀孕早期，尤其是有习惯性流产史者忌食。近代临床实践也得出结论，马齿苋的确能使子宫平滑肌收缩。但临产前又属例外，多食马齿苋，利于顺产。

马齿苋还可促进白发变黑。宋代刘翰的《开宝本草》中记载："马齿苋，服之，常年不白。"意思是马齿苋经常服用，可以使头发常年不会变白。民间的操作方法，是将马齿苋切碎捣烂，加水熬煮，去除渣子，加入适量蜂蜜，做成马齿苋膏。将制作好的药膏放在冰箱里备用，每天早晚用棉签蘸一点，涂在白发的发根。若要效果更好，可以配合马齿苋水喝。

据报道，地中海某地居民由于经常食用马齿苋，心脏病和癌症的发病率均低于其他地区。喜欢把马齿苋调和在色拉中食用的法国人，心脏病的发病率也要低很多。

马齿苋这么好，可以大吃特吃吗？有副作用吗？

关于前者的答案自然是：否。马齿苋性寒，寒凉体质的人不宜多吃。对于经常腹泻、肠胃较脆弱的人群来说，更是最好不要吃马齿苋，因为吃马齿苋可能会让他们的病情加重。

食用药食同源的马齿苋，副作用并不明显，不过一些特殊人群还是需要注意的，因为吃罢会感觉不适。易上火体质的人刚开始吃马齿苋时也一定要少量，逐渐适应了才能多吃。马齿苋里最好放白糖，不要放红糖。因为红糖是温性的，会与治疗的方向背道而驰。

如前文所述，孕妇禁食马齿苋。再者，吃中药期间，尤其中药里有鳖甲药材的时候，也就不要食用马齿苋了。因为，马齿苋性寒滑利，食用过多容易消化不良，而鳖甲则属于高蛋白的凉性补品，容易加重肠胃的负担。两者同时食用，更容易引起肠胃的消化不良，严重的会导致中毒的症状。

文章前半部分里所说的小草马齿苋，是观赏植物马齿苋的始祖，是原始种，花黄色，直径约 1 厘米或者更小，很不起眼。经过多年的人工栽培和选育，逐渐出现了重瓣大花的变种，即大花马齿苋，其花朵直径可达 5 厘米，颜色也出现白、粉、红、紫、橙、黄花红心等许多变化，成为夏秋时节花坛里鲜艳醒目的观赏植物。

马齿苋科马齿苋属中的近似种，还有多年生草本植物紫米粒和毛马齿苋，这二者花色均为洋红色，单瓣。紫米粒因叶片像一颗颗小米粒而得名，如微缩版的半枝莲。紫米粒的幼芽和新叶呈米粒状，在冷凉天气里强光的照射下，叶色有紫晕或变成紫红色，盆栽非常漂亮。夏季会开粉红色小花，花开比植株大，紫米粒花期比较长，陆续可从初夏开到初秋。它有许多别名：米粒花、紫米饭、紫珍珠、流星等等。毛马齿苋的叶腋内，长有长疏柔毛，茎上部较密。花无梗，密生长柔毛。其他长相与马齿苋相近。

马齿苋树，就是大家所说的金枝玉叶、小叶玻璃翠。肉质叶片极像马齿苋，老茎浅褐色，茎干嫩绿色，肉质分枝多。与马齿苋同科同属，是多年生肉质草本或亚灌木。马齿苋树原产非洲南部的莫桑比克等地，现世界各地广泛栽培。

马齿苋树在原产地，可长成高达 4 米的肉质灌木。盆栽时通过修剪整形，严格控制高度，也是很好的家庭观叶植物。

希望来年夏天，马齿苋继续来我的花盆里做客。

木槿度年华

初识木槿，是在我工作的园子里，它们就长在我上班经过的路上。

在家属院和办公楼的隔墙边，木槿被栽种成一排篱笆，修剪得齐齐整整。后来才知道，木槿因为宜栽易生，耐修剪，枝条柔软可编织，民间常用它来做篱笆。不知道陶渊明先生"采菊东篱下"背靠的篱笆，是不是木槿做的？若是，老先生悠然采菊的时候，篱笆上的木槿花，应该还没有完全落尽吧。

夏末秋初，单位里的篱笆墙上开始冒出粉粉的花朵。五枚花瓣合围成喇叭状，托举出位于中心粗壮鲜明的花蕊。花型是我喜欢的样子，简洁、秀美、淡雅，就算是繁花满篱，也不觉得喧闹。在菱形绿叶的簇拥下，花朵像一张张迷你的笑脸。

清晨上班时，木槿花已梳妆完毕，倚着明亮的晨光，向我点头问好，一路芳菲。记得看见木槿开花的第一天，我下班时发现花儿都蔫了，花瓣变紫，抱头缩成一团，地上也有落英。

它们，也下班了吗？！此情此景，让我很是伤感，一时间与李商隐心有戚戚焉："风露凄凄秋景繁，可怜荣落在朝昏"。

一天，就是一朵木槿花的一生啊。

待到第二天上班时，我发现有更多的木槿花在枝头微笑，它们比我起得更早。昨日的伤春悲秋一扫而光。我决定专门用一天的时间跑去花前，看看木槿花儿如何在一天里，用生度死。

清晨，一朵含苞的花儿慢慢膨大，像是有种力量从花心里突围出来，花苞忽而裂开一个缝隙，外围的花瓣配合着外翻，舒展，婀娜，如羽化的蝴蝶。大约 20 分钟的光景，一朵新鲜粉嫩的木槿花便站立枝头，巧笑嫣然，宛若二八妙龄的女子。

面前的木槿花，让我想起了老家院子里的蜀葵，一样的明丽和温馨。这两种花儿颇为相像，都是一圈大花瓣围绕着中心鲜明的大个儿花蕊。后来才知道，这别致的花蕊，植物学上有个专用名词"单体雄蕊"——雄蕊多枚，花药分离，花丝彼此联结成筒状，包围在雌蕊的外面。想起来了，木槿和蜀葵原本就是姐妹，它们在植物学上同属锦葵科家族。

中午过后，木槿花开始缓慢皱缩，娇嫩的粉红花瓣渐次失水，直到变得像收拢在一起的一团紫色白条纹的卫生纸。在缓缓降临的暮色里，一些花朵坠地，另一些花朵似留恋枝头，默然不肯离去。

我静静地站在槿篱旁边，眼看着花瓣一路萎下去，没有感觉悲戚，相反，还有点儿"朝昏看开落，一笑小窗中"的轻快。这世上没有永恒不变的美，万物都是在告别自己，或慢或快而已。

况且，木槿枝头上有无数大大小小的花蕾，已排好了开花的队伍。翠绿的枝叶间,此后,天天会上演花朵开放、枯萎、凋落的悲喜剧,演绎唐代诗人崔道融眼里的景象:"槿花不见夕,一日一回新"。尽管,今日之花,并非昨日那花,但毕竟日日有新花,不像桃李一夜间谢尽春风。

显然,所有木槿花儿的出场与谢幕,都是事先设计好的。每一天,有无数花儿零落,每一天,也有无数花蕾绽开,此消彼长,生生不息。花开时花瓣的增大舒展和花谢时的收缩蜷曲同样绮丽,那是不同曲调的生命故事。生生死死,竟然都一样美好。

这场花儿的接力绽放,如同一条止不住的河流,从炎夏一直流淌到深秋,这乐观向上的明艳,正源于生命本身的长度和韧性。

大诗人李商隐写的《槿花》,是我看到过的最悲伤的木槿诗。诗人前前后后写过三首《槿花》,寓情于花,神魂一体。其时,诗人爱上了一位出家修行的道姑,她像一朵槿花,娴静优雅,开落无声。她也爱他,然而这爱情终究是隔着现实的篱笆,她在痛苦中徘徊,犹如风中摇摆的木槿花。诗人还借木槿易落,喻红颜易衰:"未央宫里三千女,但保红颜莫保恩",君恩短暂,世事荣枯,未央宫里如云的美女,哪能人人得到君王的恩宠,又哪有什么"红颜"可以长驻?

同样让人伤感的,还有开放在《诗经》里的木槿。"有女同车,颜如舜华",这里的舜,也是木槿。那同车的女子风华正茂,而这样的美却转瞬即逝,倏忽可落。以木槿喻美人,那一刻,同车对面男子雀跃爱恋的心,肯定有几分忧伤吧。

所以我喜欢《尔雅》中的叫法:"椵,木槿"。将"木"与"亲"的形声糅合,眼前便出现了一株可亲可爱的树。是的,木槿花可食，七巧日，可用槿叶濯发，叶子，还可茶饮……农家过日子，和木槿不亲，该和哪种树亲近呢。

木槿，果真是个宝，它的嫩芽和花蕾，向来都是人们喜食的原生态食材。福建人把木槿叫作米汤花，在那个物资匮乏的年代，用木槿花煮一锅稠滑的米汤，活色生香，舌尖该多么幸福。现在，好多人用木槿花裹上鸡蛋面糊下油锅炸至金黄，据说，味道清爽，松脆可口。我吃过农家乐里用木槿做的"鸡肉花"，很是嫩滑，虽然我没有吃出鸡肉味。在清朝陈淏之的著作里，我看到有"木槿嫩叶可代茶饮"的记录，只是没有品尝过。

洗发水发明前，古人善用木槿叶子洗头发。取新鲜的木槿叶片剪碎，用纱布包裹后放在水里揉搓，便有无数泡沫出来。木槿的花叶含皂苷，既能去发污，也能治疗头皮发痒。

一晃眼，在这所木槿盛开的园子里，我已经工作生活了20多年，白驹过隙，当年的槿篱，早已因园区改造没了踪影。还好，办公楼前的绿地上，还留有一棵大树，馒头一样的树冠上，结满了复瓣的木槿。这些天，每日里上班时，我都能看到它温润的花木的笑。

不由得想，这些花儿，也将会在这一天里走完它们的青年、壮年和老年吧，如同，一个人走过一生。

菩提树的滴水叶尖

2015 年春末，一株菩提树辞别故土，接受了特殊的宗教仪式后，和印度总理莫迪一道，飞越千山万水，抵达古丝绸之路的起点西安。

大雁塔脚下，唐代高僧玄奘曾经藏经、习经的大慈恩寺里，莫迪双手捧着菩提树，当着我国国家领导人的面，将它郑重地赠予大慈恩寺。捧在莫迪手中的菩提树被包裹在金灿灿的花钵里，盆土上覆盖着一层玫瑰花。

几天后，这株菩提树站在和我相邻房间的实验台上，静静地接受副研究员王庆的悉心照料：换盆、浇水、施肥，有时候，会安排它住进模拟的原生境中……像照料一个婴儿。

菩提树热带雨林的生境背景，注定了它无法适应地处北温带的西安冬季的严寒，何况它还那么小。于是，在两国国家领导人会晤和赠送仪式后，这株菩提树便被"寄养"在和大慈恩寺相距 5 分钟车程的陕西省西安植物园，由植物专家呵护它成长。

在西安植物园老区的老温室里，也生长着一株高高大大的菩提树。身高已超过 10 米，庄重、伟岸，风度翩翩。光滑的树干，褐中透出紫红，最粗处需一人双手合抱。大树的枝条旁逸斜出，翠绿的心形叶，错落有致地笼满树冠，有种只可意会的神秘和肃穆。有游客在树干和枝条上绑了花花绿绿的纸币，为自己和家人祈福。

"菩提本无树，明镜亦非台；本来无一物，何处惹尘埃。"每次站在这株菩提树前，纯净的绿色，便顺着禅宗六祖慧能的诗句，缓缓注入我的眼里，心也渐渐明澈起来。

仔细端详菩提树，每片绿叶，都拥有数厘米长、状如小尾巴的"滴水叶尖"，这种长相，的确有别于本地植物。

滴水叶尖是身处热带雨林中的植物为适应高温高湿气候演化出来的一个迷人的标志。

热带地区冷热气流对流显著，几乎每天午后，都会有强对流形成的对流雨。日日光顾的雨水以及空气中无处不在的水汽，常常在叶子表面结成一层水膜。水膜的存在，对植物来讲，是一场灾难，不单妨碍植物进行正常的光合作用，还容易滋生细菌。所以，身处此地的植物，都必须动脑筋想办法，尽快排掉叶子上的积水。

菩提树显然做得非常出色。它设计的滴水叶尖，是一个充满艺术色彩的导流系统——叶子表面上的水膜会快速聚集成水滴，沿着长长的叶尖顺利流掉，叶子表面，很快变得干爽起来。

菩提树设计的这个滴水叶尖，不仅拯救了自己，还让古代建筑师的脑洞大开，人类的屋檐上，从此出现了集装饰与导流功能于一体的瓦当……

当年，释迦牟尼在菩提树下的悟道，让一株树，拥有了博大的精神。也正是这种精神，才构成植物世界无边无际的美。

在印度，菩提树是受国民尊崇的圣树，是最显赫的国家元素。尤其是位于迦耶的那株圣菩提树的子孙，是历代总理国事出访时携带的最高国礼。韩国、泰国、尼泊尔、斯里兰卡、越南和不丹等国家的土地上，都有迦耶圣菩提树婆娑的身影。

据说，在菩提迦耶的黑市上，一片自然掉落的圣菩提树树叶，标价10美元，一条能够扦插存活的树枝，价值高得离谱。巨大的利益诱惑，让一些不法之徒铤而走险。这让圣菩提树防不胜防，头疼不已。

从印度来西安的那株菩提树，绝无这方面的担忧。它的身高现已超过了两米，树冠葱茏、雅致，心叶在阳光下，泛出安恬的光芒。

无患子

　　我家楼下的行道树，是一排高高大大的无患子，树冠正好和位于二楼的我家窗户齐平。我喜欢站立窗前，透过窗框，观看无患子挥毫的画作，线条纯真，结构和谐。

　　初春，鹅黄色的嫩叶从枝条上钻出来，像一只只羽毛未丰的雏鸟，在春风里扑棱。一场倒春寒，一夜间给"羽毛"画上红妆，花朵般明艳。暮春，藏在绿叶里的花朵露出羞涩的笑容，黄绿色，颗粒状，细小得几乎看不清眉眼。花萎谢后凋落在地上，像一层细碎的绿沙粒。夏天，炽热的阳光被无患子的繁枝密叶左挡右拦，成为一把碎银。走在树下，像是走在清凉的绿伞下。秋分过后，树叶一日日发黄，那黄慢慢地从绿色中透出，在叶子中游走，最后赶走了绿，反客为主成为主体，金黄得可与秋日的银杏叶媲美。秋末冬初，一场接一场大风，猛烈地摇动着树上的黄叶，叶片纷落，露出串串桂圆或龙眼似的果实，挂在光秃秃的树枝上。

　　无患子与桂圆和龙眼的确是同科亲戚，只是，无患子不像它们那般甜美可食。但无患子有自己的个性——它的果皮富含皂苷，可以用来洗衣服、洗脸、洗手，它的俗名很多，其中有一个就叫作"洗手果"。

无患子的学名为 *Sapindus mukorossi* Gaertn，其中，属名Sapindus是一个合成词，分开是 soap indicus，即印度肥皂的意思。可见，当初印度人是拿无患子当肥皂用的。

我国在洗涤剂匮乏的年代，无患子的果实和皂角树的皂荚，也曾经是主要的天然清洁剂。《本草纲目》中载有："无患子洗发可去头风（头皮屑）明目，洗面可增白祛斑"，很亲民，也很实用。此外，资料上说无患子还可去咳平喘，治疗牙齿肿痛、虫积食滞、小儿胀气，还可用来消毒灭菌等。

我曾经捡过两粒无患子果实，回家后剥下果皮，兑上几滴水，很快就搓出了一手的肥皂泡，闻起来有菠萝味的清香。随手洗脸，感觉果肉疙疙瘩瘩的有点儿别扭，但清洗干净后皮肤滑滑的很舒服。后来，我没有坚持用无患子洗脸，也就无法感知其"增白祛斑"的功效。

我也曾经按书上所说，将一把无患子半透明的果皮用剪刀剪碎，找到一片纱布包了，随衣物一起扔进洗衣机里。有可能是量少，那次的洗涤效果并不是很好，但整个过程，给我带来了很多乐趣，也让我的心更亲近植物。

脱掉外皮的无患子，是圆圆的黑色，质地坚硬，表面光滑。在种子上打个小洞眼把它们穿起来，就是一个黑油油亮晶晶的手串，市面上许多菩提子手串，其实就是由无患子做的。《校量数珠功德经》里面说："若用木患子为数珠者。诵掏一遍得福千倍。"这里的木患子，即是无患子。显然，该说法赋予了它可以祈福的光环。

相较而言，我更喜欢无患子被拿来娱乐。我的一位同事说，他们小时候会捡来无患子果，给它脱去外衣后，用刀片在黑色果壳的头缝处，挖开一个小孔，让小孔刚好可以插入几根鸡毛，固定住后，无患子核连同鸡毛就变身成为一个别致的毽子。还有人用干燥的无患子果实做哨子——用锐器在果壳的头缝处钻洞，碎屑清理干净后，只需将嘴唇贴在洞口的特定位置用力吹气，就能发出清脆的哨音。

最近，听我的一个朋友说，无患子的果实还可以食用。他说自己小时候将剥去外皮的果核放在蜂窝煤炉子上烤，不多时，那果核会啪的一声炸裂，翻出冒着热气的果肉，白白的，香香的，略带一点儿甜味，很好吃。

我打算这个冬天捡拾一些无患子果实尝一下，只是不知道有无毒性。

第一次接触到无患子这个名字时，我以为是"何患无子"的意思，是那种在自家院子栽此树后就不愁无孩子的寓意，后来发现这理解有误。

《山海经》中称无患子为"桓"，桓与患的发音接近。一则典故说，古时有个神巫，能用符招鬼，再用桓木制成的棒将鬼打杀，因此，世人相传桓木制的棍棒或器皿可以用来驱魔、杀鬼、避邪，故把这种树叫作"无患"。所以，这无患子的意思该是"鬼见愁，人无患"，"鬼见愁"也是无患子的另一个别名。

还有一种说法，起初，古人就造了单字"槵"，作为无患子树的名字。可能因为"槵"字过于生僻，人们又把它拆成了"木患"，叫着叫着串音了，便有了"木患子""无患子"等我们比较熟悉的名字。

向绿而生

吊兰，是我养过的花里最省心最皮实的一员，一周浇一次透水，剩下的，就都交给阳光、空气和经过的风了。

曾经怀疑它的根部有一个不知疲倦的发动机。因为在加入水这个动力开关后，源源不断的绿，就从土里冒出来，喷泉一样沿花盆散开，成为凝固的可以生长的翠色"喷泉"，不分四季，不舍昼夜。喷久了，以为它要停下来歇歇脚，几天后，却欣喜地发现，它竟然开始了花样"舞蹈"，从主"喷泉"里，又喷射出儿条油笔芯粗细、柔韧的匍匐茎，高高扬起头颅后，又弧度优雅地垂下，茎端，生长出一簇簇绿叶。不几日，绿叶间又绽开一朵朵模样简洁的小白花，指甲盖大小，六片花瓣向后微微翻翘，露出长长的雌蕊和一圈六根的黄色雄蕊，空气中散出淡淡的清香。

比起花朵，匍匐茎端盎然顶出的幼小植株，更让我欣喜。它们是吊兰的儿女，是主"喷泉"自发形成的子"喷泉"，也像突然绽放的绿色烟花。有只生出几个的，也有生出十几个儿女的大家族。这个时候，吊兰也进入了最佳观赏期。我让它端坐在高高的花架上，或者悬挂在高处，都好看。母子同体，高低错落，远观似风铃，有风无风，都似有音乐从中款款流出，婉约又有情调。仔细看茎端生出的小小吊兰，会发现它们长有微微凸起的气生根，能够很轻易地从母体上摘下来，将这些小家伙头朝上放进盆土里，浇足水后，呼呼呼又开始了新一轮的喷泉式生长。有时，随手把它丢进一个水杯里，它也能轻松地伸胳膊伸腿，绿莹莹开启一世繁华。如此，子子孙孙，无穷尽矣。

扶老携幼，随风飘荡的吊兰，合了它的俗名"风兰"，古人也叫它"挂兰"。元代诗人谢宗可在《挂兰》一诗里写道："并济刚柔簇簇生，清风飘动颤金藤。翩跹仙鹤凌空舞，雪朵洁姿绽玉容。"寥寥数语，把吊兰的个性姿容齐齐夸了个遍。诗中之所以说是"颤金藤"，是因为诗人是对着一盆婀娜的金边吊兰在吟咏。吊兰品种多，除金边吊兰外，还有银边吊兰、金心吊兰、中斑大叶吊兰、金心宽叶吊兰、金边宽叶吊兰等200多个品种。

养眼之外，吊兰是我们身边净化室内空气能力突出的植物，该功效已被实验证实。

在一项针对吊兰吸附甲醛的实验中，研究人员把一盆冠幅40厘米的盆栽吊兰，放进一个特制的有机玻璃培养箱里，给予正常的光照和温湿度，然后给培养箱内注入一定量的甲醛气体，一段时间后，再测量经过吊兰吸收后培养箱内的甲醛含量。

结果表明，盆栽吊兰对甲醛具有吸附作用，对甲醛的净化速率白天大于晚上。在吊兰的耐受范围内，随着甲醛浓度的增大，盆栽吊兰对甲醛的净化能力增加，白天的净化速率为 $0.24 \sim 1.88mg/h$，夜间的净化速率为 $0.06 \sim 1.29mg/h$，而光照强度对净化速率没有显著影响。有意思的是，相同条件下，土壤净化甲醛的贡献，要大于吊兰的茎叶，这可能是因为吊兰根系的分泌物，有利于土壤中革兰阴性菌群的生长，而革兰阴性菌能高效净化甲醛，原因仍在研究中，但我们只需要结果就行。应了那句花谚：吊兰芦荟是强手，甲醛吓得躲着走。

后续实验表明，吊兰不仅可以净化甲醛，而且可以净化室内电器、炉子、塑料制品、涂料等散发出来的一氧化碳、过氧化氮等有害气体，能够吸收复印机、打印机排放出来的苯，还能吞噬尼古丁等，简直就是有害气体的"终结者"。很大程度上，在一间约10平方米的房间内，只要放置一盆冠幅四五十厘米以上的吊兰，就相当于配备了一台空气净化器。

北方进入寒冬后，房间里绿油油的吊兰，越发显示出它的珍贵，素心灵动，养眼养心。做完家务，我喜欢站在吊兰前，看它修长的叶子，绿得汪洋恣肆，看它兴之所至，又"绽放"出几朵碧绿的"烟花"，是在庆贺刚刚到来的新春吗？

梨树的版图

　　我属于易上火体质，家里常备有梨，也喜欢尝试不同的口味，托某宝之福，安徽的酥梨、河北的雪花梨、辽宁的秋子梨、山西的黄梨、洛阳的孟津梨、甘肃的冬果梨、四川的雪梨、新疆的库尔勒梨和酥梨，甚至是欧美国家的西洋梨，等等，都曾经甜蜜过我的味蕾。

　　人类对于甘甜的渴望，让源于我国西南部的个小、酸涩的东方梨，一步步变成我们想要的口感和模样，并且形成了较大差异的栽培种群。梨树因此成为我国继苹果、柑橘之后的第三大栽培果树。

　　植物学上，梨树是典型的自交不亲和物种，也就是说，在梨树的花朵里，雄蕊上的花粉，落在自身柱头上时，花粉不能正常萌发或穿过柱头，无法完成受精作用，因而不能正常结实。不仅如此，梨树的同一品系内异株花粉间，也不能受精结实。这些特点使得梨的杂合度非常高，品种资源间存在着广泛的基因交流和遗传重组。所以，梨的遗传背景以及"族谱"，是很难厘清的。

但这一点儿也不妨碍我们喜欢吃梨。作为老百姓，我吃的次数最多的梨，是河北赵县的雪花梨，在我眼里，这种梨和当地的赵州桥一样，是一个很有名望、让人受益的存在，不仅价格亲民，而且市场存储量大，想吃抬脚就能如愿。据说秦汉时期，雪花梨就被选作贡品进贡朝廷，乾隆皇帝称它"大如拳，甜如蜜，脆如菱"。一口咬开金黄色有点点小雀斑的果皮，即刻露出似雪如霜的果肉，脆嫩，香甜，汁水四溢。咀嚼时有一种轻微的颗粒感，这是梨区别于苹果、香蕉、柑橘等水果特有的口感，是它体内的石细胞团在提醒你，可别吃到果核哦。

石细胞团是梨果里质地像沙子一样粗糙的厚壁细胞组织，颜色也比其他部分深一些。这种细胞团的作用，一来保护种子，二来起到机械的支撑作用。石细胞团的直径若超过 250 纳米，就会影响到梨的口感。

大家喜欢吃梨，汁多甘甜只是其中的一个原因，另一个原因，是梨拥有滋补止咳的功效。将"梨"字分开，即是"利木"，梨树被叫作"利树"，还有个正能量的传说。

相传很久以前，赵县大部分老百姓患有咳嗽，咳得地动山摇，用尽各种办法都不奏效，多人相继故去。王母娘娘受玉皇大帝之托，带着一棵树苗，变身一位老妇人来到此地，把树栽好，告诉大家吃这棵树上结的果子，就能治好咳嗽。人们依言而行，咳嗽果然痊愈。后来大家纷纷从这棵树上剪枝扦插，结出的果子对咳嗽都有疗效。从此，这片土地上的人们再也不受咳嗽折磨了。大伙儿觉得这树对百姓有利，就叫它"利树"。再后来，仓颉造字时，看它是果木，便在"利"字下加了一个"木"字，"梨树"一名从此叫开，树上结的果子，自然叫作"梨"。

我国最早记载梨的古籍是《诗经》：山有苞棣，隰有树檖。翻译一下就是：高高的山上有茂密的唐棣，洼地里生长着如云的梨树……《诗经》的成书年代在春秋中期，所以，春秋时期被认为是我国梨树栽培的最早时期。

可能是因为梨树在当时少见吧，汉代东方朔在作品《神异经》中，对梨树崇拜有加：东方有树，高百丈，叶长一丈，广六尺，名曰梨。

东汉末年，梨因为一个人、一个美德故事而有了新的存在感。这个人是孔融，这个故事，大家都耳熟能详：孔融让梨——孔融年四岁，与诸兄食梨，辄取其小者，人问其故，答曰：小儿法当取小者。从此，每每看到或吃到梨，许多父母便趁机教导子女要礼仪谦恭让。

北魏的贾思勰在《齐民要术·插梨篇》中写道：种者，梨熟时，全埋之。经年，至春，地释，分栽之……这该是农学家第一次写梨树的栽培方法。另一方面也表明，这个时期的梨树种植，已经很普遍了。

梨树，因了梨园，笼上了一层风雅的光环。我们今天叫"鸭梨"，其实是古代"雅梨"的通假称呼。

唐中宗时期，梨园只不过是皇家林苑中与桃园、桑园和枣园并存的一个果木园。果园中虽设有离宫别殿、酒亭球场，供皇亲国戚宴饮娱乐，但也和其他园子没有分别。后来，经风流天子唐玄宗李隆基的极力倡导，梨园由果木园逐渐演变成为唐代一座教习歌舞戏曲的"艺术学院"，这是世界上第一所国立歌舞戏曲学院，由于排练歌舞是在梨树林间，所以取名为"梨园"，李隆基出任"梨园"院长。李院长不仅为梨园创作了大量的节目，而且还发动诗人贺知章、李白等为梨园编撰节目，梨园因此在历史上产生了深远影响。直到现在，我们说戏曲时，仍然不时听到梨园这个名字，戏曲艺人则称自己为"梨园弟子"。

明代医学家李时珍对梨的评价也很高，他在《本草纲目》中说："梨，快果、果宗、玉乳、蜜父，甘、微酸、寒、无毒……"

小时候，我的邻居家有棵梨树，那棵树长在靠近我家和他家隔墙的地方。

当树干高过院墙时，树冠的三分之一，就会伸到我家的院墙中。两家人关系很好，我家的苹果熟了，会分一半给邻居，邻居也很慷慨，说梨熟透了尽管摘吧。

于是，童年的好多快乐里，都有甜梨的味道。

春天里，白玉般的花瓣飞上枝头，大有"占断天下白，压尽人间花"的气势。每个花朵都有 5 个花瓣，花心里有 20 根雄蕊，初时嫣红，低头弯腰在四五根花柱的周围，待花粉成熟后，即脱去红衣，昂首挺胸，换上艳丽的黄粉衣裳。蜜蜂飞旋期间，嘤嘤嗡嗡地忙着采蜜，黄色的花粉洒落在蜜蜂毛茸茸的头上、背上。偶有雨露润泽，朵朵梨花便楚楚动人，这个时候，"芳春照流雪，深夕映繁星"的梨花，最容易引人遐想。但每年的那个时候，我想的不是梨花入月、月光化水之类的风雅，而是今年又可以吃到多少甜梨了。

当白色的花瓣雨慢慢飘尽，就有指尖大小青色的果实开始在绿叶间摇头晃脑了。于是每天放学后，我都要仰起头，清点一下属于自己领空上的青色脑袋。随着梨子的变大，缀满果实的枝条会越来越低，低到我不费吹灰之力，就可以触摸得到。当我可以轻易地用鼻子贴近梨嗅到梨香的时候，梨的外衣也开始绿中泛黄了，时令已经进入到秋天。当梨全然变成金黄色，那是它在微笑着向我招手：可以开吃啦……

慢慢地，我发现了一个规律，如果梨树这一年结的果子特别多，下一年结果就会很少，还有几乎不结果的年份呢。可以想见，在不结果的那一年，我的惆怅有多长。

爸爸这个时候会安慰我说，今年是梨树的小年，等今年梨树好好地养精蓄锐，明年就可以给你结更多的梨啦。爸爸把梨树一年结果多一年结果少甚至不结果的现象，叫作梨树的大、小年。

"为什么梨树会有大小年？"

"因为梨树也要休息啊。"

哼！梨树可真会享受——每每这时，我嘴上虽然不会说出来，心里却是这么想的……

等到我终于了解了植物，才领悟到梨树的价值观，是多么富有哲理。比起它身旁年年结果的核桃树，梨树生活得似乎更从容一些。

梨树，在挂果这件事上，的确遵循着孔子的名言："一张一弛，文武之道也。"

善于做体内"调动"工作的梨树，会井井有条地安排自己的生活。大年里梨树调集体内各成员的营养物质，齐刷刷地运往果实。树体的其他成员，特别是枝条的顶芽们，则因为养分的减少，无力形成花芽而选择了休息。

　　没有花当然不会有果了，所以，大年之后肯定是小年；而小年里的花果少，枝条顶芽内营养物质积累得多，花芽分化的底气十足，很自然的，就有了翌年千"颗"万"颗"压枝低的甜梨盛景。

花开似莲，茎如铁线

2月初，林同学在朋友圈晒出了自己刚刚拍摄的一张图片，配文：在宁波郊区，遇见不怕寒冷的花朵"雪里开"。林同学也从事植物研究工作，他在野外时，目光和镜头里，全是形形色色的植物。

细看照片，开放在雪地里的"雪里开"像雪一样洁白，和背景中斑驳的雪地相映成趣，恰如其名。能在大雪纷飞的冬季里开花，除过蜡梅、梅花、茶花、茶梅和水仙外，我还是第一次看到这种勇敢坚强的白色"花朵"。

赶紧向林同学讨教。他说这花是他昨天在奉化溪口的宁波丹霞地貌中碰到的，"它叫单叶铁线莲，花朵很香。我在野外转悠了20多年，它开花的样子，我也是头一次看到。"

"我仔细观察过这花，外围的四枚白色萼片特别厚实，既是保暖服，又是广告牌。花心处，细密的雄蕊簇拥着雌蕊群，雄蕊的花丝全都长有细密的茸毛，这些茸毛把包有花粉的花药紧紧地包裹在里面，中心处的雌蕊群同样也长满了茸毛。给它传粉的昆虫，名叫蓟马，非常细小，直径只有0.1毫米，长度约1.5毫米，需要借助放大镜才能看清。蓟马可顺利钻进温暖的花蕊中自由活动，帮助铁线莲传粉。"

的确，花朵里自有乾坤，这也是动植物间互助的范本。小小蓟马在温暖的花朵里安然享用香甜的花蜜，单叶铁线莲也不担心没有昆虫帮忙授粉，它俩你好我好大家都好。

后来，我在果壳网上看到，我国西南山地有一种名叫尾叶铁线莲的植物，也可以在冰雪霜枝间绽放笑脸。三出复叶，聚伞花序腋生，"花朵"微微开展似小铃铛，不同于单叶铁线莲的白色小铃铛，尾叶铁线莲的外萼片上，会透出渐变的粉红色。

说起铁线莲，这可是一个光芒四射的大家族，同属毛茛科铁线莲属。绽放于绿叶间的"花朵"，或淡雅清丽，或热情娇艳，都一样的美丽夺目。盛花期时，爬满墙面的铁线莲，如同大手笔的花瀑，"花朵"挤挤挨挨，比美、竞艳，好不热闹。花期可从5月持续到11月，被誉为"藤本皇后"。

其实，铁线莲和鸽子花一样，没有花瓣。我们认为的"花瓣"，其实并不是真正意义上的花瓣——它们是铁线莲属植物的萼片。《中国植物志》中，关于铁线莲属植物花朵的描述是这样的：萼片4，或6—8，直立成钟状、管状，或开展，花蕾时常镊合状排列，花瓣不存在，雄蕊多数，有毛或无毛，药隔不突出或延长；退化雄蕊有时存在。

铁线莲依靠外围美丽的萼片进行保暖，也吸引传粉昆虫。真正的花朵，就是位于中心处那个圆球状的花序。雌、雄蕊多数，子房上有柔毛，成功授粉后会发育成聚合瘦果，每个毛茸茸的子房基部膨大，残存的花柱弯弯曲曲像根毛线头，一个个张牙舞爪的毛球。

铁线莲的茎又细又硬，借此用力地攀爬在大树或墙桓上，看起来很像棕色或紫红色的细铁丝，而它的"花朵"乍看很像莲花，于是便有了铁线莲这个直观的名字。

故乡在中国的铁线莲，是世界著名的攀缘植物。一个世纪前，欧洲庭院的墙面、栅栏等处，就开始看见它艳丽的身影。

铁线莲在中国的栽培历史至少可以追溯到明朝，清初的《花镜》已记载其雄蕊瓣化的重瓣品种。据《中国植物志》修订版（Flora of China）中的描述，我国约有147种铁线莲（比《中国植物志》新增39种），占全世界的40%，是世界上铁线莲物种最丰富的国家。野生铁线莲在全国各地都有分布，尤以西南地区种类最多。

铁线莲于1776年传入英国，铁线莲属另一品种"转子莲"于1836年经日本传入英国，"毛叶铁线莲"于1850年传入英国。这三种铁线莲和"南欧铁线莲"杂交，得到了现代"大花铁线莲"的种群，有200多种。在法国，铁线莲的祖先也有着浓郁的东方血统。如今，全世界已知的野生铁线莲有350种左右，人工培育的品种更是超过了3000种。

我在美国、瑞士和我国的南方与北方，都见过铁线莲的身影，每一次，铁线莲花都会带给我震撼与感动。区区几根铁线／如何拴得住她向往天空的心／今早，她用灿烂的笑／敲醒诗人的窗……忘记了这首小诗的作者是谁，每当我看到铁线莲灿烂的笑脸时，这几句诗便无来由地蹦出来，在花瓣间闪烁。

虞美人

　　时光走过春天，渐渐绿肥红瘦时，一种红到极致、妩媚到极致的花朵，飘飘然来到世间。

　　细细高高的花茎，从深羽状的复叶丛中伸出来，向上蹿去，如一杆高挑的旗帜。

　　叶丛里陆续升起无数"旗帜"，"旗杆"顶端，是蛋圆形的花骨朵。花骨朵由小及大，沉甸甸、毛茸茸的。"旗杆"越来越力不从心，一律弯下脖颈，低头蓄积能量。"旗杆"上布满了柔软的毛刺，清晨的露珠挂在上面，珠光闪烁。

　　仿佛听到一声号令，"旗杆"慢慢直起脖颈，昂起了头颅。看，包裹头颅的两枚萼片绽开了，四枚血红的花瓣脱颖而出（虞美人也有重瓣花），如蝉蜕，如化蝶。绢质如绫的花瓣，开始飘飘欲仙，无风亦婀娜，于无声处，风情万种。这种妩媚的花，有个属于人类的浪漫名字——虞美人。

　　秦朝末年，楚汉相争，西楚霸王项羽兵败乌江，被汉军围于垓下。项羽自知难以突出重围，便与虞姬夜饮。忽闻四面楚歌，慷慨悲歌后，项羽劝虞姬另寻生路。美人虞姬情深意切，执意追随，遂拔剑自刎，香消玉殒。虞姬血染之地，长出来一种鲜红的花，如虞姬般展颜巧笑，弄衣翩跹，大家便把这种花称作"虞美人"。

后人钦佩虞姬节烈可嘉，在创作词曲时，常以"虞美人"三字作为曲名，配乐歌唱逐渐形成固定的曲调，以诉衷肠。"虞美人"因此得以演化为词牌名：双调，五十六字，上下两阕各四句，皆为两仄韵转两平韵。按韵填词，名扬天下。

南唐后主李煜有词《虞美人·春花秋月何时了》："春花秋月何时了，往事知多少……"当属该词牌的千古绝唱，读来愁绪陡增，令人惆怅。宋辛弃疾写过一首《虞美人·赋虞美人草》，将美人、词牌名和花朵三者融合在一起："当年得意如芳草。日日春风好。拔山力尽忽悲歌。饮罢虞兮从此、奈君何。人间不识精诚苦。贪看青青舞。蓦然敛袂却亭亭。怕是曲中犹带、楚歌声。"诗人赋予虞美人草以人的情感，抒发国士情怀，婉约含蓄，感人至深。

像这样，娇媚的花朵、绝世美人和词牌名，三者单从字面上看，风马牛不相及，然而却拥有一个共同的名字：虞美人。

在欧洲，虞美人也是第一次世界大战的纪念花，人们借此缅怀因战争失去的生命。

1915年5月，加拿大一名军医诗人在战地掩埋战友遗体时，发现周围开满了红色的虞美人，花瓣殷红如血，宛若战友的灵魂。诗人深为触动，写下名诗《在弗兰德的土地上》，虞美人因此成为纪念阵亡士兵的象征。从此，每年的一战停战日（11月11日），英国、加拿大、澳大利亚等国人会在胸口佩戴虞美人，提醒人们记得战争的伤痛，也为战争带走的生命送上缅怀。

有人常把虞美人和罂粟花混淆。虽说虞美人和罂粟同科同属，花朵的长相也颇相似——都有四枚艳丽的大花瓣，中心是一圈雄蕊，以及辐射状的柱头——但两花区别还是很大。虞美人全株被毛，植株纤细袅娜，果实小巧，叶片是深羽状复叶，花瓣轻薄如绢，常见花色以深红为主；罂粟植株则光滑无毛，果实饱满，圆滚滚的披着白粉，叶片有波缘状锯齿，花色丰富，整体植株壮硕。罂粟的果实，因为可以提炼毒品，国家明令禁止种植。而虞美人则不受限制，只要喜欢，就多多种植吧。

虞美人的果实，就是花后那个截顶球形的"脑袋"，直径约 1 厘米，里面却盛放了 5000 到 8000 粒种子。种子细小如烟尘，千粒重仅 0.33 克，非常适宜风力传播。

虞美人播种的方式精巧且有趣。一旦蒴果成熟，截顶会打开"天窗"，让顶孔开裂，此时，稍有风吹草动，这个小脑袋就如同香炉一般，在轻微的摇晃中，把细小的种子轻轻撒向空中，让它们搭乘气流的班车，去远方开疆拓土。这种播种方式精明且有远见，若它像其他果实那样开裂，种子就会全部堆积在脚下，互相争夺阳光、空气、水分和营养，从而彼此挟制，无法正常发芽，或者，发芽了也长不大。

虞美人的生长期虽短，种子的寿命却很长，当土地受到翻动，细小的种子便会迅速发芽。这也很好地解释了一战"纪念花"的来历。第一次世界大战期间，密集的炮火搅动了土壤表层，相当于把战区的土地犁了一遍，使得许多陈年虞美人种子得以崭露头角，生根，发芽，开花。

在我眼里，楚楚动人的花朵里，还包裹着忧愁、缅怀和生离死别，一如它的三个身份。

萍水相逢

但凡有水的地方，总有浮萍细小碧绿的身影浮沉。一瓢老水，遇到合适的温度，便会有浮萍快速繁衍，蔓延成新绿，浩浩荡荡，好生热闹。

人们喜欢用"萍水相逢"来比喻素不相识的人偶然聚在了一起。萍与水的相逢，是一种美妙的相遇。水，滋养了浮萍的生命；水，也因了浮萍，焕发出勃勃生机。

养鱼高手，大都善用浮萍点缀鱼缸。浮萍不仅能进行光合作用，释放氧气，供养水里的鱼儿，还可净化水质，是鱼儿的绿色食品，更可美化鱼缸。青萍、清水、游鱼，一幅多么雅致的动态画卷。

我见过朋友把两株圆心萍种在一个小巧的白色浅缸里，圆圆的叶子浮在水面，须根漂荡，简洁，清新，像一首诗。

中科院成都生物研究所赵海研究员发现，浮萍拥有与水葫芦相当的氮、磷吸收能力。他说，用六天时间，通过浮萍的净化，氮、磷含量超标的农村生活污水，可以达到一级 A 类的排放标准；浮萍家族中的紫萍，对于镉和砷，具有较强的吸附能力。

植物学上，浮萍也泛指浮萍科的所有植物，有 4 属，约 30 种。除北极区外，广布全球。我国有 3 属（芜萍属、浮萍属、紫萍属）6 种。

浮萍，因为小，也因为聚散不定，在人们的印象中，在文学作品的意象里，大多充当失意、无依无靠和哀怨的角色。

杜甫说自己"抱疾漂萍老"；文天祥仰天长叹："山河破碎风飘絮，身世浮沉雨打萍"；李景福感慨："三春看又尽，身世一飘萍"；宁调元哭泣："百二山河同败絮，两三亲友各飘萍"……读来，一声叹息，愁肠百结。

当然也有轻松的笔调："小娃撑小艇，偷采白莲回。不解藏踪迹，浮萍一道开。"读这首诗如看视频。孩童撑了小船，偷偷采了白莲回家，他不知道藏匿自己的踪迹，小船儿荡开浮萍，在水面上，留下一条长长的线。真实，活泼。

一直喜欢李清照，她的笔下也有浮萍："湖上风来波浩渺。秋已暮、红稀香少。水光山色与人亲，说不尽、无穷好。莲子已成荷叶老。青露洗、萍花汀草。眠沙鸥鹭不回头，似也恨、人归早。"本是萧瑟深秋，但诗人没有悲秋，相反说水光山色与人亲。残荷与饱满的莲蓬，都让诗人欢愉，更何况还有萍花汀草，露水洗过般清爽。

重点是这"萍花汀草"，李清照竟然知道浮萍会开花。浮萍的确不像其他细小植物那样仅仅依靠细胞分裂增殖，它们也开花结果，可用种子繁衍。

麻雀虽小，五脏俱全。只不过，开在芜萍叶状体上的花，小得只能用放大镜才能看见。芜萍的花，雌雄同株，生于叶状体表面，无佛焰苞。大多时候，芜萍会启用出芽繁殖，且能力惊人，生长最盛时，1平方米的水面上，能生有100万个芜萍，如一片绿色的细沙。

芜萍，又名"微萍""无根萍"，似漂浮在水面上的玉米粉，是自然界最小的有花植物。扁平的叶状体一个或母子二代连在一起，直径只有0.5~1.5毫米。两株盛开的芜萍，正好放入一个五号打印字母"O"中。

浮萍叶状体的身子能够从环境中吸收水分和无机盐，所以根系退化，乃至无根。

只是，无根的浮萍只有一种，是芜萍属植物。浮萍属植物有一条须根；紫萍属植物有多个须根，长成一束，像根小辫子。即便是有根，这些根也扎不进水下的泥上，浮萍便终日漂浮。水流到哪里，它便在哪里安家，随波逐流，像极了飘零的人生和不可捉摸的命运。

一旦萍水相逢，无论对水还是对人，都大有裨益。浮萍可净化水质，浮萍本身，又是一种营养丰富的食物。拿最小的芜萍来说，它体内40%是蛋白质，40%是淀粉，还含有许多氨基酸、矿物质和微量元素，如钙、镁、锌以及维生素 B_{12} 等，可以直接加工成人类的食品。在缅甸、老挝和泰国，浮萍是一种低廉的食物来源，养活了许多贫苦人家。

浮萍还可以作为饲料来喂养鸡、鸭、鱼等动物。也可全草入药，性寒，味辛，主治表邪发热、麻疹、水肿等症。

总之，萍水相逢，多是美好的存在。

参差荇菜

2600多年前，天地被晨光织进了一个梦幻般黄色的茧里。

粼粼清波上，大片荇菜黄花灿然。不远处，雎鸠结伴欢爱，啾啾和鸣，荡起扇形交错的涟漪。有妙龄女子采摘荇菜，举手投足间，是说不尽的淡雅贤淑。女子身后，一翩翩男子驻足良久，他的眼直了，心痴了。不禁吟唱出"关关雎鸠，在河之洲。窈窕淑女，君子好逑。参差荇菜，左右流之……"的诗句，层出叠见，缠绵悱恻。一部千古流传的《诗经》，就这样在水鸟关关唱和以及荇菜参差的水湄开了头。

年轻时读《诗经·关雎》，思绪总缠绕在"窈窕淑女，君子好逑"这句，祈盼自己是画面里的那个女子。进入中年后再读，便留意了其中的配角植物。据说，《诗经》里写到了100多种植物，有小草，有大树，有谷物，有蔬菜和花果。

作为《诗经》的开篇植物，荇菜，许多人或许没有见过，但一定读过，听过，并且和我一样，曾经在心里描摹过。记得

355

一位研究《诗经》的学者说，"参差荇菜"表面上写茂盛的荇菜，实则是描绘心目中的淑女，不禁思忖，被比作窈窕淑女的荇菜，也一定生得妖娆多姿吧。

刚毕业那年夏天，当我知道《诗经》里的荇菜，就是我们园子里水面上那一片小黄花时，心底似有一声叹息响起，失落感油然而生。它太不起眼了，和不远处的荷花相比，个头小的像是来自"小人国"；而和一旁红、粉、紫、黄娇媚的睡莲比对着看，荇菜，又像是混进米兰时装周里的乡下丫头。

荇菜圆圆的叶子层层叠叠地堆在一起，本该平展展铺在水面上的叶子，为了争夺阳光，一个个伸长了脖子，你踩踏了我的衣裤，我遮挡了你的裙裾，挤挤挨挨。植物的平和之美，完全淹没在强烈的生存欲望里。

没有参差的美感，倒像是争着抢着要从浮水植物变成挺水植物。五瓣小黄花，密麻麻从叶子中间伸出头来。远看，像是水面上开出了一片蒲公英花。

我对荇菜看法的转变，源自于它的近亲"一叶莲"。

一位搞水生植物栽培的朋友，曾送我一盘一叶莲。青花瓷盘的水面上，漂浮着一片圆圆的叶子，碧绿，光亮，近革质，形状酷似睡莲叶，很惬意地舒展着。透过心形叶的缺口，可以看到水里漂浮着两个花茎不等的花蕾。

两天后，一叶莲便以国画家的笔法开始了挥毫。它选用白黄两色颜料，先在清水和绿叶的背景上，一笔一画描出了五枚洁白的花瓣，又仔细给花瓣的基部，涂上一抹亮黄。接着，又在花瓣边缘勾画出一圈睫毛般秀气的流苏，流苏和花心处的金黄，也几乎同时完工。最后的点睛之笔，是描画出五枚金灿灿的雄蕊，也用了精巧细密的工笔技法。

小小的水面活了，一叶一花是诗意的注脚。微风轻过，一叶莲在青花瓷盘里晃悠悠摇曳出轻灵的禅味，一叶青莲如浮梦。耳畔，似飘来杜甫的《曲江对雨》："林花著雨胭脂湿，水荇牵风翠带长。"这水荇牵风，营造出绝美的意境。

不久，一叶莲花朵上棒棒糖一样的雄蕊，就把花粉洒在了前来找寻花蜜的蜜蜂身上。

查资料得知，一叶莲和荇菜同科同属，说白了，它们是近亲的姊妹，连名字都可以混在一起喊：金银莲花、白花荇菜、印度荇菜。这样看来，市面上荇菜属的植物，都可以叫作一叶莲。

不久，瓷盘里的一叶莲，在剪断叶柄的伤口处，长出了长长的须根，在水里飘飘洒洒。若水底有泥，定会扎根定居。水里的花蕾，也不时昂起头。"国画家"继续画工笔，后来也画叶子。因为，第一片老叶凋零后，新叶又长了出来，如此绵延不绝，足见这一叶莲是无性繁殖高手。

前段时间，我路过植物园水生植物区，见这里的荇菜也在开花，便停下脚步，弯腰低头细看。突然间发现，除过花朵的颜色有别外，荇菜的叶型、花朵的大小与模样，和一叶莲简直就是双胞胎姐妹。

若是剪下一片带了花蕾的荇菜叶子，放进清水瓷盘里供养，一样是美丽出尘的"仙女"，和一叶莲比起来，只不过穿了黄色的衣衫。

想起来，荇菜一直都漂浮在唯美的诗里："软泥上的青荇，油油的在水底招摇；在康河的柔波里，我甘心做一条水草。"

阔别康桥 20 年后的徐志摩，看到绿油油的荇菜，就像看到了自己在康桥的幸福生活。

"荇菜所居，清水缭绕；污秽之地，青荇无痕。"短短 16 字，让人有美的联想外，还勾勒出荇菜高洁的品质。

不禁自责起自己当初的厚此薄彼，觉得一叶莲清雅美丽，而荇菜竟像个乡下丫头？

细细想来，我的偏见与它们生长的方式，有很大关联。

一叶莲，一叶一花，占据了一个独立的水面空间。因为空间狭小，我的目光，便直接聚焦到它秀丽的花叶上。而荇菜，在植物园水面上群居生长，直径两三厘米的花朵，在宽阔的水面上，根本没有优势。即使花朵的色彩是亮眼的黄，也因小而多，便成了如蒲公英般的芸芸众生。

拥挤的群像，很容易便淹没了个体的姿彩。

当然，偏见的根源还是在我。我当时距离荇菜较远，根本看不清花叶的细部，却还要拿它与荷花比高低，和一旁的睡莲比容貌。很多事情，眼里看到的，也未必就是真相。这样想来，真是对不住荇菜。

一阵风过，金黄的荇菜摇头晃脑，似在对我微笑，身边荡开细小的水纹。想来那自责与抱歉定是被它们听了去，鼓足劲儿要美给我看。

想起 Roman Vishniac 说："在大自然里，每一个细小的生命都是可贵的。而且，放大倍数越大，引出的细节也越多，完美无瑕地构成了一个宇宙。"

当我停下匆忙的脚步，发现大自然里所有的花儿都美，并且，越细小，越美丽。

我眼前的荇菜，就是这么说的。

萱草生堂阶

　　春末，绿肥红瘦，路边的绿化带里，常常会闪出一片金黄，模样像缩小版的百合花，只是细眉细眼，亦无多少香味。这花，或许你以前未曾留意过，但你一定是吃过的。它入口时，叫作黄花菜。

　　黄花萱草（金针）、黄花菜（黄花）和小黄花菜的花蕾，统称为黄花菜。这三种黄花菜里的秋水仙碱含量相对少，制成干货，或经过高温烹煮或炒制后，秋水仙碱减弱甚至被消除，余下的，就都是营养。但除这三种外的萱草属其他植物，因为含有大量的秋水仙碱，哪怕是在热水里烫了又烫，也不能食用。若是不小心吃了，就会刺激肠胃和呼吸系统，出现口干、腹泻、头晕等症状。

　　黄花菜还有个更为形象的名字——金针菜。说的是它未绽放前的花蕾，瘦瘦长长，由粗及细，像一根放大版的金色的针。也有人把黄花菜叫作萱草，这也没错，在植物学中，黄花菜属于萱草属植物，这个属里的植物，都可以叫作萱草。萱草的品种很多，大花萱草、大苞萱草、海尔范萱草、红色海盗萱草、橙花萱草、吉娃娃萱草等，这些花朵硕大、花瓣艳丽的萱草，大多入眼不入口。也就是说，大多数萱草只有一个功能，那就是用于观赏。

萱草的叶片细长，一丛丛生长在基部，有着兰草的雅致。花径从叶丛里抽出，高高举出橘红、橘黄或复色的花朵，在堂前，在庭院，在春末的肥绿中，描绘出艳丽的亮色。

其实，萱草的碧叶丹花，很早就生长在诗词典故里。

"萱草生堂阶，游子行天涯。"在孟郊那个年代，人们常用"萱庭""萱堂"来代指母亲，因而，在大家的心目中，萱草就是母亲花，地位如同现如今的康乃馨。

回到这句诗。儿子出门远行时，都要在自家院子里种上萱草，以绽放母亲日日堂前的安慰——天天有花开，日日有菜采。母亲看见萱草，就像是看到了自己的儿子。

一次，和朋友外出吃饭，朋友在点菜时说，咱们来一份忘忧汤，把现实里的不愉快全部忘掉吧。

嗯？忘忧汤，这名字好有诱惑力。

及至汤盆上桌，一看，不禁哑然失笑，同时也暗暗佩服饭店主人的精明。

这忘忧汤的主料，正是黄花菜。而萱草在《诗经》中有个好听的名字叫"谖草"，"谖"即是"忘却"的意思，因而萱草有"忘忧草"之名。

这家店主将黄花菜汤冠名忘忧汤，绕了多大一个弯啊。仔细一想，这名也挺好，又没有妨碍谁，给朋友解释这汤名，两

个人哈哈大笑一番，俨然已经忘却了当日尘世间的烦恼。

一种我们司空见惯的蔬菜，在某一天，突然披了件好看的"衣服"，以另一种"身份"出现，于平淡无味的生活，着实是一份让人惊喜的"作料"呢。

大诗人白居易也说："杜康能散闷，萱草解忘忧。"记得我当初读到这句话时，职业病般地想肯定是萱草中的某种化学物质，有解郁化忧的功能，但是遍查资料，也没查出个所以然。倒是追根索源，查到《诗经·卫风·伯兮》一诗中"焉得谖草，言树之背"这一句，看注释时，才恍然大悟。

一位思念远征丈夫的妇人，头发乱了也没心思梳理，更没有心思涂脂抹粉——我打扮给谁看呢？……当相思成疾，妇人自心底一声叹息："焉得谖草，言树之背。"——我要到哪里去找得一株萱草呢？把它种在北屋的堂前，好让我忘掉这一切。

原来，妇人想依靠种植萱草时的忙碌，心为物移，忘掉对夫君的思念和忧愁——这该是萱草忘忧能力的正解吧，这与心理学有关，与萱草中的化学物质无关。

萱草开花，其实挺有深意。具体到每一朵花，都是朝开暮落——凌晨开放，日暮闭合，午夜萎谢，只有一天的美丽。单看这 daylily（一日百合），无疑让人伤感，有匆匆易逝的况味，仿佛转瞬间少年已老，心底落满了尘埃。然而综观全株，却可以看到一场美丽的接力。一枝花茎上二三十个花骨朵儿，每天都是你方唱罢我登场。如此这般，轰轰烈烈的花期，竟然可以持续整个夏天。整个夏天有花开的心情，自然也是舒爽的。

相比"忘忧草"，我更喜欢萱草的另一个名字——"疗愁"。疗愁一词，渗入了积极和主动的成分，一扫"忘忧"的阴霾，听起来不再那么消极避世。毕竟人活着，就该积极主动一些，为自己，也为那些深爱自己的人。

大丽花

丝丝凉风从面颊上抚过时，秋阳开始一点点栖息在叶子上。低眉之间，叶子由绿转黄，继而变红。抬眼，便有了秋的味道。

秋味，是碧水岸边苍苍的蒹葭，是黄叶飘零纷落，是瓜果成串，仓廪饱满，也是太阳住进一种花里，幻化成赤橙黄绿青蓝紫的花瓣，层层叠叠，如四散的光线。

这太阳般的花朵，是大丽花，大而且绚丽。是它让我知道，世界上还有如此雍容的草木。

那年春天，父亲带回来几个既像红芋又像洋芋一样的块根，埋在院子里小菜园的北边。到了秋天，茂盛的绿叶间突然绽出碗口般的花，像一个个凝固了的小太阳。我第一次见到这么大的花朵。也是第一次，被一种花的瑰丽摄去了魂，我常傻傻地看着它们，浮想联翩。那些光芒四射的"小太阳"，全然不动声色，总是静静地绽放自己。

院子里的大丽花有三种花色，红、黄、粉，这么说，其实有失偏颇，因为每种颜色在花朵上是流动的，像国画，不，更像油画，颜色由深到浅，或由浅至深，相互洇染，璀璨而又含蓄。不由得让人感叹颜色之美，竟可以如此恰如其分。

因了大丽花，土墙土院一下子沸腾起来。蜜蜂来了，蝴蝶来了，也有乡亲赶来观看。"啥花呀？这大，这好看。""红芋花，书上叫大丽花。"父亲说这话时，是自豪的，他看大丽花的眼神，就像是看自己的闺女。

大丽花开的那阵子，我们一家人喜欢在院子里的石桌子上吃饭。吃罢晚饭，碗筷和饭桌收拾停当后，继续坐在院子里闲聊。大丽花则站立一旁，露出欢快的神情，风来轻晃，似在聆听，直到夜幕的衣衫，披在我们的身上。天空里已是繁星闪烁，素珠珠和不知名的秋虫驻扎在菜地里，巡游在大丽花丛间，开始吱吱吱、叽叽叽地合奏出悠长的催眠曲。

父亲说，这种花和洋芋一样，其实是舶来品。它的老家，在遥远的墨西哥，那里的人最初把它们的花根当零食吃，似乎还用它来治病。

我们家人从没尝过大丽花，不是不想吃，而是舍不得吃。能开出那么美丽花朵的花根，还是用来饱眼福吧，嘴巴有红芋和洋芋吃，就已足够。

时光之河，从春夏流入秋冬，几十年后，早已变了模样。如今，父亲、母亲、老屋、土墙土院，早已离我远去。只有大丽花，年年秋日，依旧绽开太阳般的面庞。

几乎每年秋季，我所在的植物园都会举办大丽花展览，这个菊科大丽花属的大个子植物，目前已有逾万个品种，花色几乎囊括了赤橙黄绿青蓝紫所有的色系。花朵的直径，从鸡蛋大到碗口大都有。花型也多，单瓣、复瓣，睡莲型、绒球型、海葵型、女士领子型、装饰花型，等等，看起来热热闹闹、沸沸扬扬，可是，却鲜有一种花色，拥有当年震颤我的魅力。

也是学了植物后才知道，大丽花的花朵，并不是一朵花，而是一个花序。说花序似乎有点儿生僻，权且叫它花盘吧。无数管状花对称排列在花托上，整个花盘几乎完美无缺地呈现出辐射对称的形状。就像一群小学生，以斐波那契数列的模式围成圈坐在一个教室里，穿戴和坐相，无比齐整和规矩。这一朵"花"里，全是遵守纪律的好学生呢。

大自然的神奇，常常令我感慨。大丽花"花瓣"（管状花）的数目和排列方式，非常吻合于一个奇特的数学模式——著名的斐波那契数列：1、2、3、5、8、13、21、34、55、89……从3开始，每个数字，都是前二项之和，并且从3开始，两个相邻的数字之商，将越来越接近黄金比率0.618034。

大丽花头顶的大花盘，完美呈现了这种数学的格律美。细看花盘，会发现两组螺旋线，一组顺时针方向盘绕，另一组则逆时针方向盘绕，彼此镶嵌。虽然不同的大丽花品种中，管状花顺、逆时针方向和螺旋线的数量有所不同，但往往不会超出斐波那契数列中的5和8、8和13、13和21这三组相邻的数字。前一个数字是顺时针盘绕的线数，后一个数字是逆时针盘绕的线数。或者，大多数大丽花花盘里管状花的数目，会是13、21、34、55、89……

人的一生，也似走在这个神秘的数列中，对应的数字，都是人生的黄金点位。5岁开始换牙，8岁，最活跃也最爱捣乱，13岁进入青春期，21岁大学毕业可转变身份参加工作，34岁体力和智力达到峰值,55岁拥有丰富的人生经验和沉稳,144岁,是生命的极限……

三年前去美国学习,在纽约大都会博物馆的艺术展厅里,莫奈的一幅油画,让我瞬间陷入。我站在那幅画前,就像站在时间的某个节点上,这个节点上,生长着一丛大丽花。

这是莫奈的花园。占据三分之二近景画面的,是一大丛竞相绽放的大丽花。红、黄、粉,三种颜色的大丽花参差错落,铺陈出一大片璀璨的光亮,像极了当年我家院子里大丽花盛开的情景。秋阳从层叠的枝叶间洒下,地上印满铜钱大小的光斑。莫测的光线,饱满的色彩。远景,一男一女在一座房子前散步。近景远景,都充盈着难以言说的美好。画中人,是莫奈和他的妻子吗?不得而知。透过模糊的身影,我似乎看见了在大丽花后忙碌的父母,听到了他们日常琐碎的交谈。我相信这是他们在天国里生活的场景,只是,我不知道天国里会不会有夜晚,这大丽花丛间,有没有素珠珠和秋虫的鸣唱。

时间的长河领着我奔跑,却将记忆留在了大丽花里。那天,我用相机对着这幅画前前后后拍了好多照片,有全景,有局部,直到这幅画印在了脑子里。

这个秋天,艳丽的大丽花再次绽开了笑脸,行走在满地"小太阳"的间隙,我总喜欢捕捉红、黄、粉三种花色,捕捉记忆里那一抹亮色。

大丽花娇艳的花盘上,存储了秋日的暖阳,存储了时间,也存储了螺旋形的小路,这些神秘的阡陌,可以逆着时光,领我回到故乡,回到童年。

野菜小语

野菜，是关中平原上春天的开场白。

料峭寒气里，地面上或许还有积雪，忽然，一股清新、久违的气息钻进了鼻孔。驻足，定睛，野菜浅浅的灰绿，在土黄色的田间地头已低调出场。侧耳，一叶新绿和另一叶新绿正在说话，一群野菜凑成一堆也在说话，声音细碎，像耳语，像呢喃，偶尔，还配有肢体语言，勾肩搭背，摇头晃脑。

这绿色的声音钻进耳朵，也钻进了心里，天地为之一新，春天来了。

灰灰菜

春来一场雨，满地灰灰菜。

刚钻出泥土的灰灰菜，像一大串来不及标点的话语。田间、地边、路旁、房前屋后，它们热烈地表达着自己，似乎没有章法，却也有迹可循——叶子柔嫩碧翠，还有点点娇媚。一抹嫣红从草心里沁出来，抹了胭脂一般。翻开叶子，有大片的胭脂粉敷在叶背，很明媚的样子。

很奇怪，这么清丽的野菜，为什么取了个灰头土脸的名字。

挑野菜时，眼睛会对这种明媚一见钟情，不由得伸出手去。挑灰灰菜不需要用小铲子铲，大拇指和食指的指甲盖并齐，掐一下即可。在我认识的野菜里，灰灰菜最好吃，口感劲道、绵柔，咀嚼时，唇齿间腾起淡淡的草香。

时光的流逝对任何生命都是无情的，对野菜也是同样。"当季是菜，过季是草"。几天不见，灰灰菜就蹿得老高，从小姑娘变成了老大妈，开花结籽，从此无人问津，最后的归宿是成为柴火，或自生自灭。李商隐写的"此情可待成追忆，只是当时已惘然"，或许就是说吃灰灰菜这件事儿。

那是一个初夏。太阳照在大门口的楸树上，也照在明晃晃的院子里。楸树上传来喜鹊的叫声，身穿燕尾服的燕子不停地来回奔忙，它口衔树枝正把窝垒在我家老屋的房檐下。

我坐在家门口的青石门墩上，阳光没有直接照在我的身上，我看着它最先照亮了老屋房顶的几丛瓦松，这些瓦松在那里摇曳了多年。瓦松的味道酸酸的，也有丝丝甜味，我们前一年才吃过一次，是父亲休假回家修补屋顶时顺便揪下来的。然后，阳光挪到檐下辫成大辫子的苞谷棒子上，去年秋天挂满屋檐的粗黄辫子，就剩下这一串了。很快，它们也就要以苞谷糁的形式，出现在我们的碗里。

后来，阳光便照到奶奶的身上。这个缠了小脚、后背弯曲的老人，此刻，正在两个用四方凳子撑起来的大筛子里晾晒灰灰菜。她用手把灰灰菜摊平，像是在下棋，神情肃穆、专注。一棵灰灰菜就是一个棋子，被奶奶放在相应的格子里。横平竖直，灰灰菜规矩得如同列队的士兵。

这些灰灰菜是我昨天下午才掐回家的。从春天开始，奶奶总是催促我多挑些嫩灰灰菜，她要晒干菜，她常说"猪来收，马来践，灰菜窝里吃饱饭"。有一年，她晒的灰灰菜到翌年春天我们都没有吃完，叶子一碰就碎得掉渣渣，奶奶居然也舍不得扔。

阳光下，一支烟的工夫，灰灰菜就瘦身蔫巴了。奶奶又一次碎步轻移来到灰灰菜前，给它们一一翻身……这些晒干了的灰灰菜，将在这个冬天里，再次回到我们的四方炕桌上，和苞谷糁相佐。

冷水浸泡，唤醒灰灰菜，最后，开水让它复活。在冬日的萧索与寒冷里，一盘素拌的灰灰菜，用绿意安抚我们的眼睛，喂养我们的肠胃，吃起来比春夏更美。

人生一世，草木一秋。如今，奶奶、爷爷连同父亲母亲都不在这人世间了，他们的身边，都长满了萋萋青草，其中就有野菜。这个世界上，再也没有人给我晾晒灰灰菜了。

后来看书才知道，灰灰菜其实很古老，早就在《诗经》里扎了根："南山有台，北山有莱。"莱，就是灰灰菜，后来也有人叫它"藜"。看陆游的诗，感觉大诗人一年四季都在吃野菜，灰灰菜也常从他的野菜诗中露出头来："一碗藜羹似蜜甜"，"充饥藜糁不盈杯"等等。这藜羹和藜糁，显然是灰灰菜汤和灰灰菜粥。

叫莱、叫藜，都太雅，这些名字后来便只停留在文字里。

灰灰菜太多、太普通，普普通通的小名才和它般配：灰条菜、灰蓼头草、灰菜子、灰菜……有人说，家乡是别人只喊你小名的地方，想来，这灰灰菜真是一种有人疼爱的小草，走到哪里，都有人喊它的小名。

小 蒜

以前，从不知道闻见一种气味也可以有生理反应。

前天晚上，在银泰城的袁家村里就餐，突然，一缕久违了的气味飘进鼻孔，如一记小小的椎槌敲在心鼓上。停箸，溯源，眼睛即刻被拉直，那是邻座正在进食的一盘小蒜，切碎了的蒜头蒜叶，裹着红艳艳的辣椒汁，挑逗我的味蕾。那酸辣馨香的味道，曾经那么久地盘桓在我的记忆里。只一眼，我便真真切切地体会了一个词：口舌生津。

从名字看，小蒜，是蒜的缩小版。没错，名如其"人"。如果再具体点儿，小蒜是独头蒜的缩小版。株型纤细，蒜叶类似于葱叶，圆柱形，中空，只是个头是迷你版，小了好几个码。小蒜头的直径最大也不超过大拇指甲盖。小蒜站在大蒜的旁边，就像是爷爷身旁的小小孙子。想想也是，小蒜多生长在荒山野地，常年饥寒交迫，生境无法和人工圈养的大蒜相提并论，外观上，自然没得比。

然辛辣方面可有一比。在那个物资极其匮乏的年代，小蒜的辛辣刺激，让贫瘠寡淡的日子，有了些许滋味。小蒜不开口，它的气味就是语言。当年，我们挖回小蒜，母亲会择出小蒜头和茎叶洗净切碎，拌入盐、醋和红红的油泼辣子，让我们夹在馒头里吃。那种酸辣辛香，实在是过瘾。关中人把女人怀孕后挑食叫"害娃"，那年月，害娃女子想吃新鲜食物的愿望常被穷光景击落，解馋的办法，就是去田间地头拔些蒲公英，卷了小蒜吃。

奶奶吃小蒜时常挂在嘴边的一句话是："二月小蒜，香死老汉。"

"为什么只是老汉觉得香？老婆婆觉得不香吗？"

"快吃快咽，看你娘把你的嘴撕烂。就你贫嘴！"不识字的奶奶，嘴里经常蹦出一句接一句的顺口溜。她用手掰下一小块馒头，蘸了红红的小蒜汁，送进牙齿脱落了大半的嘴巴里，上下嘴唇一包一包地咀嚼起来。用满是皱褶的眼睛，白了我一眼。

"葱辣鼻子蒜辣心，只有辣子辣得深。"奶奶见我不语，又自顾自地咕噜了一句，估计是这小蒜也辣到了她，抑或她只是想给我们科普一下她的认知吧。

上中学后读《山海经》，一页页翻过，不期然看到一句：峡山，其草多薤、韭。注解说这里的薤，就是小蒜。心下窃喜，原来，这小蒜也在《山海经》里住过呢。忍不住回味一直伴随我童年的小蒜，想咂吧出一点儿上古神秘的草香。

"薤上露，何易晞。露晞明朝更复落，人死一去何时归。"翻译过来就是：小蒜叶子上的露水，是多么容易被晒干呀。露水虽则今日蒸发，明晨又会落在薤叶上。而人一旦逝去，就再也没有醒来的时候。看来，无论王公贵族还是平民百姓，对短促的人生和无法逃避的死亡，都无法释怀。这和奶奶常说的顺口溜"草生草死根还在，人死一去永不来"一样，人生，的确无法重复和逆转，甚至，无可言说。

那是 30 多年前细雨霏霏的清明节。关中的清明节总是浸着雨水也浸着哀愁，乡间小镇的集市上湿漉漉的没有多少顾客。几个年少的女孩子，头戴草帽，人手一篮子小蒜站在街边的小雨里。她们亲爱的语文老师生病了，是可怕的癌症。女孩子们想用一把把小蒜换来的钱，为老师买一斤她爱吃的软香酥。前一天放学后，她们结伴去东沟边挖了小蒜，回家拣去干枝草叶，洗净晾干。洗过澡的蒜头圆润莹白，绿白色的主茎纤细修长，叶子葱绿，像一篮子冰肌玉容的艺术品。她们站在街头，怅惘的心中想的是这些小蒜赶快变成点心吧，不然老师就要吃不到了。那天，伴着雨星飘落的，是淡淡的小蒜辛香。

多年后，每每吃到小蒜，我就想起那个飘雨的清明节，想起那位已故老师的笑脸。

荠儿菜

如果野菜会说话，春来最先开口的，一定是荠儿菜。

或许是经历了一个冬天的蛰居，荠儿菜谈话的声音有点儿弱，也有点儿涩，听起来不那么顺畅。

"谁谓荼（苦菜）苦，其甘如荠。"读《诗经》里这句话时我常常有个疑问，荠菜是甜的吗？难道这里的荠菜和我小时候常吃的荠菜不是同一种植物？在我年幼的记忆中，荠菜里更多的是苦和涩。经冬长眠的荠菜，通过一把小铲子，进入篮子走上餐桌，扮演着弥补粮食青黄不接的角色。

在关中，人们把荠菜叫荠儿菜，把挖荠菜叫"挑荠儿菜"。这多出的"儿"字，像一把小钩子，拉近了人与荠菜的距离。

因为开春，好多人家会有"富正月，贫二月，最难过的是三四月"的经历。帮乡亲渡过难关的，就是以荠儿菜为首的野菜。母亲那时常对我们姐妹说："荠儿菜是个宝，吃了身体好。"我知道母亲说这话的意思，心里再怎么不赞成嘴巴也无力反驳。母亲一旦开口，我便提起藤条编织的草笼和小铁铲，像苏东坡那样，去田间碰边，翻开村庄的本草纲目，"时绕麦田求野荠"。

经冬的薄冰刚刚融化，走在松软的麦田里，微凉的风拂过面庞，清爽舒畅，空气里多了生命的气息，那是小草和野菜的呼吸。依然泛黄的麦苗间隙，荠儿菜零星点缀着，刚苏醒一般，绿色的血液从草心流出，一点点染绿鱼骨般的叶子。

那时已包产到户，家家户户指望着几亩麦田能多收个三五斗，所以大多侍弄得足够精细，给杂草的空间有限。也有粗放管理的麦田。那些泛绿的荠儿菜，像是大地给我们预留的青菜，也像是一种缘分，没缘分了，任你怎么转悠，只看到满目昏睡的麦苗，一旦遇见荠儿菜，那惊喜，不亚于寻到了宝藏。

凉拌荠儿菜、荠儿菜疙瘩、荠儿菜汤面条……粮食青黄不接时，荠儿菜就这样充当起我们餐桌上的主食。荠儿菜喜油，偏偏那时缺吃少穿，哪里舍得用金贵的油侍弄它。上顿吃，下顿吃，便只吃出苦与涩。记忆中，那苦涩挑衅似的，吃罢便在舌苔上翻腾，久久不去。挑食，是不可能的，抱怨也无效，除非你不饿。有段时间，我的手、脸和衣服上，都是荠儿菜的颜色。

曾经以为，自己在年少时吞咽了太多荠儿菜的苦，当我在"寒窑"里遇见王宝钏时，发现她吃的苦才叫苦，车载斗量，简直是苦的宿主。丞相的千金王宝钏抛绣球选中贫婿薛平贵后，因父阻挠，毅然来到长安郊外的武家坡。新婚不久，夫君参军，并随军出征西凉，自此杳无音信。王宝钏独居寒窑18载，挖荠菜勉强度日。从丞相之女到穷书生之妻，后独守寒窑，而薛平贵却和另一个女子卿卿我我，还有了孩子。较之于贫寒，较之于荠菜之苦，这种苦，足以令她肝肠寸断。

荠菜，是王宝钏续命的粮食，挖野菜，是她的日常。漫长的18年里，只有荠儿菜懂得她辛酸无助的挣扎，也只有野菜，将她拽出了饥饿与寂寞的深渊。寒窑周围的荠儿菜，每一片叶子，都记得王宝钏的贫困、苦痛、坚韧与等待吧。

到了惊蛰，荠儿菜已抽薹开花，作为蔬菜的它已经过季了。荠菜开始回归野草本身，回归草木之美。四瓣细小的白花沿花薹盘旋而上，透出迷离羞怯的亮光，像歌咏春天的四言诗文。"春在溪头荠菜花"，想必，辛弃疾当年也常常挑荠儿菜，并且在荠菜花上最先看到了春天。花后，荠儿菜花茎上结满了心形的种子。我们开始把目光投向其他野菜，间隙，会采了荠儿菜的心形果荚玩耍。

捏住一个个心形的小果子，沿花茎轻轻向下扯半厘米，果实耷拉下来却不至于掉落，这时只要摇晃花茎，便可以听到沙啦啦、哗啦啦的声响，如一阵温柔的春雨。所有的小"心"组合成一支特别的乐队，在我手指的指挥下，碰撞、欢呼、弹奏出属于荠儿菜的和弦。这是我们当年的拨浪鼓。童年的欢歌笑语，在心形的果荚上荡漾。

几十年后，那个挑荠儿菜、玩荠菜拨浪鼓的小女孩，成了芸芸众生里奔忙的我。每年早春，我都会在菜市场买一把胖乎乎的荠菜，回家后精雕细琢。自然，荠儿菜在经历了这样的乔装打扮后很少能吃出苦涩，咀嚼时就像是吃白菜萝卜外一个新品种的蔬菜。只不过吃荠菜时，我会不自觉地给城市里出生的女儿讲起故乡的早春，讲起昔年挑荠儿菜的自己。

蒲公英

在路旁，在草丛里，蒲公英是显眼的存在。

它喜欢用金黄的花朵和携带降落伞的绒球种子说话，隔了老远就告诉我，它在那里。一阵风儿经过，逗逗它，它就乐得摇头晃脑，一点儿也不持重，并借机把一粒粒小伞种子递送出去。

在我上班的园子里，蒲公英始终和草坪管理者打游击，它们在草坪的这儿举出黄花，在那儿又擎出绒毛降落伞。甚至有一天，我在广场台阶的青石缝隙里，也看到了一朵金黄的笑脸，俨然不羁的流浪者。童年在乡下，我是那么地向往流浪，如今在城市里，却时常想着等退休后就回归宁静的村庄。因此，我觉得蒲公英始终是年轻的本草，它们从来都不会老去。

没有开花前的蒲公英，和荠荠菜、灰灰菜一样，是我们小时候常吃的野菜。我熟悉它就像熟悉自己的手掌。挖野菜时，我常常对着蒲公英出神。蒲公英的单叶，非常像一把双刃的锯子，锯子里面窄外面宽，锯齿张牙舞爪，并且不在一个平面上。如果鲁班按照蒲公英的叶子设计锯子，应该很锋利吧，但经由它拉扯出的板面，肯定也会豁豁牙牙的。十几把绿锯子沿草根合围起来，不几日就举出了金黄的花朵，花朵之后出落成可以随风飘飞的绒毛降落伞。哪怕是轻描淡写的一缕微风，也会让蒲公英欣然开启浪迹天涯的旅程。

一开始不理解，蒲公英的叶子里为何聚集了那么多的苦。

从田野里拔来的蒲公英，是不能直接凉拌了吃的，母亲总要过几遍滚烫的开水，放到凉水里冰一下，两手用力挤去水分，再加入面粉做成菜疙瘩，才好入口。

学生物后知道了，蒲公英的苦汁是它保护自己的法宝。这苦汁是内敛的，紧锁在绿色的皮肤里。一经采撷，断茎处会溢出奶白的汁液，随即氧化成黑咖色，用口感和视觉恐吓猎食者，久了，那些食草动物便不敢轻易对它张口。

蒲公英悄悄在身体里豢养的这些苦，不承想后来却被人类看中，蒲公英于是有了野菜之外的第二个身份——解毒败火的良药。直到现在，我感觉有上火症状时，就抓几片蒲公英叶子泡水喝，功效堪比黄连上清丸。

那时，蒲公英还有一个特别的身份：玩具。只是这个身份，仅仅针对我们几个小丫头片子。这让我每次想起蒲公英时，都感觉它身上有一层浅浅的光。

记忆也是有光的，无论时间如何砂洗，那些光始终都在。

猪草或是野菜挑够了，我、麦萍和丫丫便各自拔来一把拉拉秧，编成绿色的圆环，再采来朵朵蒲公英花插在其上，一个漂漂亮亮的花环，就诞生在我们沾满草汁和泥土的小手上。花环戴在头顶的那一刻，感觉自己就是从童话里走出的女子。我们模仿电影里公主的言行说笑，旷野的风，把我们的欢乐递送得很远。

蒲公英的花茎也是我们的玩具。粉红色，细长中空，入口微甜，有股奶香。通常，我们吃了几根蒲公英的花茎后，就开始玩耍。长点儿的花茎，首尾相接被我们做成了手镯，短点儿的花茎，可以玩"魔术"。选花茎最鲜嫩的一段，在断口处用指甲把茎壁破成几缕竖条，越细越好，然后放进嘴巴里含着。嘴巴张开的一瞬，就是见证魔力的时刻，花茎口的竖条居然都卷曲起来，像外国女人的烫发。你永远不知道花茎被嘴巴里的唾液"烫"成了什么形状。所谓的魔力，就是超出我们认知的那部分美好吧。

嘟起嘴巴，把蒲公英的种子吹向天空，看无数小小的降落伞在眼前起飞，这样的小动作，我们也乐此不疲。

后来常想，我们拿蒲公英当菜吃，当药喝，当玩具，蒲公英又何尝不是利用了我们，我们都充当过蒲公英的播种者，而且，心甘情愿。

风儿悠悠，时光悠悠。岁月，也将我、麦萍和丫丫如蒲公英般吹散，轨迹不同，落点殊异。唯一相同的是，我们都像蒲公英一样，滑向哪里，就在哪里生根、发芽、开花。

这个夜晚，当我写下上面的文字时，似乎闻到了野菜的清鲜，听见了野菜在风中的絮语。30多年过去了，我不时想起它们，想起那些提着草笼挑野菜的日子。当我走出了乡村，远离了野菜生长的圈子，却越来越喜欢在野菜里回味。一些曾经令我嫌弃的苦涩，竟让我无比留恋。我已在心底开辟了一块田地，上面野菜蓬勃。

当年，我吃野菜是为了充饥。如今，野菜用来疗愈和修复。

1992年6月26日，我拎着装有派遣证的箱子，从兰州大学2号楼415宿舍出来，直奔火车站。坐上绿皮火车时已是傍晚，太阳，像一朵大红花，绽放在西天。漫天的晚霞，给城市、草木、火车和送别的同学，涂抹上一层金色，纯粹静美，还有些许伤感。

抵达西安时，晨光微曦。火车鸣笛进站的工夫，古城披上了朝霞。日升日落间，新的一天，开始了。

在出站口，我一眼就看见方姐举着有我名字的牌子，身上洒满阳光。是单位派她来火车站接我的，一路向南，风和景明。到单位后，方姐给了我一把办公室的钥匙，一把与人合住的宿舍钥匙。我的工作单位——陕西省西安植物园（也叫陕西省植物研究所，一套人马，两块牌子），就这样热情接纳了我。在两把钥匙的叮当声中，我顺利完成了从学生到职工的身份转换。

这一年，拿到派遣证分配到西安植物园工作的，有两人，一个是我，还有一位男生。我赶上了那个幸运的年代，上大学不用缴纳学费，大学四年享受公费医疗，毕业后，国家包分配。

记得那是 3 月中旬，我正在兰大生物楼实验室倒腾瓶瓶罐罐，我的毕业论文马上要答辩了。生物系（现在叫生命科学院）辅导员老师电话通知我赶快去面试，说是家乡单位陕西省科学院有人来系里，正给下属单位西安植物园招聘。辅导员觉得我能写会画，所学专业是植物生理，似乎很适合在植物园工作，于是推荐了时任系学生会秘书长的我。

一晃，在这座植物的挪亚方舟里，我已经工作生活了 29 年。我的工作，用一句话总结就是：和形形色色的植物打交道，研究记录植物的生死嫁娶和爱恨情仇。

因为从小生长在农村，我与自然接触最多的是草，形形色色的草。上小学的时候，几乎每天下午放学后，我放下书包，就会提起草笼，和小伙伴约好，一起去田里剜猪草。现在想来，我对植物的喜好，就源自童年那些剜猪草的日子，那些有趣的草诱惑了我，召唤着我，引导着我一步步在植物间行走。上大学时，我选择了植物生理学专业，毕业后，被分配在植物园工作，就连我的名字里，也有植物的一部分。可见，我这辈子，注定与植物有缘。

这么多年，我越了解植物，就越喜爱植物。与植物没有腿无法移动、没有嘴无以言说的外形相反，植物的生命，蕴藏着生长的无限可能，也蕴含着惊人的智慧和哲学。冰心先生曾说："有了爱，就有了一切。"我喜爱植物。我笔下姿态万千的植物，改变了许多人对植物的认知和做法，也成就了我的四种身份：科技工作者、科普作家、漫画匠和半个植物专家。

1

我的左手边，是一本摊开的《西安植物园栽培植物名录》，右手边，则是写好的几大摞植物名牌。植物名牌，类似于人的名片。白板纸，长 14 厘米，宽 10 厘米，写好塑封后，佩戴在相应的植物上。

对照名录，我挨个儿在白板纸上写下植物的身份信息：学名，科属，产地和简单用途。从第一天上班开始写，历时两个月写完 1000 多张。之后每年，我都要用两三个月的时间重复这项工作，直到三四年后，植物园启用了金属吊牌。

三张木桌，三把木椅，一个木质书架，一台固定电话，是全部的办公设备。我、方姐和王主任共用一间办公室。这是一排平房中的一间，单位里只有与园林相关的几个部门在平房里办公。房前，隔了两米的青砖路面，长着一排旱柳。五六年后，平房被拆，原地建起了木兰园，我们的办公室一并迁入植物园办公楼。

王主任当年 50 多岁，毕业于西北大学植物系。讲解植物时眼神炯炯，声音洪亮。他的文笔也好，时有科普文章发表。退休前，出版了三本科普图册。《西安植物园栽培植物名录》，就是他和邢老师等人在普查、统计、鉴定过植物园当年的栽培植物后合著的。

名牌写完后，王主任让我去街上的广告公司过塑，回来后用打孔器一一打孔。最后一步，是用细铁丝把名牌固定在相应的植物上。

给植物佩戴名牌，听起来简单，但第一次操作时，我却似老虎吃天，无从下手。因为，我无法确认植物。

无论在大学，还是到植物园上班的这段时间，我几乎都是纸上谈兵。植物园每天对公众开放，它不同于公园之处，在于它的知识传递功能，若张冠李戴，连树名都标错了，岂不是天大的笑话。

西安植物园引种栽培植物 3000 余种。我需要给近千种植物悬挂名牌，之所以写了 1000 多个，是因为园子里好多植物不止一株，譬如雪松，主干道、裸子植物区和郁金香园区里都有种植，要写三个一样的牌子。

那时，让植物园人头疼的一件事，是耗时费力给植物挂了名牌，可没过几天，一些名牌被游人拽下来扔在地上，大多数压根儿不见了。我一直好奇，谁拿走这些名牌做什么？

方姐带我去园子里挂过两次名牌，主要是给主干道上的大树挂牌。大树的名字好记，即使我一下子记不清树的模样，它生长的地方，我已经记住了。接下来，我会独自去好几趟，仔细观察它的叶、花、果，直到这棵树画儿一样印在脑子里。之后，甭管它站在哪里，我只需看一眼，就能说出个子丑寅卯。

各展示区里的植物，我是跟随王主任和方姐给学生科普讲解时去辨认的。这也是一件听起来容易做起来难的事情。那时候没有手机相机，没有录音笔，全凭死记硬背。好在我会画，和学生一起听讲时，我先快速把整株植物速写一张，标注上学名和立足之地，然后再给叶、花、果一个特写。回办公室后，查找资料补充。那时，我们园有个小图书馆，有报纸，有科技期刊，最多的，是类似于《中国植物志》那样的工具书。我喜欢看植物志里的插图，线条准确、细腻，构图充满了美感。整理资料时，我会对照着插图仔细画一遍，一些细节便烂熟于心了。

半年后，我第一次在园区里给学生讲植物。当时来了一群西北农林科技大学植物学专业的学生，他们的领队，也是这个班的植物学老师，要求我给学生讲到属——我必须准确告诉学生沿路遇到的每种植物，这是什么（学名），属于哪科哪属。提出如此专业的要求，之后在我大大小小的讲座中，并不常见，一般前来植物园要求讲解的老师，大都想让学生了解正在开花的植物和生活中难以看到的植物。要求讲到属，对于刚走马上任的我，极具挑战性。

讲解之前，我沿自己设计的路径，来回走了两趟，大到乔木，小到正在开花的草本，它们的科属种、花期果期、用途和故事等，我都熟稔于心。但当我真正站在一群大三学生面前时，我一下子蒙了。紧张到一开口，觉得自己的声音都在发抖。

平复心绪后，我发现，这些学生很像刚毕业时的自己。一旦我说出植物的学名和背后的故事，他们都要发出一声声惊呼：某某原来长这样啊。学生认真倾听的姿态，一路鼓舞了我。两个多小时的讲解结束时，领队老师夸我讲得好，有几个学生围着我老师长老师短问个没完。快要冒烟的嗓子眼儿，被一阵小激动和小小的得意悄悄抚慰。

熟悉当年药用植物展示区里的植物，花费了我不少时间精力。在那片1.3公顷的土地上，片区区长秋老师栽种了600多种药材，乔、灌、草都有。药盒子上常见的名字，丹参、桔梗、当归、五味子、绞股蓝、柴胡、甘草、黄芩等，都可以随时拜访真身。秋老师每年都引种新药材，并且经常变换栽种区域。

所以每年，我都要辨认好几次才能记住它们。那时，看一眼露出地面的小苗，就能叫出名字，详述其药用部位、药效和毒性的人，植物园里除过秋老师，没别人。

中医中药院校的学生，每年春秋固定来植物园药材区实习，秋老师一人顾不过来，王主任就安排我火线救场。从植物小白成长为药用植物区的"药导"，我几乎拿出了当年参加高考的劲头——挨个儿请教咨询，一场不拉地和学生们一起聆听秋老师现场讲解，一遍遍去药材区，拿着《中国药用植物志》对比、辨认、记背……恨不得把自个儿长成这个区域里的一株草药。

2016 年 10 月，西安植物园新区落成，老区里的药用植物全迁了过去。老区，现在变成科研实验用地。这是后话。

第一次感觉科普若被别有用心之人利用，后果也很可怕。

更多的时候，科学普及则显示出无法取代的力量。

那是一个夏天的早晨，一男子手持一对人形何首乌，来到我们办公室要求鉴定。他说这对"成精"了的何首乌，是自己昨天花 1000 元，从一位民工手里买的。

"这是那个民工用挖掘机挖出来的。工友都羡慕他运气好，千年一遇呢，要价 3000 元。我听人说，何首乌吸收了日月精华，在土里修炼几百年后，不但药效好，还会'成精'，成精后就长成了人形。"

我也是第一次看到长相如此奇特的何首乌——酷似一对卡通版真人。有头、躯干和四肢轮廓，男女性器官分明，让人不好意思直视。叶子，从头顶上长出来，看起来还算新鲜。

药用植物展示区的入口藤架上，就爬着两株何首乌。一直很好奇鲁迅先生在《从百草园到三味书屋》里那段对于人形何首乌的描述,但我从来没有动过植物园里那两棵宝贝,不是不想,是不敢,也不忍心。我只在《中国药用植物志》上,看到过何首乌根茎的画像。

看茎叶,的确是何首乌的没错。王主任一时也说不准,叫来了药材区的秋老师和搞植物分类的邢老师,邢老师有丰富的野外工作经验。

两位老师仔细观察后,一致得出结论:假的。

男子傻眼了:"为啥啊?"

秋老师拿出小刀,轻轻在根茎相连处剜掉一小块。两根贯穿根与茎的牙签,赫然显露出来。抽出牙签后,何首乌的茎蔓和人形根茎,瞬间彻底分开。显然,这两种植物,被人用拙劣的手段,进行了"嫁接"。

"这人形的根,应该是薯蓣的根茎,或者,是薯蓣科一种植物的根茎。育苗后被移栽到人形模具里生长。这种根很容易塑形,生长中遇到石头或者硬土挤压,都会变形。所以,就算碰巧自然长成人形,也没有什么特别的疗效"……

如此鲜活的事例,我只需要把整个事件记录下来,就是一篇很好的科普文章。在植物园工作的 20 多年里,我参与鉴定过许多植物,有和老师们一起鉴定的,也有单独鉴定的。每次植物鉴定的背后,都有一个特别的由头,也有浮生百态的故事。这些大大小小的故事,是我科普创作的源泉,也让我的科普作品融入了更多的人文情怀。

一次,当地公安局缴获了十余株罂粟,种植者却说他种的是观赏罂粟(东方罂粟)。听名字,罂粟和东方罂粟,仅两字之差,而种植它们的性质,却有天壤之别,事关重大,鉴定结果直接关乎种植者是否违法，被拘留或被罚款。在我国，非法种植罂粟不满500株或者其他少量毒品原植物的，按照《治安管理处罚法》第七十一条规定，处10日以上15日以下拘留，可以并处3000元以下罚款；情节较轻的，处5日以下拘留或者500元以下罚款。

我仔仔细细查看了警方提供的标本的茎叶形状、色彩、叶子抱茎方式以及叶面有无覆盖白粉等细节，像一个尽心尽职的大夫，生怕误诊。当我在鉴定结果上签下自己的名字时，我知道，这是我熟悉的植物，给予了我自信。

我把这一个个发生在植物身上的故事写出来，既普及了植物知识，也指导了一些人，减少了他们与植物打交道时的盲从和盲信。

直到现在，几乎每天都有人通过各种平台发来植物图片，让我鉴别，询问相关信息。只要不忙，我都会一一回复。更多时候，我是用文字加漫画的方式，在我的报刊专栏《科学画报》的"植物秘语"、《科普时报》的"花草祁谈"以及《今晚报》的漫画专栏"自然而然"里述说描摹它们，潜移默化着大家对植物的认知。

2

户外讲解的次数多了，我知晓了学生关注什么，喜欢听什么。闲下来，我会在报纸和期刊上收集整理大家感兴趣的植物话题，探究我感兴趣但一直弄不明白的知识点，收集那些在讲解现场我答不上来的问题，之后，请教专家，或查阅资料，单位图书馆没有，就去位于长安路立交的陕西省图书馆。那时没有网络，甚至连电脑都不常见。

经过我刨根问底般的挖掘，我把这些植物用自己的语言，一篇篇手写出来，变成文章后，又变成一本书，取名《趣味植物王国》。那时我没有相机，为了直观，为了有趣，书里涉及的植物，我都自己画出来。尽管我从来没有学过绘画，但经年的现场速写经验和无数植物志里的插图临摹功底，竟也派上了用场。

我给书里的每一篇文章都画了插图。100多幅中有植物白描，也有融入了我的情感和想象之后的原创漫画。之后，这种图文结合的方式被我固定下来，成为我的书的特色。在这本充满猎奇意味的书里，植物身上有生存的妙招，也留有我的体温和气息，尽管现在看来它非常稚嫩。这本书在2002年经未来出版社出版后，2003年被国家新闻出版署列入向青少年推荐的100种优秀图书。

这是一个好的开头，它鼓舞了我。在科普讲解、更换科普长廊、策划实施科普活动、协助植物园举办四季花展的间隙，我用文字和漫画，开启了科普创作之旅。《与植物零距离》《漫画生态"疯情"》相继出版。《与植物零距离》2004年出版后，被国家新闻出版署列入2005年向青少年推荐的100种优秀图书，还获得许多奖；《漫画生态"疯情"》一书获北京市科协的出版基金资助，图书出版后，荣获第五届北京市优秀图书奖。

像这样，日子虽忙碌，却也充实，至少，我觉得时间没有白白流走。

3

当我拿起笔，用文字、用漫画去展示植物深谋远虑或豪迈乖张的时候，我情绪高涨，开心快乐。在我眼里，每一株植物，都通往一个神秘的国度。还原一株植物的智慧，甚至是狡黠，会调动起我全部的知识储备和情感。进入植物的书写，常常让我忘记生活中缠绕自己的烦恼、焦虑和忧伤。

这样描画植物的时候，我觉得植物似乎也认定了我，从岁月深处走向我，引领我。

这么多年，是植物，一路带领我一起飞翔。

吴冠中说，他常以昆虫的身份进入草丛。我也是这样，常把自己缩小，小到以一只蜜蜂，或者一只蚂蚁的身份去观察植物。有时候，我觉得自己富有得像个皇帝，植物，就是我的三千佳丽。

它们，都热衷于向我展示自己的聪颖美丽。

瞧！一群活泼的小金鱼，都挤在一株绿草上，看样子，小鱼儿正在争食一种美味，因为鱼头齐刷刷地聚集在一起，露出圆鼓鼓的肚子。金鱼草把自己长成一尾金鱼的样子，是经过深思熟虑的，它不会傻傻地把所有飞来的昆虫当媒人。它会利用金鱼肚子一样的器官，挑选红娘，用令我叹为观止的手段，招待自己喜爱的媒人，而避开那些只知享受、不思干活的家伙。

马兜铃为一朵花设计了两天的花期，第一天，雌蕊率先成熟，第二天清晨花药成熟开裂。爬进马兜铃花里的潜叶蝇低头进食时，它身上沾着的从另一朵花上带来的花粉，涂抹在这朵花的雌蕊柱头上。当潜叶蝇打着饱嗝，想要出去的时候，却发现，刚才进来的喇叭状管口被肉质刺毛堵住了。顺刺毛的方向进来可以，要逆向爬出去，简直比登天还难。潜叶蝇也意识到自己被这个花"笼子"禁闭了，既来之，则安之吧！成熟了的马兜铃雌蕊柱头，在接受了潜叶蝇带来的花粉后，很快萎缩，柱头这时便失去了再度接受花粉的能力。翌日清晨，花笼里的花药成熟开裂，轻而易举地将花粉洒在还在四处转悠着的潜叶蝇身上。待这项洒粉工作结束后，马兜铃这才给潜叶蝇派发出解禁令——喇叭管内的肉质刺毛开始变软萎蔫，长度只有之前的四分之一。

单看花柱草的外形，你怎么也不会把它和强势这个词关联起来。茎秆和花朵都很纤细，花朵，甚至显出柔弱无依的样子。可就是这林黛玉似的花儿，却有着令人惊讶的暴脾气。一旦她感觉到昆虫落在自己的花瓣上，会以迅雷不及掩耳之势，抡圆了"胳膊"，给昆虫一巴掌，顺带传递了花粉。

清晨，兜兰开花了，踏香而来的蜜蜂，一眼就看见满目绿色中色彩鲜艳的大兜兜，好吃的就在这大兜子里吧？可蜜蜂钻进去后却发现，兜里什么东西也没有！兜壁也光滑得出乎意料，几乎爬不上去。几番寻觅，蜜蜂似乎又看到了希望，因为兜兰唇瓣的后面，布满了许多彩色引导物，按照蜜蜂的惯性思维，这可是专门储藏花蜜的房间。在彩色路标的指引下，蜜蜂沿着布满绒毛的隧道，一步步艰难地爬了上去。前面出现了左右两条大路，几乎不假思索，蜜蜂沿着其中的一条路冲了出去。蜜蜂当然不知道，兜兰早已在两条大路的尽头，各安置了一个雌蕊，无论蜜蜂走哪条路，都会碰到吸力很强的雌蕊，这些雌蕊，轻而易举地就获取了蜜蜂背上的花粉团。

一只蜜蜂在鼠尾草的"停机坪"（最大的花瓣）上稍事休息，然后铆足了劲，开始用脑袋撞击"皮囊"（假花粉囊）。鼠尾草的"杠杆"装置发力了——当皮囊被向内推动时，花丝的长臂自然向下弯曲，顶端的花药开裂，花粉正好洒落在蜜蜂毛茸茸的背上。鼠尾草设计的杠杆，其力臂长度、花粉抛洒的角度，准确性无异于天才……

植物，正是用诸如此类昂扬的生命姿态和不可思议的智慧，弥补没有腿无法走动的遗憾，追逐种族扩大与繁衍的梦想。

一些植物，天生是哲人。道可道非常道，哲理，就在它们的举手投足间。

猪笼草懂得以静制动。它们给笼子里注入麻醉剂和消化液，悉心编织出一个个"甜蜜的陷阱"，等待贪嘴的虫虫倒霉蛋自投罗网；荷花给叶子表面布满类似碉堡一样的乳突，组建了叶表疏水层。天降雨水时，雨滴在"碉堡"顶上悬空而立。水珠因重力滚动，在滚动时会顺道吸附灰尘。完美阐释了"出淤泥而不染"的哲理；韭菜生长时，不是叶尖在长（顶端分生组织），而是位于鳞茎中心的生长点（基生分生组织）在持续生长，这让韭菜拥有了和人类几乎一样的哲思："万事，大不了从头再来"。

瘦瘦高高、空心的竹子，因为没有抵御风雨的本钱，更喜欢一大丛集体生长在一起。所以，它的根学会了在地下横向扩张，不断分蘖出新植株，很快长成一大丛。竹子对于"一根筷子容易折，一把筷子难折断"的道理是心领神会的。

　　锁阳是戈壁滩上的一种肉质草本，形似男阳。锁阳籽成熟后，锁阳虫不请自来，从锁阳的底部开始吃锁阳肉，一直吃到头部。在锁阳虫的身后，形成了许多竖直的空隧道。锁阳籽脱离锁阳肉的包裹后，像坐滑梯一样，沿隧道缓缓滑入锁阳底部，再跟随锁阳内部倒流的水分，进入寄主白茨或红柳的根部，寄宿安顿下来，开春，开启又一轮的生长，如此，年复一年。"有舍才有得"——聪明的锁阳，只是舍去了一点儿肉身，却延续了千年的香火……

　　像这样，我的草木佳丽们一个个神采飞扬地走进我的书里。我写我画的科学散文《我的植物闺蜜》（上下册）、《植物智慧》、《俯首低眉阅草木》以及《植物 让人如此动情》之《枝言草语》《植物哲学》等，相继面世。披上文字和漫画外衣的植物，摇曳生姿，颇受瞩目。其中，有三本书三次荣获国家科技部"全国优秀科普作品"，有两本书入选教育部"全国中小学图书馆（室）推荐书目"，有书获中国科协优秀科普作品奖，有书被翻译成英文在英国出版，2016 年，我的科普作品获得陕西省科学技术奖二等奖……很多奖项和荣誉，纷至沓来；我的三组漫画展"生态'疯情'""植物哲学漫画展""植物智慧漫画展"，在全国 27 个省市的 38 家单位进行了展览；在全国各地讲座 100 余场，给学校捐赠图书和漫画挂图 3000套……

这是植物——我的不说话的邻居带给我的回馈，这些年，我们协同生长，相守相伴。